动漫梦工场

Flash CS6
动漫创作技法

杨仁毅 编著

清华大学出版社
北京

内 容 简 介

本书从Flash CS6动漫创作的实际应用角度出发，本着易学易用的原则从零开始讲解动漫创作，通过大量的实战应用案例，全面、系统地介绍了Flash动漫创作的基础步骤和应用技巧。

全书共分10章，主要包括绘制矢量图形、制作人物动作动画、制作场景动画、Flash脚本动画、交互动画、制作贺卡、制作彩铃、制作MTV、Flash动画短片以及制作Flash游戏等内容。在讲述过程中，一步一步地指导读者学习创作动漫作品的基本技能，使读者快速掌握Flash强大的动画制作功能。

本书内容翔实，实例丰富，图文并茂，可供准备从事动漫创作、网络游戏制作的读者学习使用，也可供没有基础知识但希望快速掌握Flash动漫创作技巧的读者自学使用，还可作为动漫培训班、职业院校以及大中专院校动漫和艺术类专业学生的教学用书。

图书在版编目（CIP）数据

Flash CS6动漫创作技法/杨仁毅编著. —北京：清华大学出版社，2012.12（2017.1重印）
（动漫梦工场）
ISBN 978-7-302-30668-9

I. ①F… II. ①杨… III. ①动画制作软件 IV. ①TP391.41

中国版本图书馆CIP数据核字（2012）第272531号

责任编辑：朱英彪
封面设计：刘 超
版式设计：文森时代
责任校对：张莹莹
责任印制：何 芊

出版发行：清华大学出版社
网　　址：http://www.tup.com.cn，http://www.wqbook.com
地　　址：北京清华大学学研大厦A座　　**邮　　编：**100084
社 总 机：010-62770175　　**邮　　购：**010-62786544
投稿与读者服务：010-62776969，c-service@tup.tsinghua.edu.cn
质 量 反 馈：010-62772015，zhiliang@tup.tsinghua.edu.cn
印 装 者：虎彩印艺股份有限公司
经　　销：全国新华书店
开　　本：185mm×260mm　　**印　　张：**17.25　　**字　　数：**399千字
（附DVD光盘1张）
版　　次：2012年12月第1版　　**印　　次：**2017年1月第3次印刷
印　　数：5501～6300
定　　价：49.80元

产品编号：048236-01

动漫梦工场 | Flash CS6 动漫创作技法

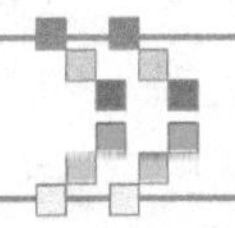

"动漫"简介

"动漫"一词来源于国内一些从事卡通漫画设计的人员。随着近年来计算机图形图像技术的发展，从事卡通漫画设计的人员开始利用计算机制作比单个卡通漫画图片更有动感的、连续播放的漫画图像，从而开始称之为"动漫"图像，即"连动的系列漫画"。

Flash CS6简介

Adobe Flash CS6是由Adobe公司收购Macromedia公司之后将享誉盛名的Macromedia Flash更名为Adobe Flash后的一款动画软件。Flash作为一款多媒体矢量动画软件，具有矢量图形编辑和动画创作功能，不但能产生动画电影的效果，还可以独立于浏览器之外（只要为浏览器加入相应的插件就可以观看Flash动画），并能有效地实现多媒体之间的交互。此外，Flash动画不像GIF动画那样需要把整个文件下载完成后才能播放，能够在播放的同时自动下载后面的文件。

本书内容特色

本书是专门为热爱动漫创作的朋友精心打造的，全书从Flash CS6动漫创作的实际应用角度出发，以易学易用为原则，采用学练结合的方式讲解动漫创作。读者通过对大量实例的学习，可熟练掌握进行动漫创作的方法和创意理念。

专业视角

本书由国内资深动漫创作专家和从事Flash动漫创作培训的高级教师精心编著，目的是培养读者独立的动漫创作能力。

讲解主线

以入门级动漫创作者快速入门的最佳流程为讲解主线，首先引导读者学习动漫创作需要具备的技能，如绘制矢量图形、制作人物动作动画、制作交互动画等；然后引导读者进行综合性的动漫创作练习，如制作贺卡、制作彩铃、制作MTV等，由浅入深的讲解方式更利于读者学习动漫创作。

结构新颖

每章分为两部分——"要点导读"和"案例解析"。编者在"要点导读"中提炼了Flash

软件的使用要点，主要讲解实用和常用的软件操作技巧；然后在“案例解析”中精心挑选了具有代表性的动漫创作实例来讲解，使读者在练习实例制作的过程中能轻松掌握动漫创作的基本技能。

实例经典

本书中的19个典型动漫作品，涵盖了动漫创作的各个方面，通过对这些作品的学习，读者可快速掌握运用Flash进行动漫创作的各种技巧。

直观易懂

在讲解动漫实例时，基本做到每个步骤对应一张图片，因此，读者能轻松完成各种难易程度的操作，提高实际动手能力。

提升技能

在每个实例后安排有“举一反三”部分，读者通过完成该部分的实例制作，可以提升软件操作技能，拓展动漫创作理念。

适用读者

1．准备学习或者正在学习Flash动漫创作的初级读者。书中大量的操作技巧可以快速提高读者运用软件的能力。

2．对Flash动漫创作有一定了解但缺少实际应用的读者，可以通过练习本书提供的动漫创作实例来提高实际应用水平。

3．在校学生和希望今后能够胜任动漫创作工作的读者。

4．从事动漫创作工作的读者。

配套光盘

为了方便读者边学边练，本书附赠一张光盘，其内容包括所有实例图片的线稿，以及创作所需的素材图片，以供读者练习中随时调用。合理利用此光盘，可以减少读者学习所用的时间。

本书编写团队

本书由杨仁毅编著，参与本书编写的人员有邱雅莉、王政、李勇、牟正春、鲁海燕、杨仁毅、邓春华、唐蓉、蒋平、王金全、朱世波、刘亚利、胡小春、陈冬、许志兵、余家春、成斌、李晓辉、陈茂生、尹新梅、刘传梁、马秋云、毕涛、戴礼荣、康昱、李波、刘晓忠、何峰、冉红梅和黄小燕等。感谢购买本书的读者，因为您的支持是我们最大的动力，我们将不断努力，为您奉献更多优秀的动漫创作图书！

编　　者

目录

Contents

第1章 绘制矢量图形

第2章 制作人物动作动画

第3章 制作场景动画

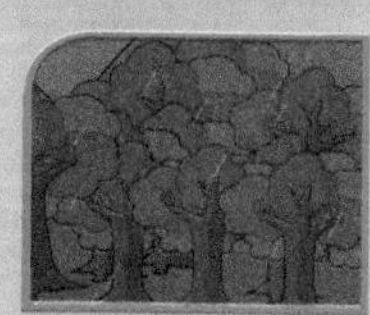

第4章 Flash脚本动画

第5章 交互动画

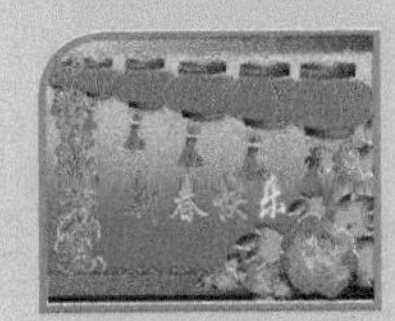

第6章　制作贺卡

第7章　制作彩铃

第8章　制作MTV

第9章 Flash动画短片

第10章 制作Flash游戏

第1章

The 1st Chapter

绘制矢量图形

图形对象是Flash动画制作的主要组成部分，它作为Flash动画最直观的载体，在设计过程中有着重要的作用。图形对象的质量将会直接影响到Flash动画作品的品质。

● 绘制花朵

● 绘制盛夏海滩场景

● 绘制熊猫举重

● 绘制美丽的湖泊

Work1 要点导读

在Flash CS6中绘制图形对象时，工具箱中的各种绘图工具与辅助工具是必不可少的。综合使用各种绘图工具，能制作出绚丽多彩的图形对象。

1. 使用铅笔工具绘画

在Flash中，铅笔工具用于进行随意性的创作，能够绘制出各种形状的矢量线，其使用方法与真实铅笔大致相同。

单击绘图工具箱中的按钮，然后在工具箱的选项区中（如图1-1所示）选择一种绘画模式。

- **伸直**：可以绘制直线，并将接近三角形、椭圆、矩形和正方形的形状转换为这些常见的几何形状。
- **平滑**：可以绘制平滑曲线。
- **墨水**：可以绘制任意而又不用修改的线条。

选择一种绘画模式后，还可以在其“属性”面板中设置铅笔工具的属性，如笔触的颜色、粗细和线型（实线、虚线和点状线等），如图1-2所示。

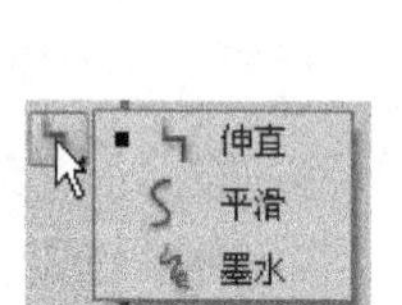

图1-1　铅笔的绘画模式

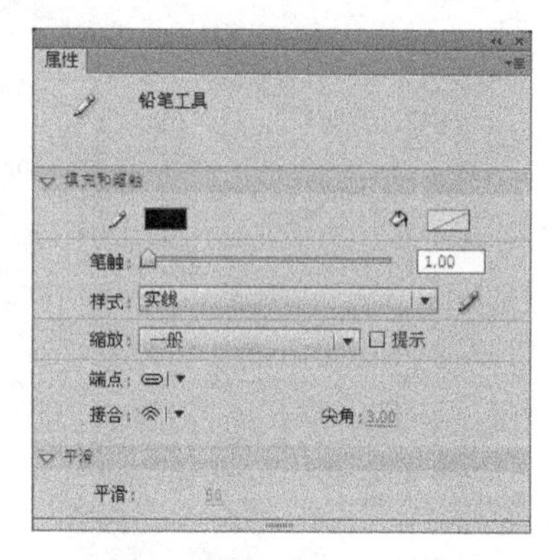

图1-2　设置铅笔工具的属性

设置铅笔工具属性后，在舞台上拖动鼠标，即可绘制出各种形状。如图1-3所示就是利用铅笔工具绘制的手机的粗糙外观；如图1-4所示就是利用铅笔工具绘制的云彩外观。

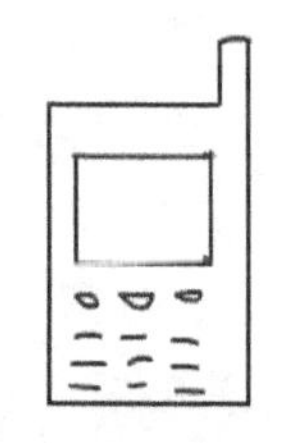

图1-3　绘制的手机

图1-4　绘制的云彩

2. 使用钢笔工具绘画

钢笔工具用于绘制任意形状的图形。在绘图工具箱中单击按钮，将鼠标移至场景中，当其变为形状时，在要绘制图形的位置处单击，确定绘制图形的初始点位置（初始点以

小圆圈显示），再次单击确定任意图形的第2点，接着用鼠标在任意位置单击的方法绘制任意图形的其他点。

若要得到封闭的图形，将钢笔工具移至起始点，当钢笔工具侧边出现一个小圆圈时，单击起始点即可，如图1-5所示。拖动鼠标则会出现如图1-6所示的调节杆，使用调节杆可调整曲线的弧度。

图1-5 钢笔绘制的线条

图1-6 调整曲线的弧度

初学者在使用钢笔工具绘制图形时，要具备一定的耐心，而且要善于观察并总结经验。使用钢笔工具时，鼠标指针的形状在不停地变化，不同形状的鼠标指针代表不同的含义，其具体含义如下。

- ×：是选择钢笔工具后鼠标指针自动变成的形状，表示单击即可确定一个点。
- +：将鼠标指针移到绘制曲线上没有空心小方框（句柄）的位置时，它会变为+形状，单击一下即可添加一个句柄。
- -：将鼠标指针移到绘制曲线的某个句柄上时，它会变为-形状，单击即可删除该句柄。
- ：将鼠标指针移到某个句柄上时，它会变为形状，单击即可将原来弧线的句柄变为两条直线的连接点。

3. 使用线条工具绘画

线条工具主要用于绘制任意长度的矢量线段。

单击绘图工具箱中的按钮，将鼠标指针移动到场景中，当鼠标指针变为十形状时，按住鼠标左键拖动，如图1-7所示。拖至适当的位置及长度后，释放鼠标即可，绘制出的线条如图1-8所示。

在"属性"面板中可对直线的样式、颜色和粗细等进行修改。单击绘图工具箱中的按钮，选中刚绘制的直线。单击场景下方的"属性"面板，如图1-9所示，在该面板中可以根据需要对直线进行设置，可设置的选项及其含义如下。

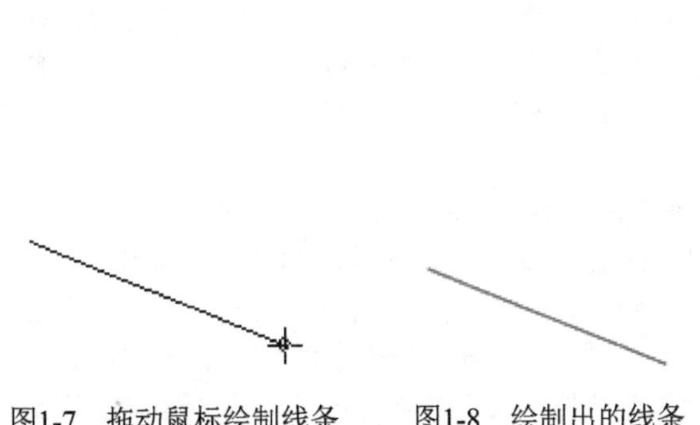

图1-7 拖动鼠标绘制线条　　图1-8 绘制出的线条

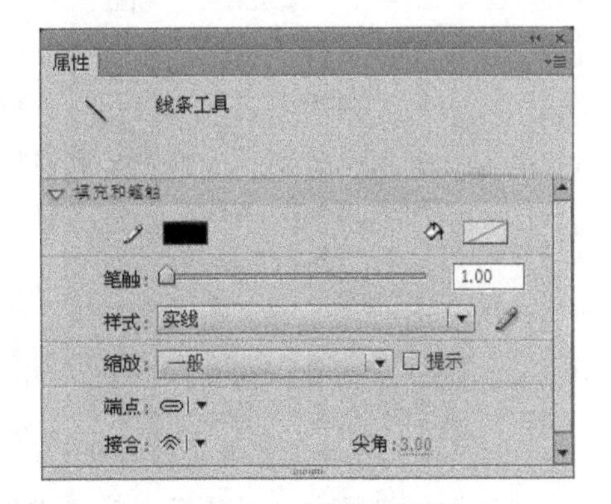

图1-9 "属性"面板

- ：设置线段的颜色。单击颜色框，将弹出如图1-10所示的“颜色”面板，在该面板中选择所需颜色即可。
- ：用于设置线段的粗细，拖动滑块即可调整线段的粗细。
- ：用于设置线段的样式，单击右侧的按钮，在弹出的如图1-11所示的“线条样式”下拉列表中选择需要样式即可。
- 按钮：设置线条的缩放、宽度、类型等。单击该按钮可打开如图1-12所示的“笔触样式”对话框。

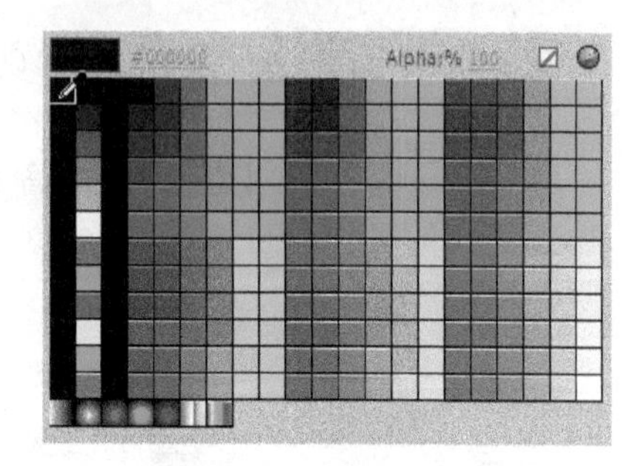

图1-10 “颜色”面板

将绘制的线条按图1-12所示进行设置，完成后的效果如图1-13所示。

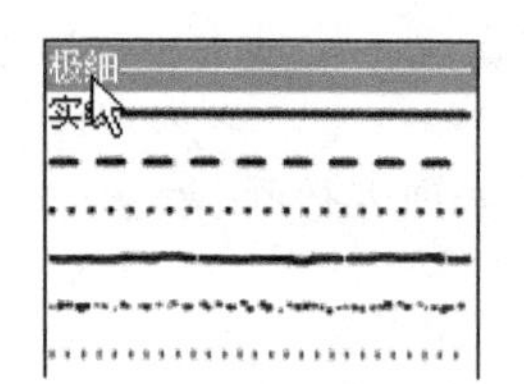

图1-11 “线条样式”下拉列表

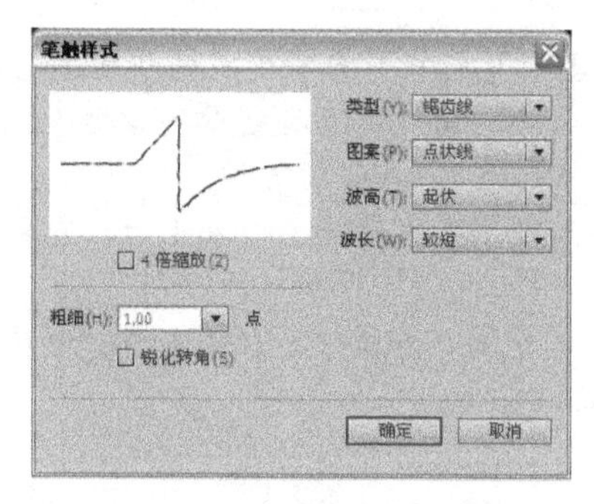

图1-12 “笔触样式”对话框

图1-13 设置样式后的线条

4. 选择工具

选择工具是绘图工具箱中使用率较高的工具之一，其主要用途是选择工作区中的对象和修改一些线条。当矢量图被选中后，图像将由实变虚，如果是组合对象被选中，周围会出现蓝色边框。在绘图操作过程中，常常先选择需要处理的对象，然后对这些对象进行各种处理，而选择对象通常就是使用选择工具。

选择工具没有相应的“属性”面板，但在工具箱的选项区中有一些相应的附加选项，具体的选项设置如图**1-14**所示。

- 对齐对象：单击按钮，对齐对象功能图标将变为选中状态，此时使用选择工具拖动对象，光标处将出现一个小圆圈，将对象向其他对象移动，当在靠近目标对象一定范围内，小圆圈会自动吸附上去。此功能有助于将两个对象很好地连接在一起，如图1-15所示。
- 平滑：此功能可以对选中的矢量图形的图形块或线条进行平滑化的修饰，使图形的曲线更加柔和，借此可以消除线条中的一些多余棱角。选择绘制的矢量图形或线条，单击工具箱中的按钮，即可对选取的对象进行平滑化的修饰。当选中一个线条后，可以多次单击此按钮，对线条进行平滑处理，直到线条的平滑程度达到要求为止。
- 伸直：此功能可以对选中的矢量图形的图形块或线条进行直线化的修饰，使图形

棱角更加分明。选中绘制的矢量图形或线条，单击工具箱中的按钮，即可对选中的对象进行直线化的修饰。

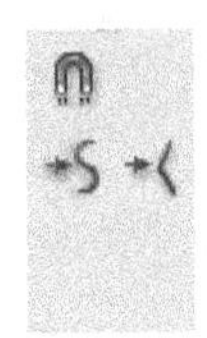

图1-14　选择工具的选项

图1-15　使用对齐功能的效果

使用选择工具对线条进行处理时，有以下几种方法。

- 在舞台上，使用鼠标光标靠近线段上任意一点，按住鼠标左键拖动即可改变直线的形状，如图1-16所示。
- 按住Ctrl键的同时拖动直线，可以在直线上增加新的角点，如图1-17所示。
- 将箭头移动到矩形的角上时会出现一个直角标志，按住鼠标可以将线条向任意方向拉伸。若按住Ctrl键的同时拖动直线端点，则Flash CS6会自动捕捉到使其处于水平与垂直方向的位置，如图1-18所示。

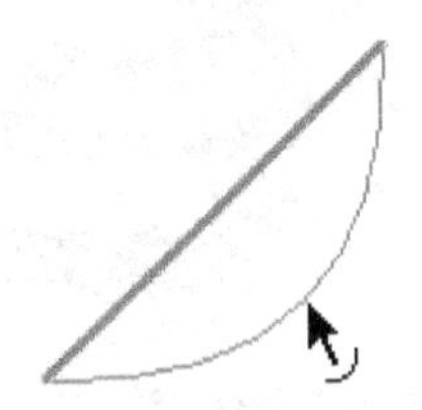

图1-16　改变直线的形状

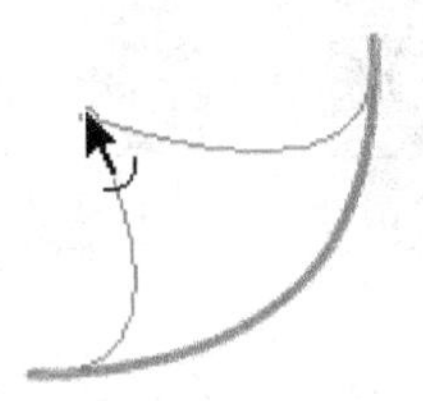

图1-17　增加角点

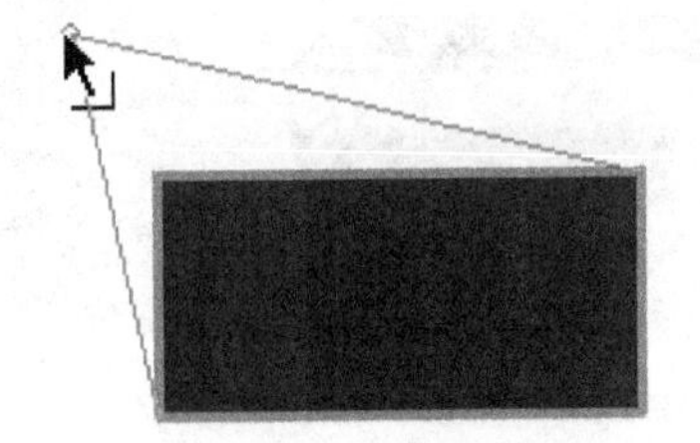

图1-18　拉伸直线

5. 橡皮擦工具

橡皮擦工具可以用来擦除图形的外轮廓和内部颜色。橡皮擦工具有多种擦除模式，可以设置为只擦除图形的外轮廓和侧部颜色，也可以定义只擦除图形对象的某一部分的内容。可以在实际操作时根据具体情况设置不同的擦除模式。

在绘图工具箱中选择橡皮擦工具，橡皮擦工具没有相应的“属性”面板，但在工具箱的选项区中有如图1-19所示的选项，可以设置橡皮擦工具的附加属性。

（1）橡皮擦模式

单击按钮将弹出“橡皮擦模式”下拉列表，如图1-20所示。选择不同的选项将会产生不同的效果。下面将对各种橡皮擦模式的作用进行简要介绍。

- **标准擦除模式**：将擦除橡皮擦经过的所有区域，可以擦除同一层上的笔触和填充。此模式是Flash CS6的默认工作模式，其擦除效果如图1-21所示。

图1-19　选项区

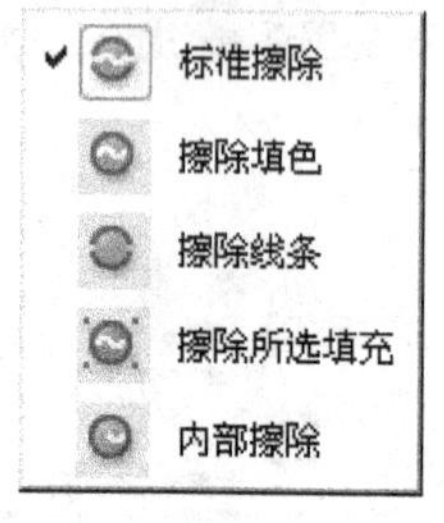

图1-20　“橡皮擦模式”下拉列表

图1-21　标准擦除

- **擦除填色模式**：选中该模式后，拖动橡皮擦可以擦除舞台上的任何填充区域，但会保留轮廓线，如图1-22所示。
- **擦除线条模式**：选中该模式后，拖动橡皮擦可以擦除舞台上的曲线或轮廓线，但是会保留填充区域，如图1-23所示。
- **擦除所选填充模式**：选中该模式后，拖动橡皮擦可以擦除舞台上选择的填充区域，但未选择的填充区域将不会被擦除，如图1-24所示。
- **内部擦除模式**：选中该模式后，拖动橡皮擦将会只擦除橡皮擦起始位置所在的填充区域内部，如果橡皮擦除起始位置以外无任何可擦除对象，则擦除操作对其不起任何作用，如图1-25所示。

图1-22　擦除填色

图1-23　擦除线条

图1-24　擦除所选填充

图1-25　内部擦除

（2）水龙头

水龙头的功能类似颜料桶和墨水瓶功能的反作用，也就是要将图形的填充色整体去掉，或者将图形的轮廓线全部擦除，只需在要擦除的填充色或者轮廓线上单击鼠标左键即可。

（3）橡皮擦形状

单击“橡皮擦形状”按钮，打开“橡皮擦形状”下拉列表（如图1-26所示），可以任意选择一种橡皮擦的形状。

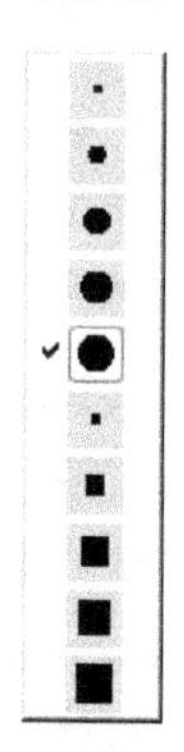
图1-26　“橡皮擦形状”下拉列表

Work2 案例解析

对Flash动画造型常用工具有了一定的了解后，下面通过实例学习其工具的使用方法和技巧。

Adobe Flash CS6

Example 1

绘制花朵

本实例绘制的是一组花朵图像。通过对图像进行复制得到花瓣图形，然后再绘制一些抽象的树叶图形即可完成花朵图像的绘制。

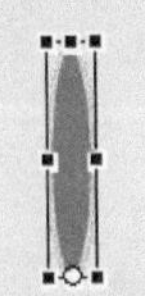

...绘制椭圆

...绘制花瓣

...绘制花蕊

...绘制绿叶背景

1.1　效果展示

原始文件：Chapter 1\Example 1\绘制花朵.fla

最终效果：Chapter 1\Example 1\绘制花朵.swf

学习指数：★★

本实例将绘制一个萦绕在树丛中的花朵矢量图形，主要通过多个相同的花朵图形来突出花团锦簇的感觉。通过本实例的制作，希望读者能够掌握一些基本的绘图方法，以及为图形添加颜色的技巧。

1.2 技术点睛

本实例中的鲜花效果，主要使用Flash CS6中的基本绘图工具和变形工具。通过本实例的学习，读者可以掌握使用Flash CS6绘制图形对象的基本方法。

绘制花朵时，读者应注意以下几个操作环节。

（1）使用导入命令，将背景图片导入到舞台中（舞台要与背景图片的大小一致）。

（2）使用变形工具制作花瓣时，一定要使用任意变形工具将中心点拖放到合适的位置后再进行复制，并应用变形。

（3）使用椭圆工具绘制不同颜色的花蕊，并将花蕊拖放到花瓣的中心。

1.3 步骤详解

本实例可以分为3个部分，首先是导入背景，然后绘制花瓣，最后绘制花蕊。下面一起来完成本实例的制作。

1.3.1 导入背景

01 启动Flash CS6，新建一个Flash空白文档。执行“修改→文档”命令，打开“文档设置”对话框，将“尺寸”设置为600像素（宽度）×250像素（高度），如图1-27所示，设置完成后单击 确定 按钮。

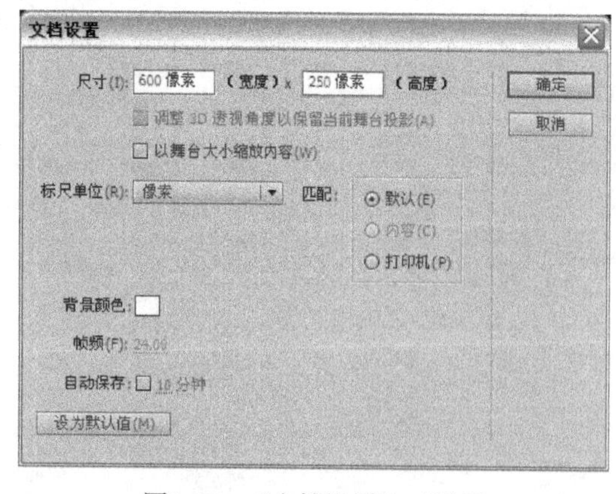

图1-27 “文档设置”对话框

02 执行“文件→导入→导入到舞台”命令，打开“导入”对话框，如图1-28所示。

图1-28 “导入”对话框

03 选择准备好的图片，单击 打开(O) 按钮，将图片导入到舞台中，如图1-29所示。

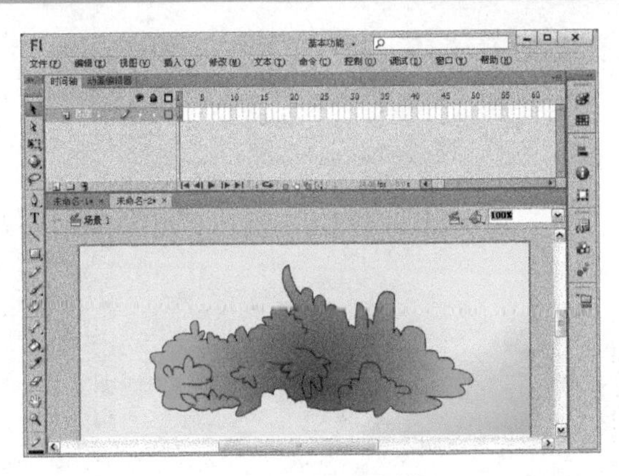

图1-29　导入的图片

1.3.2　绘制花瓣

01 单击“时间轴”面板上的“插入图层”按钮，新建“图层2”，选择椭圆工具，单击绘图工具箱中“颜色”栏中的按钮，在弹出的“颜色”面板中选择绘制椭圆边框的笔触颜色，这里选择黄色（#FFCC00）。单击绘图工具箱中“颜色”栏中的按钮，在弹出的“颜色”面板中选择填充色的颜色，这里选择红色（#FF3300）。在舞台上绘制一个椭圆，如图1-30所示。

图1-30　绘制椭圆

技巧点睛

在绘制出椭圆后，可以利用“属性”面板对椭圆的大小、在场景中的位置、边框线的颜色、线型样式、粗细及填充色等进行具体设置。移动舞台中的椭圆或圆时，其“属性”面板中的X、Y值也会随之发生改变。同样，在“属性”面板中对椭圆进行设置后，舞台中的图形也将出现相应的变化。

技巧点睛

单击“矩形工具”按钮，按住鼠标左键不放，数秒后，将弹出如图1-31所示的工具组，从中即可选择椭圆工具。

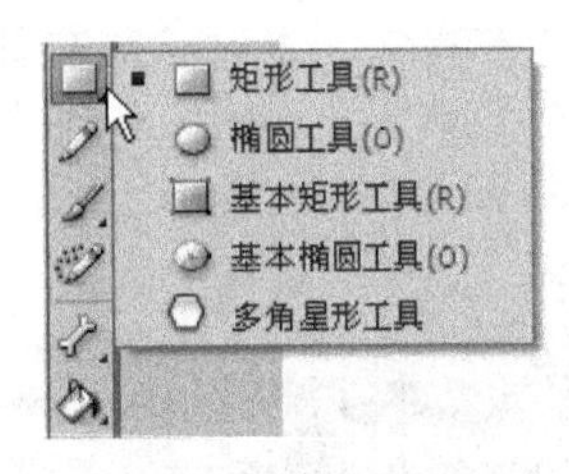

图1-31　选择椭圆工具

02 选中椭圆，选择任意变形工具，椭圆的中心将出现一个圆点，如图1-32所示。

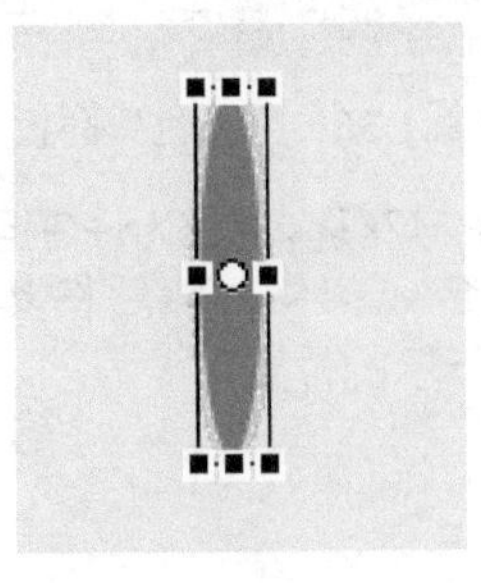

图1-32　椭圆中心点

03 将椭圆的中心点拖动到如图1-33所示的位置。

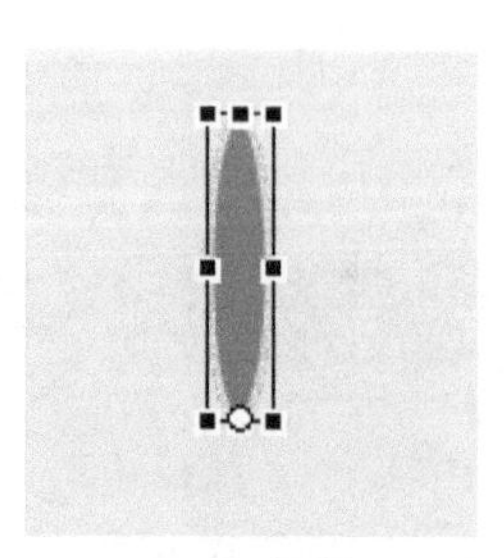

图1-33　拖动中心点

技巧点睛

按Ctrl+T组合键可以快速打开“变形”面板。

05 设置完成后，单击“变形”面板上的“复制”按钮，然后单击“变形”按钮23次，完成花瓣的绘制，如图1-35所示。

04 选中整个椭圆，执行“窗口→变形”命令，打开“变形”面板，选中“旋转”单选按钮，并在其右侧的文本框中输入“15”，如图1-34所示。

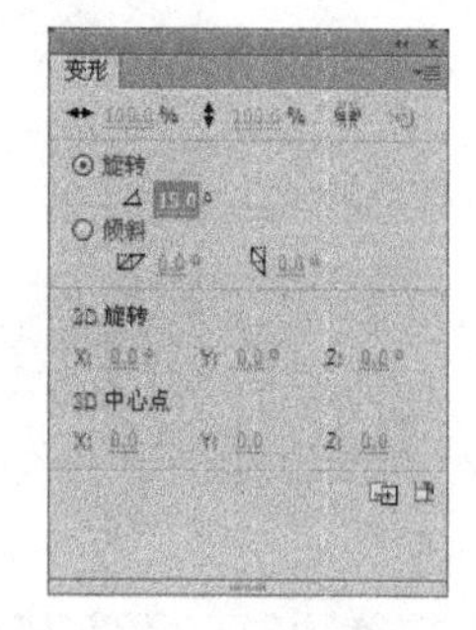

图1-34　“变形”面板

图1-35　绘制花瓣

1.3.3　绘制花蕊

01 选择椭圆工具，单击绘图工具箱中“颜色”栏中的按钮，在弹出的“颜色”面板中单击按钮，如图1-36所示，表示绘制的椭圆无边框。

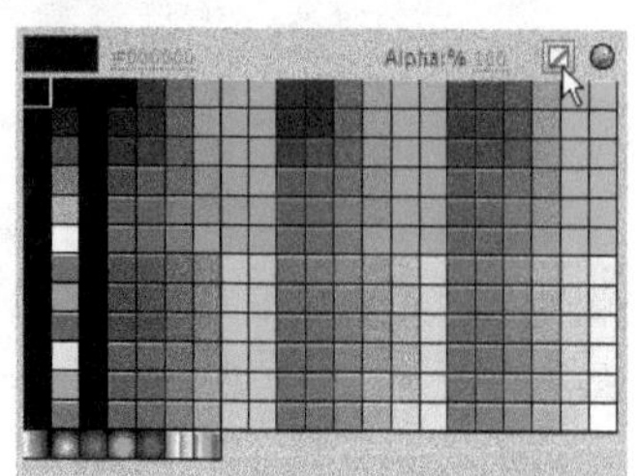

图1-36　“颜色”面板

03 选中花瓣与花蕊，按Ctrl+G组合键，将花瓣与花蕊组合成花朵，然后将其拖动到舞台上如图1-38所示的位置。

02 设置椭圆的填充颜色为黄色（#FFFF00），在舞台上绘制一个椭圆，然后将其拖动到花瓣的中心位置，如图1-37所示。

图1-37　拖动椭圆

图1-38　拖动花朵

1.3.4 编辑场景

01 选中舞台上的花朵，执行“编辑→复制”命令，然后新建“图层3”，执行“编辑→粘贴”命令，复制出一个花朵，如图1-39所示。

图1-39 复制花朵

02 选中复制的花朵，按Ctrl+B组合键将其打散，然后将花蕊的颜色更改为深红色（#993300），如图1-40所示。

图1-40 更改花蕊颜色

03 选中复制的花朵，按Ctrl+G组合键将其组合，然后使用任意变形工具将其缩小，最后将花朵拖动到如图1-41所示的位置。

图1-41 拖动花朵

技巧点睛

在用任意变形工具改变图形形状时，按住Alt键可以使图形的一边保持不变，以便于用户定位。

04 再次选中舞台上的花朵，执行“编辑→复制”命令，然后新建“图层4”，执行“编辑→粘贴”命令，复制出一个花朵。选中复制出的花朵，按Ctrl+B组合键将其打散，然后将花蕊的颜色更改为绿色（#66CC33），如图1-42所示。

图1-42 更改花蕊颜色

05 选中复制的花朵，按Ctrl+G组合键组合图形，然后使用任意变形工具将其缩小，最后将花朵拖动到如图1-43所示的位置。

图1-43 拖动花朵

06 按照上面讲述的方法，再复制出9个花朵，然后分别将花朵打散，将花蕊设置成不同的颜色，接着分别组合花朵，并使用任意变形工具调整花朵的大小，最后将花朵摆放在舞台上的不同位置，如图1-44所示。

图1-44 复制花朵

07 执行“文件→保存”命令，打开“另存为”对话框，将文件名设置为“绘制花朵”，完成后单击“保存”按钮。按Ctrl+Enter组合键欣赏最终效果，如图1-45所示。

图1-45 最终效果

举一反三 | 绘制小汽车

打开光盘\源文件与素材\Chapter 1\Example 1\小汽车.swf，欣赏实例最终完成效果，如图1-46所示。

图1-46　完成后的实例效果

绘制车壳

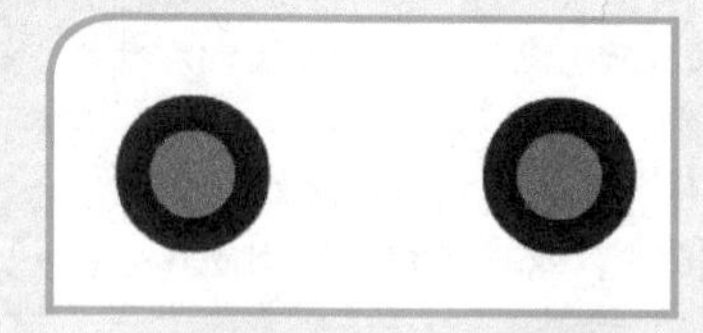

绘制汽车轮子

导入图片

关键技术要点

01 新建一个Flash文档，将其大小设置为600像素（宽度）×300像素（高度）。

02 使用直线工具、铅笔工具绘制汽车外壳。

03 使用椭圆工具绘制汽车轮子。

04 导入一幅图片作为文档背景图片。

Example

熊猫举重

本实例绘制一个“熊猫举重”的场景。在景色宜人的大自然中，一只憨态可掬的大熊猫正在开心地练习着举重。

...绘制头部　...绘制身体　...绘制杠铃

2.1 效果展示

原始文件：Chapter 1\Example 2\熊猫举重.fla
最终效果：Chapter 1\Example 2\熊猫举重.swf
学习指数：★★★

本实例绘制的是一只可爱的熊猫举重的图像，主要是通过椭圆工具、矩形工具和直线工具等来完成图形的基本绘制，然后再对图形进行编辑并填充颜色，得到完整的画面效果。

2.2 技术点睛

绘制本实例时，主要使用椭圆工具、矩形工具和直线工具。通过本实例的学习，将使读者掌握在Flash CS6中综合应用多种绘图工具的基本操作方法。

在绘制“熊猫举重”图像时，应注意以下几个操作环节。

（1）使用直线工具绘制图形时，要使绘制的图形呈闭合状态，然后才能使用颜料桶工具填充颜色。

（2）使用选择工具调整胳膊等形状时，一定要仔细地将形状线条调整得非常平滑，不要生硬。

（3）使用“水平翻转”命令，可以快速地制作另一只胳膊、大腿等形状。

2.3 步骤详解

下面来完成本实例的制作。

2.3.1 绘制熊猫头部

01 新建一个Flash空白文档。执行“修改→文档”命令，打开“文档设置”对话框，将“尺寸”设置为600像素（宽度）×375像素（高度），如图1-47所示。设置完成后单击 确定 按钮。

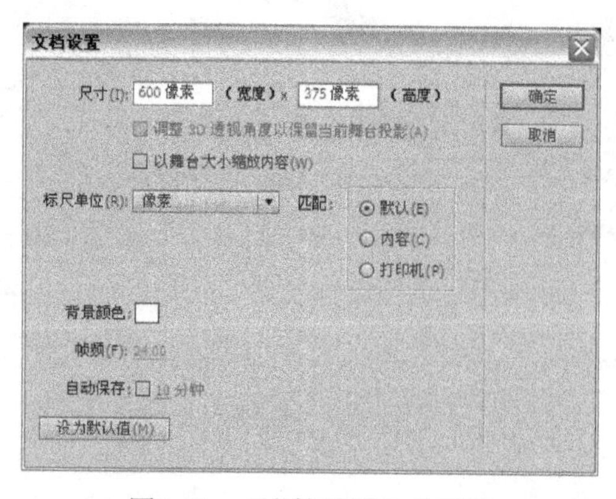

图1-47 “文档设置”对话框

02 执行“文件→导入→导入到舞台”命令，打开“导入”对话框，选择一幅图片，单击 打开(O) 按钮，将图片导入到舞台中，如图1-48所示。

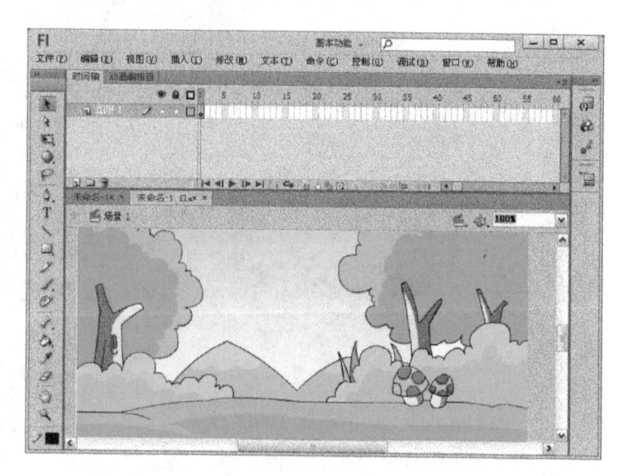

图1-48 导入图片

03 单击“插入图层”按钮，新建“图层2”，然后单击图层区按钮下方“图层1”上的图标，使其变为图标，如图1-49（a）所示，表示将“图层1”中的内容隐藏。

技巧点睛

如果有很多图层，而且想要将所有的图层快速隐藏，只需直接单击👁按钮，即可将所有图层隐藏，如图1-49（b）所示。若想要快速恢复图层显示，再次单击👁按钮即可。

（a）　　（b）

图1-49　隐藏图层

04 选择椭圆工具，在舞台上绘制一个边框颜色为黑色、填充颜色为白色的椭圆，作为熊猫的头，并按Ctrl+G组合键将其组合，如图1-50所示。

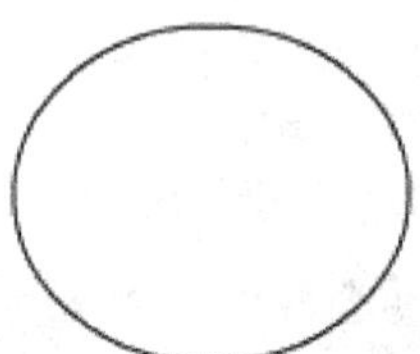

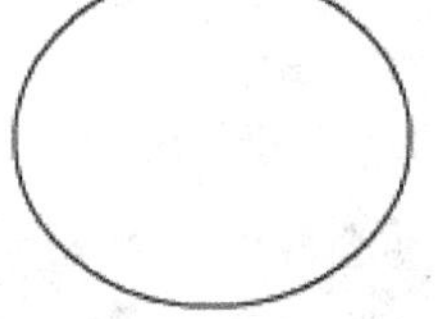

图1-50　绘制椭圆

05 使用椭圆工具绘制一个无边框、填充颜色为黑色的椭圆，并将其组合，然后拖动到熊猫头上作为它的耳朵，如图1-51所示。

图1-51　绘制耳朵

06 选中耳朵，复制并粘贴一次，然后将其拖动到熊猫头的另外一边，完成一对耳朵的绘制，如图1-52所示。

图1-52　复制耳朵

07 新建“图层3”，使用椭圆工具绘制一个无边框、填充颜色为黑色的椭圆，然后使用选择工具将椭圆调整成鸭蛋形，如图1-53所示。

图1-53　调整椭圆

08 选中刚绘制的椭圆，复制并粘贴一次，将复制出的椭圆的填充颜色设置为白色，并使用任意变形工具将其缩放为原来大小的30%，然后将其拖动到黑色椭圆的中心位置，如图1-54所示。

09 使用椭圆工具绘制一个无边框、填充颜色为黑色的正圆，并将其拖动到白色椭圆的中心位置，这样就绘制好了一只眼睛，如图1-55所示。

图1-54　复制椭圆

图1-55　绘制正圆

10 将绘制好的眼睛进行组合，复制并粘贴一次，然后选择复制的眼睛副本，使用任意变形工具将眼睛围绕中心点翻转一次，并拖动到如图1-56所示的位置。至此，熊猫的两只眼睛都制作完成。

图1-56　制作另一只眼睛

11 新建“图层4”，使用椭圆工具在舞台上绘制一个边框颜色为黑色、填充颜色为白色的椭圆，作为熊猫的嘴巴，并按Ctrl+G组合键将其组合，如图1-57所示。

图1-57　绘制嘴巴

12 使用椭圆工具绘制一个无边框、填充颜色为黑色的椭圆，作为熊猫的鼻子，如图1-58所示。

图1-58　绘制鼻子

13 使用直线工具绘制一条黑色的竖线，然后使用铅笔工具绘制一条黑色的弧线，作为熊猫的嘴，如图1-59所示。

图1-59　绘制熊猫的嘴

2.3.2　绘制熊猫身体

01 新建“图层5”，并将其拖动到“图层2”的下方、“图层1”的上方，然后使用椭圆工具绘制一个边框颜色为黑色、边框宽度为5、填充颜色为白色的椭圆，作为熊猫的身体，如图1-60所示。

图1-60　绘制椭圆

02 使用选择工具将熊猫的身体调整成运动员的倒三角体型，如图1-61所示，然后将熊猫身体进行组合。

图1-61　调整身体

03 新建“图层6”，并将其拖动到“图层5”的下方。使用直线工具绘制出胳膊的轮廓，如图1-62所示。

图1-62 绘制胳膊

04 使用选择工具将胳膊调整成如图1-63所示的形状，弯曲的线条表现了举重运动员发达的肌肉。

图1-63 调整胳膊

05 使用颜料桶工具将胳膊填充为黑色，如图1-64所示。

图1-64 填充胳膊

06 将胳膊组合，再进行复制粘贴，选中复制出的胳膊，执行“修改→变形→水平翻转”命令，并将其拖动到身体的另外一边，如图1-65所示。

图1-65 复制胳膊

07 新建“图层7”，并将其拖动到“图层5”的下方。使用直线工具绘制出腿的轮廓，如图1-66所示。

图1-66 绘制腿部轮廓

08 使用选择工具将腿调整成如图1-67所示的形状，形成扎着马步的腿。

图1-67 调整腿部轮廓

09 使用颜料桶工具将腿部填充为黑色，如图1-68所示。

10 将腿部组合，再进行复制粘贴，选中复制出的腿部副本，执行“修改→变形→水平翻转”命令，并将其拖动到身体的另外一边，如图1-69所示。

图1-68　填充腿部

图1-69　复制腿部

11 新建“图层8”，并将其拖动到“图层6”的下方。使用椭圆工具绘制一个边框颜色为黑色、无填充颜色的椭圆，如图1-70所示。

12 按住Alt键的同时使用选择工具在椭圆边框上拖动，就能拉出尖角，拉成如图1-71所示的手部形状即可。

图1-70　绘制椭圆

图1-71　调整椭圆

13 使用颜料桶工具将手部填充为黑色，如图1-72所示。

14 将手部组合，再进行复制粘贴，选中复制出的手部，执行“修改→变形→水平翻转”命令，并将其拖动另外一边，如图1-73所示。

图1-72　填充手部

图1-73　复制手部

2.3.3　绘制杠铃

01 新建“图层9”，使用矩形工具绘制一个细长的黑色矩形，如图1-74所示。

图1-74　绘制矩形

02 使用选择工具将其调整成弯曲状，以表现杠铃的沉重，然后将其组合，如图1-75所示。

图1-75　调整矩形

03 使用矩形工具绘制一个边框颜色为黑色、边框宽度为4、无填充颜色的矩形，如图1-76所示。

04 使用椭圆工具绘制一个边框颜色为黑色、无填充颜色的椭圆，如图1-77所示。

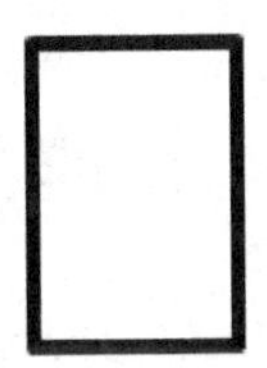

图1-76 绘制矩形

图1-77 绘制椭圆

05 使用选择工具将矩形的左边框调整为曲线，如图1-78所示，然后使用选择工具选中矩形的右边框，按Delete键删除。

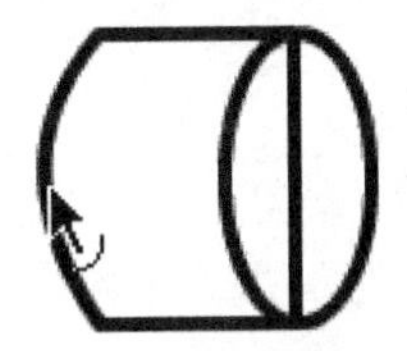

图1-78 调整矩形的左边框

06 选中调整后的左边框曲线，复制并粘贴两次，复制出另外两条曲线，并拖动到如图1-79所示的位置，这就完成了一只杠铃的绘制。

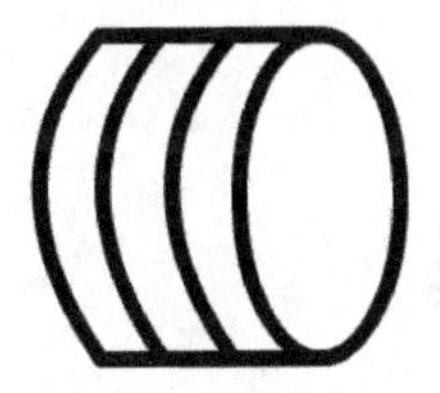

图1-79 复制曲线

07 使用颜料桶工具将杠铃填充为红色（#CC0033），然后将杠铃组合，并将其移动到如图1-80所示的位置。

图1-80 填充颜色

08 复制杠铃，执行“修改→变形→水平翻转”命令，并将其拖动至另外一边，如图1-81所示。

图1-81 复制杠铃

09 将“图层1”恢复显示，然后保存文件，按Ctrl+Enter组合键欣赏最终效果，如图1-82所示。

图1-82 完成效果

举一反三 | 绘制调皮小猴

打开光盘\源文件与素材\Chapter 1\Example 2\调皮小猴.swf，欣赏实例最终完成效果，如图1-83所示。

图1-83　调皮小猴

绘制脸庞

绘制双耳

绘制嘴唇

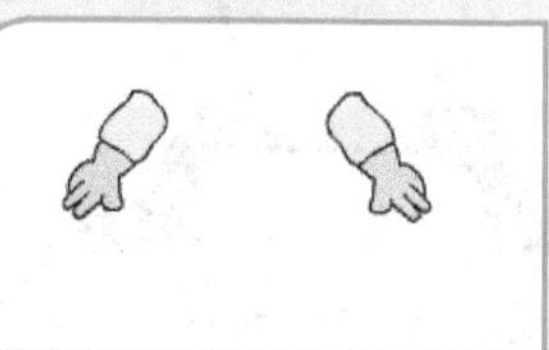

绘制左右手

绘制身体

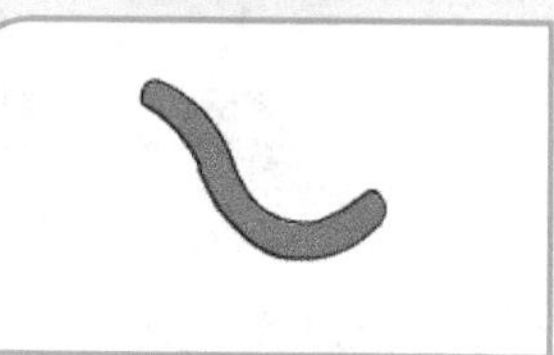

绘制尾巴

关键技术要点

01 新建一个Flash文档，大小保持默认设置即可。

02 使用椭圆工具、铅笔工具绘制小猴的头部。

03 使用铅笔工具绘制小猴的双手。

04 使用椭圆工具、铅笔工具绘制小猴的身体。

05 使用铅笔工具绘制小猴的尾巴。

Adobe Flash CS6

Example 3

盛夏海滩场景

本实例绘制一个盛夏的海滩场景效果。深蓝色的海洋、柔软的沙滩、悠悠的白云、飞舞的海鸥与绚丽的太阳伞，构成了一个美妙无比的海边世界。

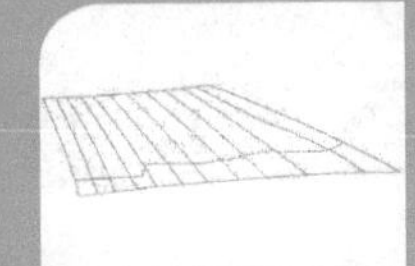

...绘制形状

...填充颜色

...绘制太阳伞

...绘制云朵

...绘制海鸥

...组合元件

3.1 效果展示

原始文件：Chapter 1\Example 3\盛夏海滩场景.fla

最终效果：Chapter 1\Example 3\盛夏海滩场景.swf

学习指数：★★★

本实例绘制的是盛夏沙滩场景效果，整个画面营造出一种海边惬意舒适的感觉。在绘图和颜色搭配上都花了很多心思，通过本实例的学习，读者可掌握绘图的相关技巧，对颜色的搭配也能有一定的认识。

3.2 技术点睛

本实例的海滩场景，主要使用Flash CS6中的铅笔工具、直线工具、椭圆工具、选择工具与颜料桶工具。通过本实例的学习，读者可掌握绘制不同元素来组成动画场景的基本操作方法。

在绘制海滩场景时，读者应注意以下几个操作环节。

（1）绘制蓝天时，需要使用放射性渐变来进行填充。

（2）沙滩上的太阳伞结构比较复杂，绘制时一定要慢慢地、耐心地使用直线工具与铅笔工具进行勾勒。

（3）绘制出海鸥后，可以将其复制若干次，然后使用任意变形工具将它们调整为不同大小，并分布在天空中的不同角落。

3.3 步骤详解

下面一起来完成本实例的制作。

3.3.1 绘制蓝天、海洋与沙滩

01 新建一个Flash空白文档，执行“修改→文档”命令，打开“文档设置”对话框，将“尺寸”设置为645像素（宽度）×370像素（高度），如图1-84所示。设置完成后单击 确定 按钮。

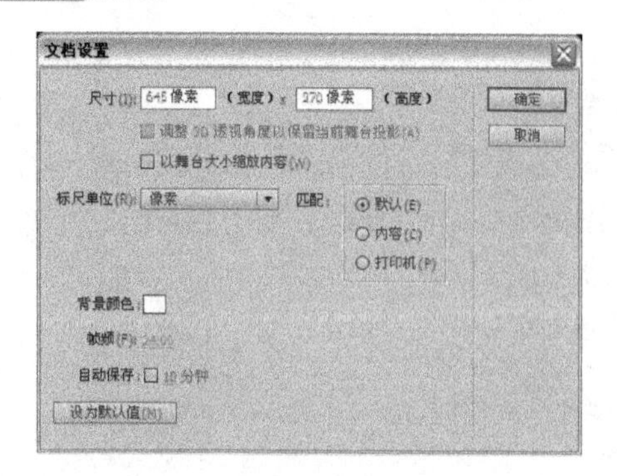

图1-84 “文档设置”对话框

02 选择矩形工具，在舞台上绘制一个无边框、填充色为任意色、宽度和高度分别为645像素和370像素的矩形，刚好将舞台遮住，如图1-85所示。

图1-85 绘制矩形

03 执行“窗口→颜色”命令，打开“颜色”面板。将填充方式设置为“线性渐变”，然后将下端调色条左端的滑块颜色设置为白色，右端的滑块颜色设置为蓝色（#06B1FF），如图1-86所示。

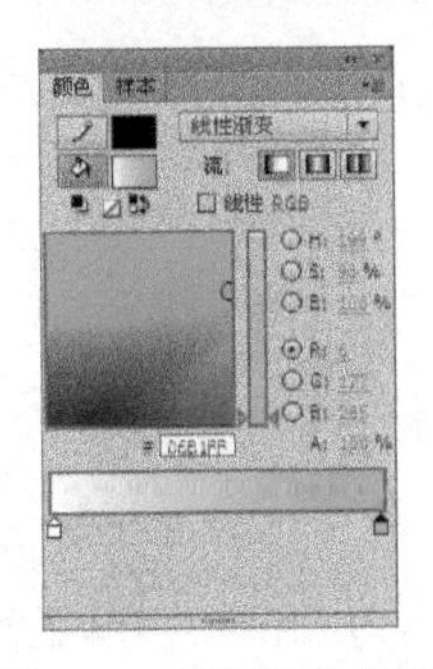

图1-86 “颜色”面板

04 使用颜料桶工具填充矩形，蓝天绘制完成，如图1-87所示。

图1-87 填充矩形

05 新建“图层2”，选择矩形工具，将边框颜色设置为“无”，填充颜色设置为蓝色（#0C4C69），然后在舞台上绘制一个矩形，表示海洋，如图1-88所示。

图1-88 绘制矩形

06 使用矩形工具绘制一个无边框、填充颜色为土黄色（#F4E6B5）的矩形，然后使用选择工具将矩形调整为沙滩的摸样，如图1-89所示。

图1-89 绘制沙滩

07 新建“图层3”，使用直线工具与铅笔工具勾勒出一些不规则的形状，然后使用颜料桶工具将这些形状填充为蓝色（#36ABE0），作为海浪，如图1-90所示。

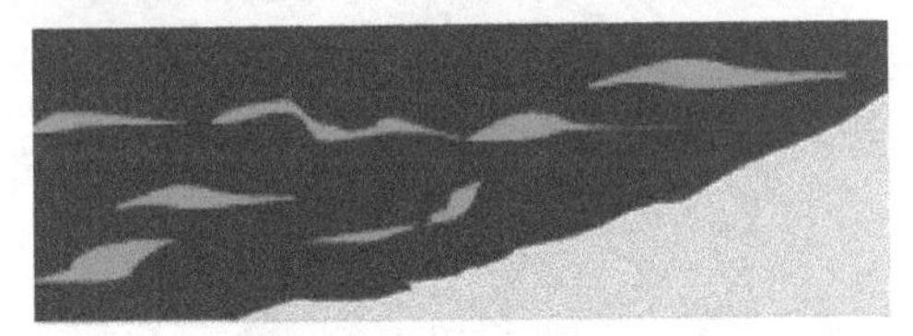

图1-90 绘制海浪

08 使用铅笔工具勾勒出沙滩上的阴影部分，然后使用颜料桶工具将阴影部分填充为黄色（#EDD687），制作出阴影效果，如图1-91所示。

图1-91 制作阴影效果

3.3.2 绘制太阳伞

01 使用铅笔工具勾勒出沙滩上铺的供人休息的布的大体形状，如图1-92所示。布的绘制比较复杂，需要耐心地绘制，如果在绘制过程中出现偏差，可用橡皮擦工具进行擦除，再接着绘制。

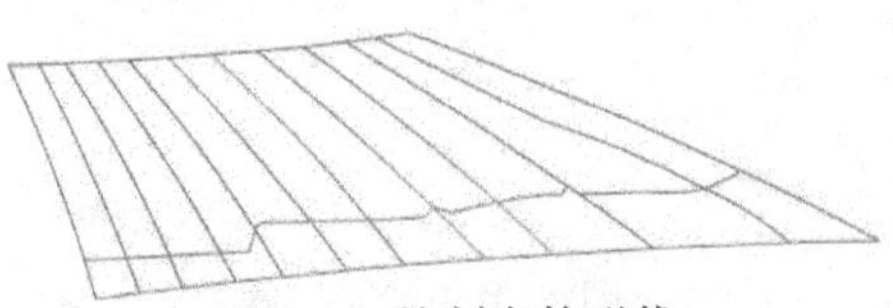

图1-92 绘制布的形状

02 使用颜料桶工具为布填充颜色，如图1-93所示。

图1-93 填充颜色

03 按照同样的方法绘制出另一块布的形状，并填充颜色，如图1-94所示。

图1-94 绘制布并填充颜色

04 使用直线工具与铅笔工具勾勒出太阳伞的形状，如图1-95所示。

图1-95 绘制太阳伞的形状

05 使用颜料桶工具为太阳伞填充颜色，如图1-96所示。

图1-96 填充颜色

06 使用椭圆工具、铅笔工具与选择工具绘制太阳伞下的阴影部分，并使用颜料桶工具为阴影部分填充和沙滩阴影一样的颜色，如图1-97所示。

图1-97 绘制阴影并填充颜色

3.3.3 绘制云朵与海鸥

01 新建"图层4"，使用椭圆工具绘制一些边框颜色为黑色、填充颜色为白色的椭圆，然后将它们重叠在一起，如图1-98所示。

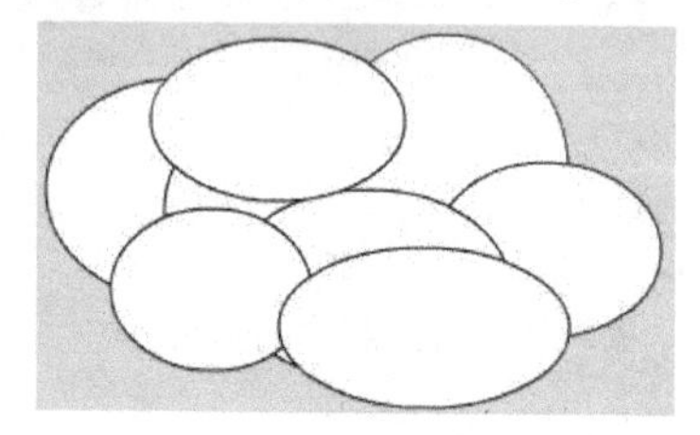

图1-98 绘制椭圆

02 使用选择工具双击线条，即可选中线条，如图1-99所示。

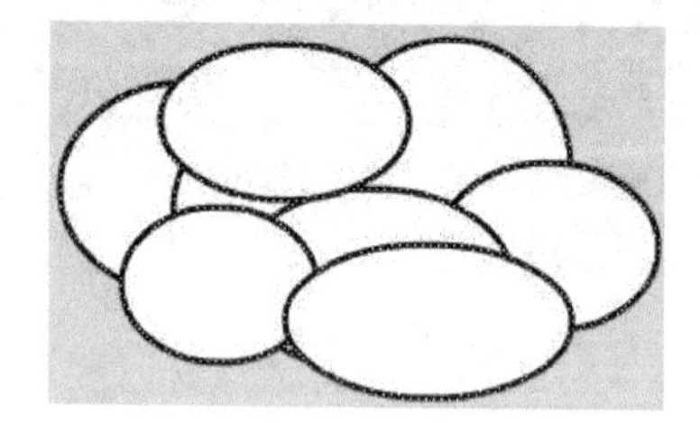

图1-99 选择线条

03 按Delete键将线条删除，如图1-100所示。

图1-100 删除线条

04 使用椭圆工具在白色区域中绘制一些边框颜色为黑色、填充颜色为白色的椭圆，如图1-101所示。

图1-101 绘制椭圆

05 使用颜料桶工具将部分椭圆填充为蓝色（#D2E4F5），如图1-102所示。

图1-102　填充椭圆

06 将椭圆的边框删除，形成阴影效果，如图1-103所示。当然，阴影也可以填充为灰色。

图1-103　删除边框

07 按照同样的方法绘制出多个大小不一的云朵，并使用任意变形工具将云朵变形，然后使其分布在天空的各处，如图1-104所示。

图1-104　分布云朵

08 新建“图层5”，使用铅笔工具绘制出海鸥的形状，如图1-105所示。

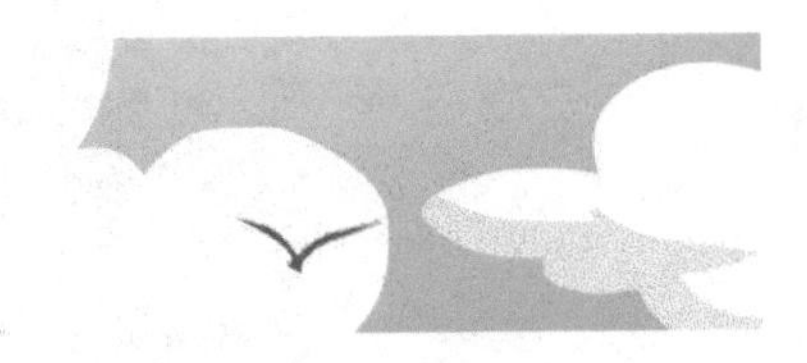

图1-105　绘制海鸥

09 复制出若干个海鸥，使用任意变形工具将它们调整成不同大小，并随机分布在天空不同的角落，如图1-106所示。

图1-106　复制海鸥

10 按照前面讲过的方法，使用铅笔工具与直线工具再绘制两把太阳伞与一把沙滩椅，如图1-107所示。

图1-107　绘制太阳伞与沙滩椅

11 使用任意变形工具将太阳伞与沙滩椅缩小并放置于沙滩的右角，如图1-108所示。

图1-108　放置太阳伞与沙滩椅

12 执行“文件→保存”命令保存文件，然后按Ctrl+Enter组合键欣赏本例的最终效果，如图1-109所示。

图1-109　完成效果

举一反三 | 美丽的湖泊

打开光盘\源文件与素材\Chapter 1\Example 3\美丽的湖泊.swf，欣赏实例最终完成效果，如图1-110所示。

图1-110　完成效果

绘制草丛

绘制大树

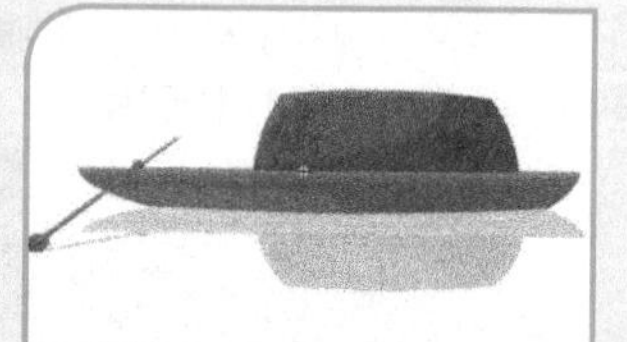

绘制小船

绘制房子

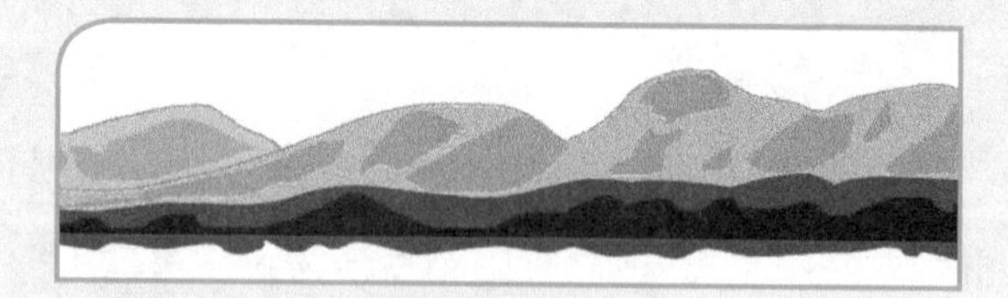

绘制山脉

关键技术要点

01 新建一个Flash文档，将其大小设置为600像素（宽度）×500像素（高度）。

02 使用矩形工具绘制天空与湖水。

03 使用铅笔工具绘制湖岸与山脉。

04 使用钢笔工具和铅笔工具绘制草丛与大树。

05 使用直线工具和铅笔工具绘制小船与房子。

第2章

The 2nd Chapter

制作人物动作动画

本章通过人物的基本行为，如走路、奔跑和跳舞等，来讲述Flash中行为动作特效的制作方法。读者学习完本章知识后，可以举一反三，将日常生活中的一些其他行为动作制作成动画。

- 绘制人物行走动画

- 绘制提刀动画

- 绘制打斗动画

Work1 要点导读

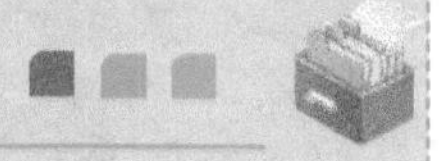

在Flash CS6中制作人物动画，需要使用逐帧动画来完成。制作逐帧动画需要将每个帧都定义为关键帧，每一帧都是各自独立的，这是Flash中很重要的一种动画类型，希望读者能认真掌握。

1. 人物运动的规律

开始制作之前，先来了解一下人物走路的规律。

- 前进过程中，人体的整个身躯呈波浪式前进。当一条腿垂直支撑身体时，身体是最高的；而当步子跨开最大距离时，身体是最低的。
- 双手双脚的动作是交替相反的，所以在运动过程中，肩部和骨盆的运动方向也是交替相反的。
- 胳膊的摆动要以肩胛骨为轴心做弧线摆动。
- 当一只脚做支撑时，另外一只脚就会提起迈步。这样的过程会循环交替下去，而支撑力也会随着身体前进的重心而变化，脚踝和地面之间呈弧线规律往前运动。

如图**2-1**所示就是一幅人物走路的示意图。

图2-1　人物走路示意图

同样，人的手在走路时也有规律可循。

首先，手掌的指头要放松，做前后摆动运动。当手运动到前方时，腕部会相应地提高，并稍向内弯曲。一般情况下，人物走得慢，步子就小，离地悬空过程不高，手的前后摆动幅度也不会太大；相反，当走得快时，手脚的运动幅度也会相应加大，抬的高度也都要略微提高。

人物跑步的动作也与此大同小异，只是略微更复杂些而已。

下面介绍一些人物跑步动作的规律。

- 身体向前倾，步子迈得比较大。
- 拳头为握紧状，但又不需要握得太紧；手臂弯曲做前后摆动运动，而且抬起的高度要高些，甩动也要有力。
- 脚的弯曲幅度比较大，脚部一离地就要弯曲起来做向前运动，而且弹力要大。
- 身躯前进的波浪式运动曲线比走路时更大。

如图**2-2**所示就是一幅人物奔跑的示意图。

图2-2　人物奔跑示意图

这些动作听起来似乎很复杂，其实只要抓住了规律，平时多注意观察生活，多练习如何将生活中感悟到的动作还原到制作中，那么一切都会变得非常简单！有兴趣的朋友可以根据以上介绍的方法多多实践，这样制作出的作品一定会越来越逼真。

2. 逐帧动画的特点

人物动作动画主要是利用Flash中的逐帧动画功能来制作的。逐帧动画技术利用了人的视觉暂留原理，快速地播放连续的、具有细微差别的图像，使原来静止的图形在人的脑海中“运动”起来。人眼所看到的图像大约可以暂存在视网膜上1/16秒，如果在暂存的影像消失之前观看另一张有细微差异的图像，并且后面的图片也在相同的极短时间间隔后出现，人们就会感觉自己看到的是连续的动画。电影的拍摄和播放速度为每秒24帧画面，比视觉暂存的1/16秒短，因此看到的是活动的画面，实际上只是一系列静止的图像。

要创建逐帧动画，需要将每个帧都定义为关键帧，然后给每个帧创建不同的图像。每个新关键帧最初包含的内容和它前面的关键帧是一样的，因此可以递增地修改动画中的帧。制作逐帧动画的基本思想是把一系列相差甚微的图形或文字放置在一系列的关键帧中，动画的播放看起来就像一系列连续变化的动画。其最大的不足就是制作过程较为复杂，尤其在制作大型的Flash动画时，它的制作效率是非常低的，在每一帧中都将旋转图形或文字，所以占用的空间会比制作渐变动画所耗费的空间大。但是，逐帧动画的每一帧都是独立的，它可以创建出许多依靠Flash CS6的渐变功能无法实现的动画，所以在许多优秀的动画设计中都要用到逐帧动画。

使用Flash制作逐帧动画通常是通过导入一系列连续的序列图像来完成，其操作步骤如下 。

01 执行“文件→导入→导入到库”命令，将8幅图像导入到库中。分别选中时间轴上的第2帧、第3帧……第7帧和第8帧，按F6键插入关键帧，如图2-3所示。

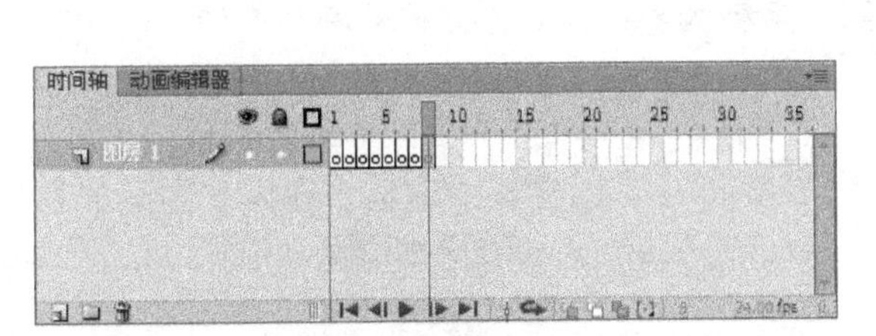

图2-3　插入关键帧

02 选中时间轴上的第1帧，从“库”面板中把一幅图像拖入到舞台中，如图2-4所示。

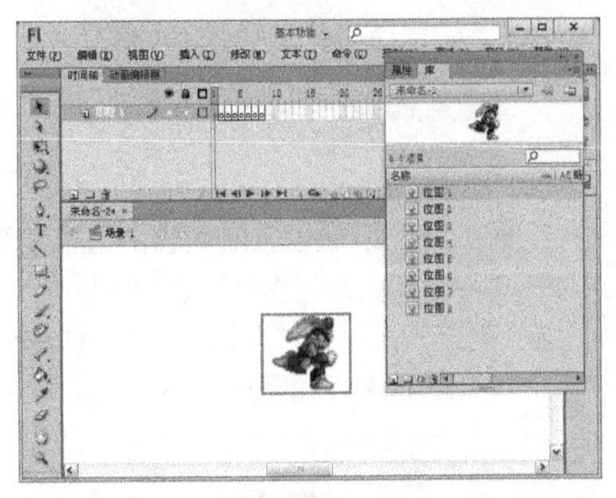

图2-4　拖入图像

03 选中时间轴上的第2帧，从“库”面板中把另一幅图像拖入到舞台中，如图2-5所示。

04 按照同样的方法，从“库”面板中将其他6幅图像分别拖入到对应帧所在的舞台上，如图2-6所示。

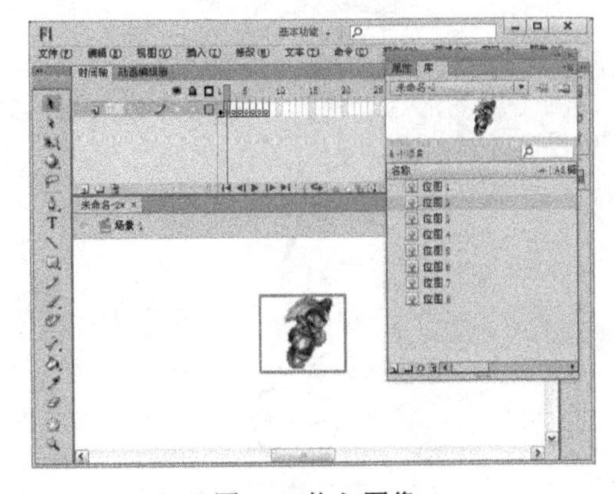

图2-5　拖入图像

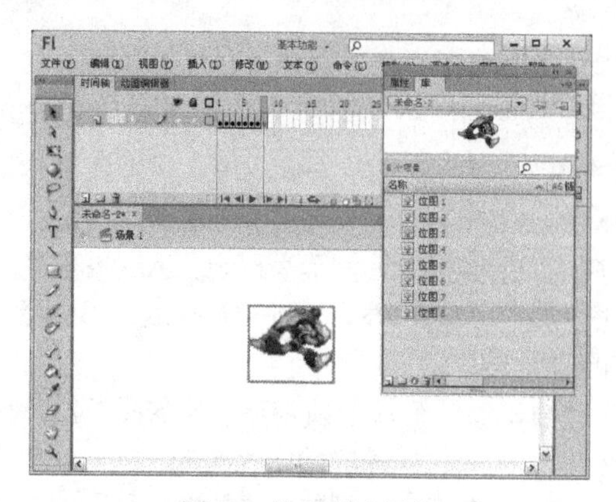

图2-6　拖入剩余图像

05 至此，动画已制作完毕，按Ctrl+Enter组合键测试动画效果，即可看到小人在不停地奔跑，如图2-7所示。

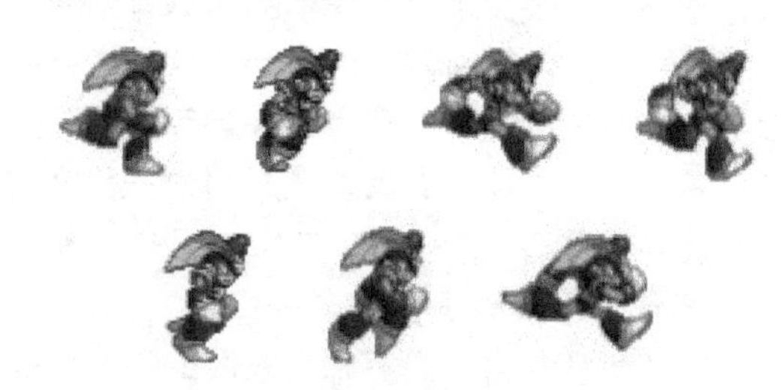

图2-7　动画效果

技巧点睛

如果想将最后1帧的动作变成第1帧播放，也就是将制作的动画进行倒序播放，可以在时间轴上选择所有帧，单击鼠标右键，在弹出的快捷菜单中选择“翻转帧”命令即可，如图2-8所示。

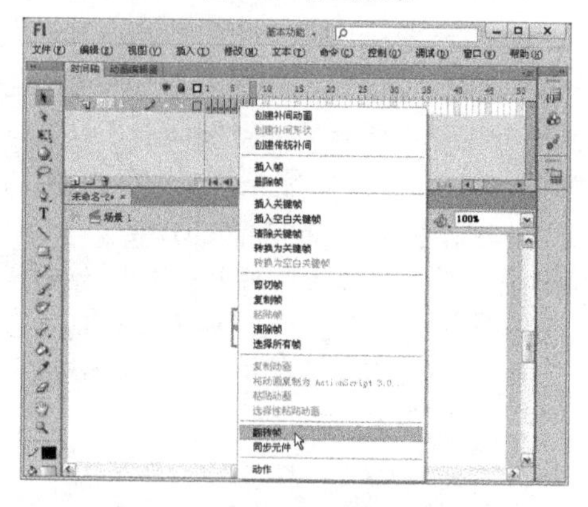

图2-8　选择“翻转帧”命令

另外，还可以通过在时间轴的每帧中绘制一系列的图形来制作逐帧动画。例如，制作花朵慢慢盛开的动画，其操作步骤如下。

01 选择笔刷工具，在“图层1”的第1帧处绘制一个图形，如图2-9所示。

图2-9　绘制图形

02 按F6键，在“图层1”的第2帧处插入一个关键帧，选择该关键帧，在原来图形的基础上继续绘制，如图2-10所示。

图2-10　继续绘制

03 重复上述步骤，按照同样的方法在不同关键帧上将图形绘制完成，最后完成的图形效果如图2-11所示。

图2-11　第173帧的图形效果

04 按Ctrl+Enter组合键测试动画效果，即可看到花朵在慢慢地盛开，如图2-12所示。

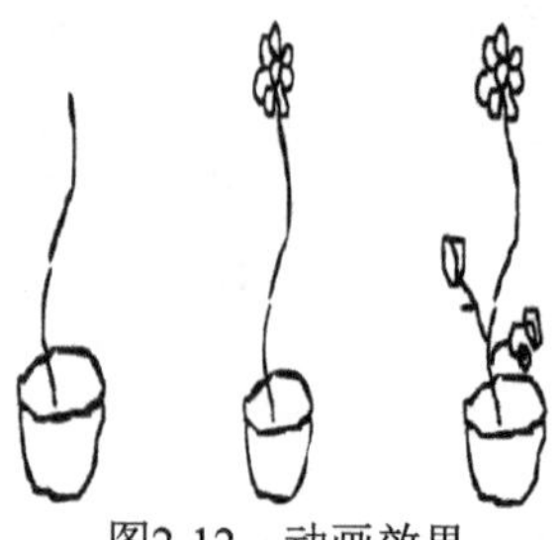

图2-12　动画效果

3. 使用Deco工具快速制作逐帧动画

使用Deco工具可以快速制作逐帧动画，具体操作步骤如下 。

01 选择工具栏中的Deco工具，打开“属性”面板，在“绘制效果”下拉列表框中选择“火焰动画”选项，如图2-13所示。

图2-13　设置绘制效果

02 在舞台上单击鼠标，即可看到时间轴上生成多个关键帧，舞台上有火焰动画生成，如图2-14所示。

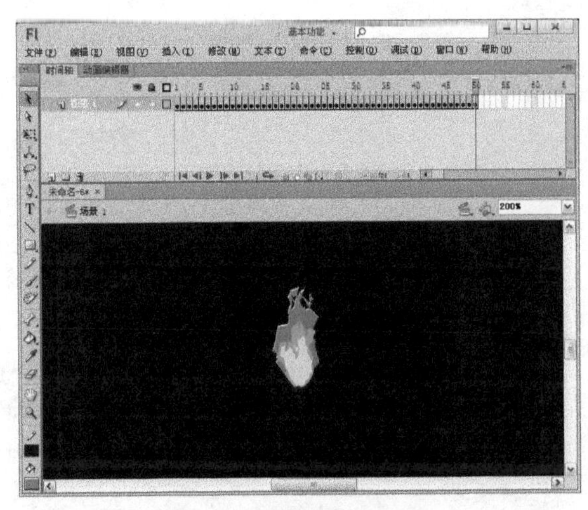

图2-14　生成多个关键帧

03 按Ctrl+Enter组合键测试动画效果，即可看到火焰在不断地闪烁，如图2-15所示。

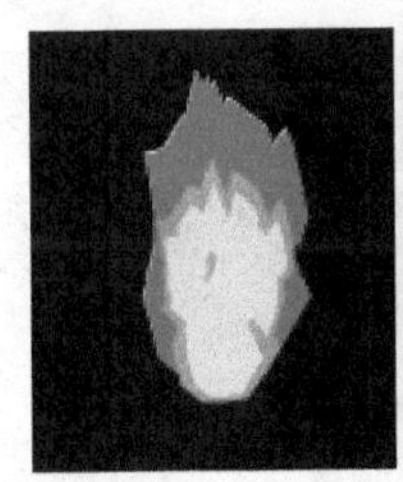
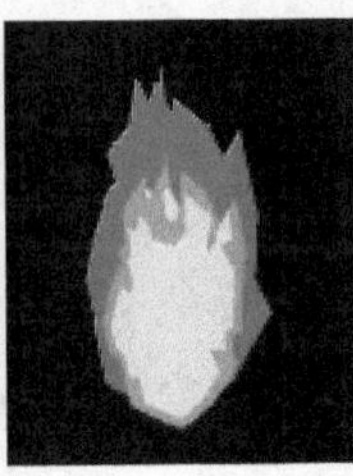
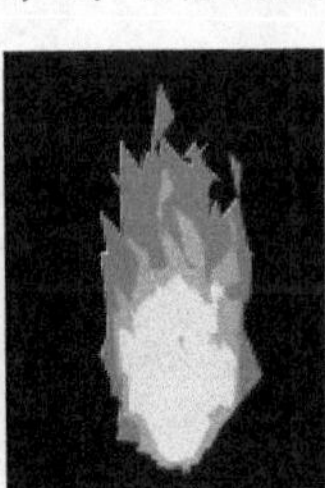
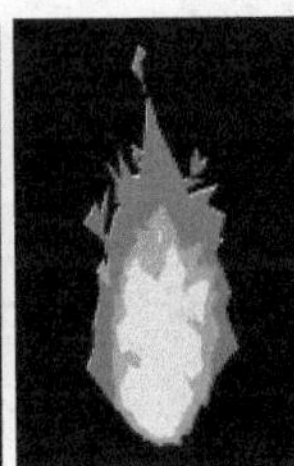

图2-15　动画效果

Work2 案例解析

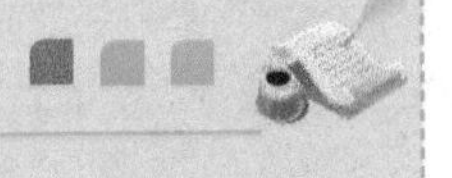

对Flash人物动画制作基础有了一定的了解后，下面通过实例来掌握其具体制作方法和技巧。

Adobe Flash CS6

Example 4

人物行走动画

本实例制作的是一个人物行走的动画效果。一位美丽的女孩，一个人独自行走在风景如画的郊外。

...绘制头部

...绘制身体

...调整部件

...调整部件

...调整部件

...导入图片

4.1 效果展示

原始文件：Chapter 2\Example 4\人物行走动画.fla

最终效果：Chapter 2\Example 4\人物行走动画.swf

学习指数：★★

本实例绘制的是一个人物行走的动画效果，在绘图过程中需要对人物的头发做一些造型编辑，然后再对画面中的人物身体做一些简单的绘制。通过本实例的制作，可使读者掌握简单人物的绘制技巧。

4.2　技术点睛

本实例中的人物行走动画，主要使用创建元件功能与创建补间动画功能来编辑制作。通过本实例的学习，读者可掌握在Flash CS6中制作人物动作的基本操作方法。

在制作人物行走动画时，读者应注意以下几个操作环节。

（1）在制作人物动作时，身体的各部位要协调，头部向前运动时，身体也要向前运动。

（2）手、腿等部位创建运动动画时，要按照人物走路的形态进行创建。

（3）导入背景图片后，要为图片创建由左向右移动的动画，表示人物行走时周边的景物也在不断地向后退。

4.3　步骤详解

下面一起来完成本实例的制作。

4.3.1　制作人物

01 启动Flash CS6，新建一个Flash空白文档。执行“修改→文档”命令，打开“文档设置”对话框，将“尺寸”设置为400像素（宽度）×300像素（高度），“帧频”设置为12，如图2-16所示。设置完成后单击 确定 按钮。

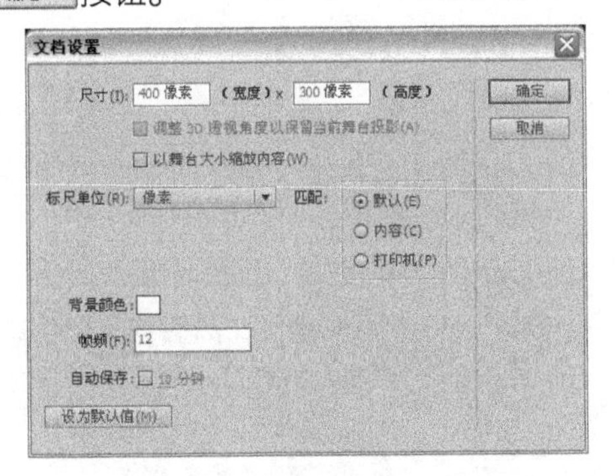

图2-16　“文档设置”对话框

02 执行“插入→新建元件”命令，打开“创建新元件”对话框，在“名称”文本框中输入元件的名称“头”，在“类型”下拉列表框中选择“图形”选项，如图2-17所示。

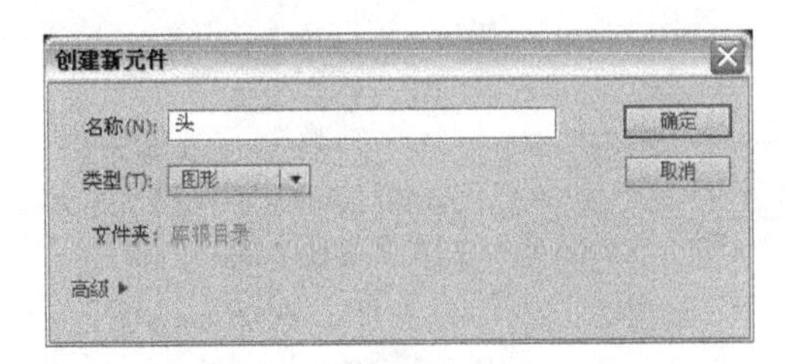

图2-17　“创建新元件”对话框

03 单击 确定 按钮后，工作区会自动从影片的场景转换到元件编辑模式。在元件的编辑区中心处有一个+光标，如图2-18所示。现在，就可以在这个编辑区中编辑女孩头部的图形元件了。

04 使用绘图工具在编辑区中绘制出女孩的头部形象，如图2-19所示。

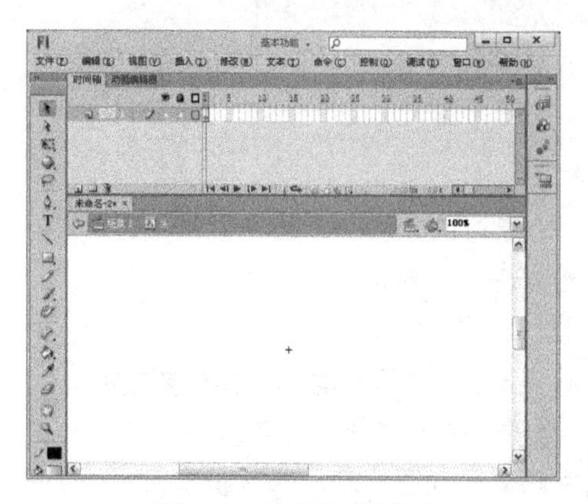

图2-18　元件的编辑区

图2-19　绘制头部

技巧点睛

Flash电影中的元件就像影视剧中的演员、道具一样，都是具有独立身份的元素。它们在影片中发挥着各自的作用，是Flash动画影片构成的主体。Flash电影中的元件可以根据它们在影片中发挥作用的不同，分为图形、按钮和影片剪辑3种类型。

在Flash电影中，一个元件可以被多次使用在不同位置。各个元件之间可以相互嵌套，不管元件的行为属于何种类型，都能以一个独立的部分存在于另一个元件中，使制作的Flash电影有更丰富的变化。图形元件是Flash电影中最基本的元件，主要用于建立和储存独立的图形内容，也可以用来制作动画，但是当把图形元件拖曳到舞台中或其他元件中时，不能对其设置实例名称，也不能为其添加脚本。

05 执行“插入→新建元件”命令，打开“创建新元件”对话框，在“名称”文本框中输入“上臂”，在“类型”下拉列表框中选择“图形”选项，如图2-20所示，然后单击 确定 按钮。

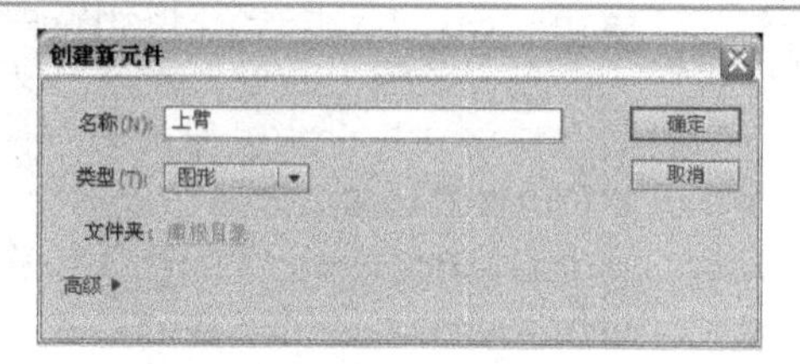

图2-20　“创建新元件”对话框

技巧点睛

为元件起一个独一无二、便于记忆的名字是非常必要的，这样在制作大型动画时，有助于在众多元件中找到自己需要的元件。

06 在“上臂”图形元件编辑区中绘制出女孩手臂的上半部分，如图2-21所示。

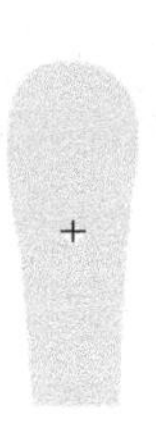

图2-21　绘制手臂的上半部分

07 新建“下臂”图形元件，然后在元件编辑区中绘制出女孩手臂的下半部分，如图2-22所示。

图2-22　绘制手臂的下半部分

08 按照同样的方法，新建“上腿”和“下腿”两个图形元件，然后分别在其编辑区中绘制出女孩腿部的上半部分和下半部分，如图**2-23**和图**2-24**所示。

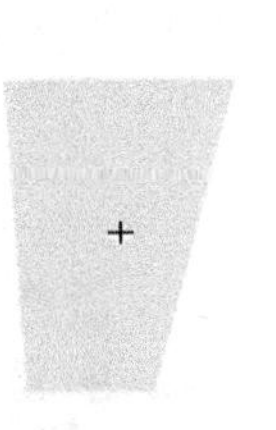

图2-23　绘制腿部的上半部分

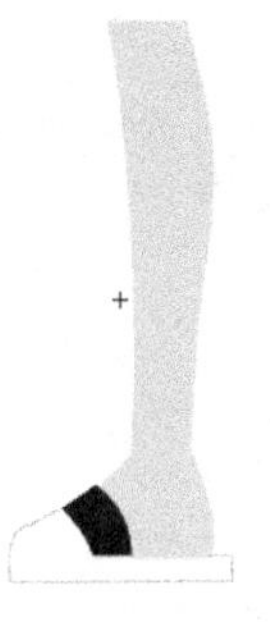

图2-24　绘制腿部的下半部分

09 新建“身体”和“裙子”两个图形元件，然后分别在其编辑区中绘制出女孩的身体和裙子，如图**2-25**和图**2-26**所示。

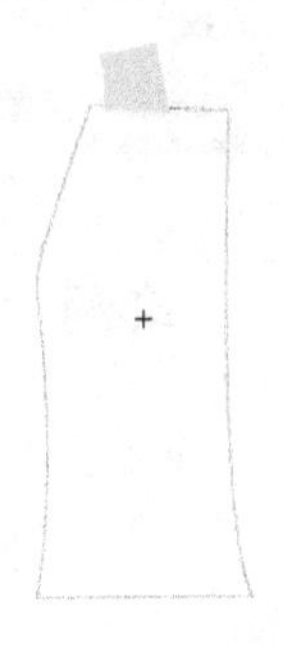

图2-25　绘制身体

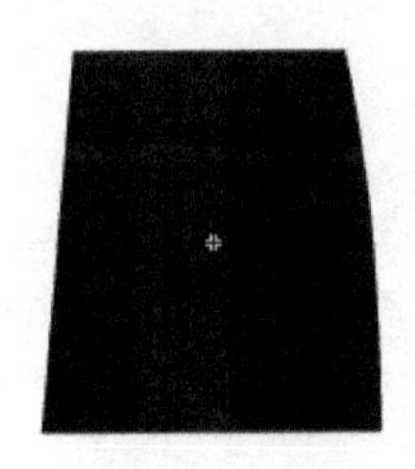

图2-26　绘制裙子

10 新建“人物”图形元件，然后在“图层**1**”上新建**8**个图层，并从上到下分别将**9**个图层命名为“头”、“上臂”、“下臂”、“裙子”、“身体”、“上腿右”、“上腿左”、“下腿右”和“下腿左”，如图**2-27**所示。

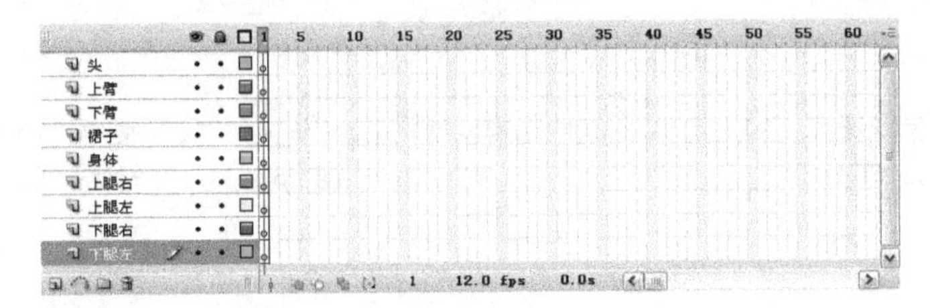

图2-27　命名图层

技巧点睛

在Flash CS6中插入的所有图层，如图层1、图层2等都是系统默认的图层名称，这个名称通常为“图层+数字”的形式。每创建一个新图层，图层名的数字就在依次递加。当时间轴中的图层越来越多以后，要查找某个图层就变得繁琐起来，为了便于识别各层中的内容，就需要改变图层的名称，即重命名。重命名的唯一原则就是能让人通过名称识别出查找的图层。重命名图层的方法是：在需要重命名的图层名称上双击，图层名称进入可编辑状态，在文本框中输入新名称即可。

11 执行“窗口→库”命令，打开“库”面板，如图2-28所示。

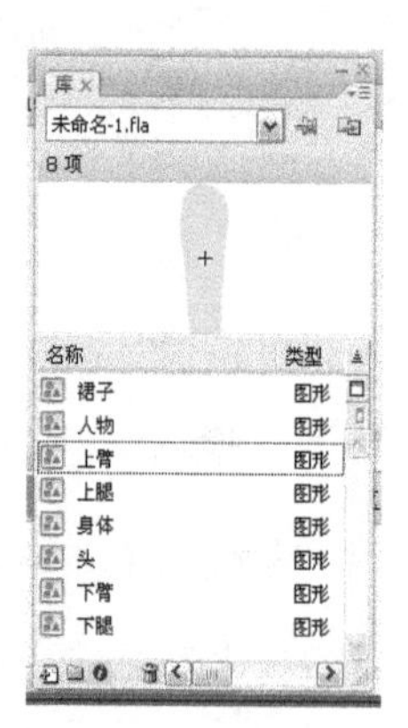

图2-28 “库”面板

12 从“库”面板中将创建的图形元件拖动到对应图层中，组合成一个人物形象，如图2-29所示。

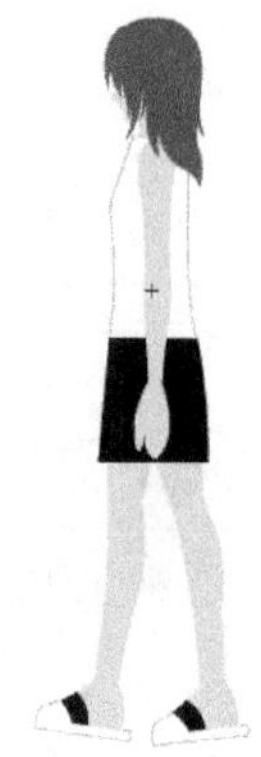

图2-29 组合人物

技巧点睛

按Ctrl+L组合键也可以打开“库”面板，如图2-30所示。每个Flash文件都对应一个用于存放元件、位图、声音和视频文件的图库。利用“库”面板可以查看和组织库中的元件，当选中库中的某个元件时，就会在“库”面板上部的预览窗口中显示出来。

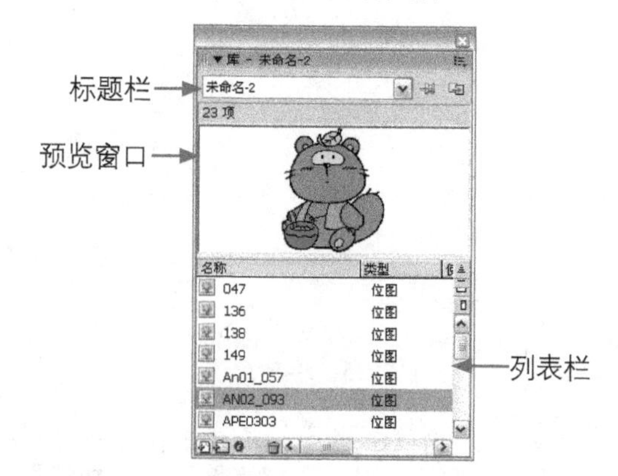

图2-30 “库”面板

4.3.2 制作人物动画

01 分别在各图层的第7、14、21、28帧处插入关键帧，如图2-31所示。

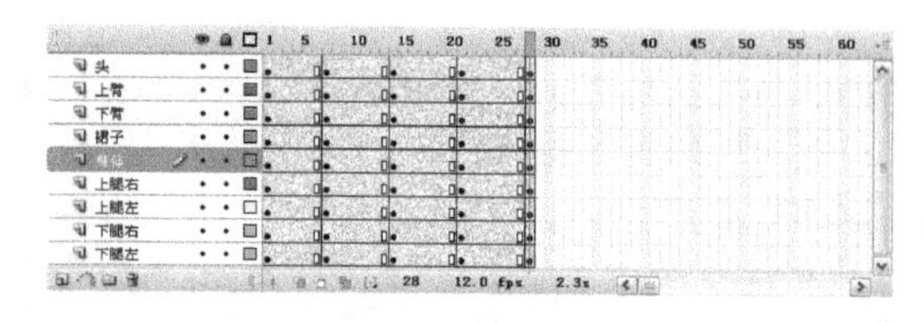

图2-31 插入关键帧

02 分别选中“头”图层的第7帧和第21帧，将女孩头部向左移动一段距离，如图2-32所示。

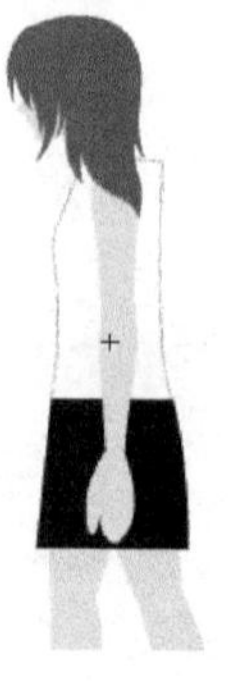

图2-32 头部向左移动

03 在“头”图层的第1帧处单击鼠标右键，在弹出的快捷菜单中选择“创建补间动画”命令，这样就在第1～7帧之间创建了动画。然后按照同样的方法，分别在第7～14帧、第14～21帧、第21～28帧之间创建补间动画，如图2-33所示。

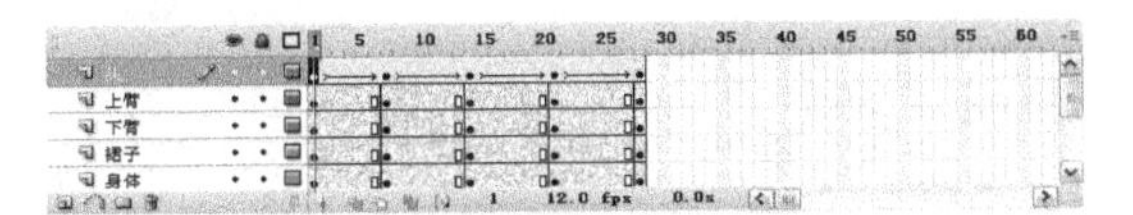

图2-33　创建补间动画

04 分别选中“身体”图层的第7帧与第21帧，将女孩身体向左移动一段距离，注意身体的移动要与头部一致，如图2-34所示。然后分别在第1～7帧、第7～14帧、第14～21帧、第21～28帧之间创建补间动画。

05 分别选中“上臂”和“下臂”图层的第7帧和第21帧，使用任意变形工具将上臂和下臂向左旋转15°左右，如图2-35所示。

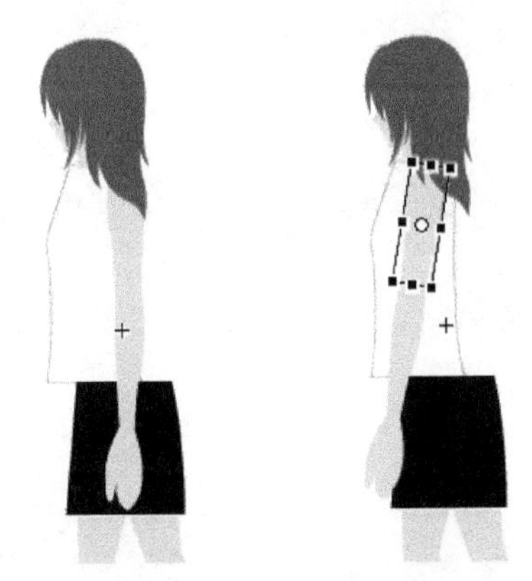

图2-34　移动身体　　图2-35　向左旋转手臂

06 分别选中“上臂”和“下臂”图层的第14帧，使用任意变形工具将上臂和下臂向右旋转15°左右，如图2-36所示。最后分别在“上臂”和“下臂”图层的第1～7帧、第7～14帧、第14～21帧、第21～28帧之间创建补间动画。

07 分别选中“裙子”图层的第7帧和第21帧，将裙子向左移动一段距离，注意裙子的移动要与身体部位一致，如图2-37所示。然后分别在第1～7帧、第7～14帧、第14～21帧、第21～28帧之间创建补间动画。

图2-36　向右旋转手臂

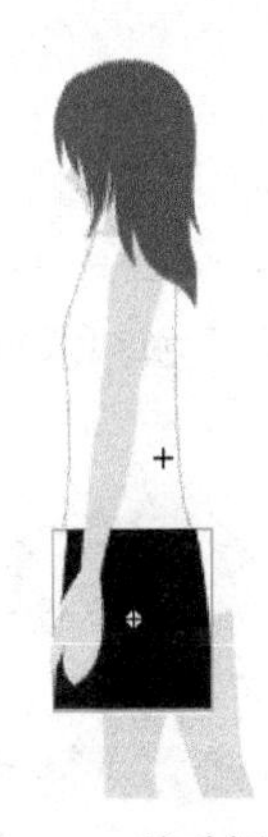

图2-37　移动裙子

08 分别选中“上腿右”和“下腿右”图层的第7、14、21帧，使用任意变形工具将腿部移动并旋转成如图2-38~图2-40所示的样子。然后分别在“上腿右”和“下腿右”图层的第1～7帧、第7～14帧、第14～21帧、第21～28帧之间创建补间动画。

09 分别选中“上腿左”和“下腿左”图层的第7、14、21帧，使用任意变形工具将腿部移动并旋转成如图2-41~图2-43所示的样子。然后分别在“上腿右”和“下腿右”图层的第1～7帧、第7～14帧、第14～21帧、第21～28帧之间创建补间动画。

图2-38　第7帧的腿部

图2-39　第14帧的腿部

图2-40　第21帧的腿部

图2-41　第7帧的腿部

图2-42　第14帧的腿部

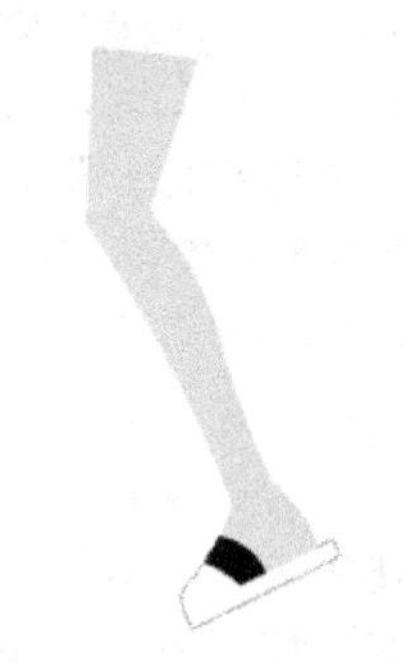

图2-43　第21帧的腿部

4.3.3　编辑场景

01 单击 场景1 按钮返回场景，执行“文件→导入→导入到舞台”命令，将一幅背景图片导入到舞台中，如图2-44所示。

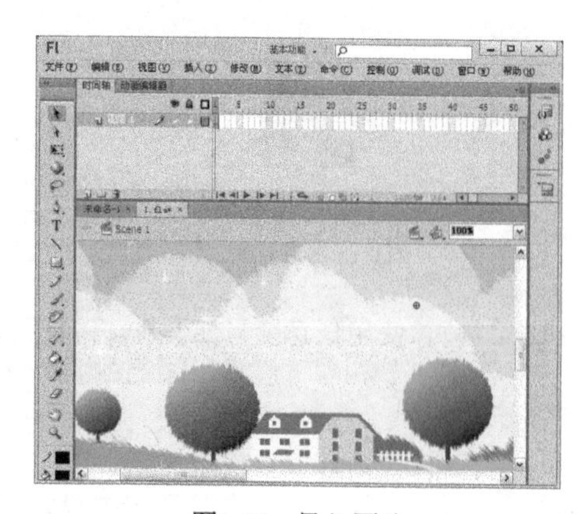

图2-44　导入图片

02 在“图层1”的第180帧处插入关键帧，然后将第1帧处的图片向左移动到图片右侧正好处于舞台的右边缘处；将第180帧处的图片向右移动到图片左侧正好处于舞台的左边缘处，并在第1～180帧之间创建补间动画。最后新建“图层2”，从“库”面板中将图形元件“人物”拖动到舞台上，如图2-45所示。

图2-45　拖动图形元件到舞台

03 执行“文件→保存”命令保存文件，然后按Ctrl+Enter组合键欣赏本例的最终效果。

举一反三 | 跳舞动画

打开光盘\源文件与素材\Chapter 2\Example 4\跳舞动画.swf，欣赏动画的最终完成效果，如图2-40所示。

图2-46　跳舞动画

绘制跳舞动作1与阴影

绘制跳舞动作2与阴影

绘制跳舞动作3与阴影

绘制跳舞动作4与阴影

绘制跳舞动作5与阴影

绘制跳舞动作6与阴影

绘制跳舞动作7与阴影

导入背景图片

关键技术要点

01 分别在“跳舞”图层的第4、7、10、13、16、19、22、25和28帧处插入关键帧，并在第30帧处插入帧。

02 在“跳舞”图层的第1帧处绘制一幅超人跳舞形象，然后在“阴影”图层的第1帧处绘制一个无边框、填充颜色为灰色的椭圆。

03 选中椭圆，按F8键将其转换为图形元件，并在“属性”面板中将其Alpha值设置为55%。

04 分别在“阴影”图层的第4、7、10、13、16、19、22、25和28帧处插入关键帧。然后分别在“跳舞”图层的第4、7、10、13、16、19、22、25和28帧处绘制超人跳舞的动作。

05 使用填充变形工具分别调整“阴影”图层的第4、7、10、13、16、19、22、25和28帧处阴影的形状，使之与超人跳舞的动作相匹配。

06 返回场景，导入一幅图片到舞台作为背景，然后新建“图层2”，从“库”面板中将“超人”图形元件拖动到舞台中即可。

Adobe Flash CS6

Example 5

人物打斗动画

本实例制作的是两个人物打斗动画，紫色小人与黑色小人在野外进行着激烈的打斗。

...打斗动作1 ...打斗动作2 ...打斗动作3

5.1 效果展示

原始文件：Chapter 2\Example 5\人物打斗动画.fla
最终效果：Chapter 2\Example 5\人物打斗动画.swf
学习指数：★★★

本实例制作的是两个小人的打斗场景，这需要设计一些打斗的动作，然后再通过逐帧动画来完成。通过本实例的学习，读者可掌握基本动画的创建方法，还能对声音的添加有一定的了解。

5.2　技术点睛

本实例中的人物打斗动画，主要使用逐帧动画来完成。通过本实例的学习，将使读者掌握通过在各关键帧中创建动画元素来制作动画的基本操作方法。

在制作本实例时，读者应注意以下几个操作环节。

（1）制作黑色小人打斗动作时，要根据紫色小人的动作来制定是躲避还是攻击。

（2）执行“文件→导入→导入到舞台”命令或执行“文件→导入→导入到库”命令，只能将声音导入到元件库中，而不是场景中，所以要使影片具有音效还要将声音加入到场景中。

（3）在制作过程中，可以将声音放在一个独立的图层中，这样做有利于方便地管理不同类型的设计素材资源。

5.3　步骤详解

下面一起来完成本实例的制作。

5.3.1　紫色小人打斗动作

01 新建一个Flash空白文档。执行“修改→文档”命令，打开“文档设置”对话框，将“尺寸”设置为400像素（宽度）×150像素（高度），“帧频”设置为12，如图2-47所示。设置完成后单击 确定 按钮。

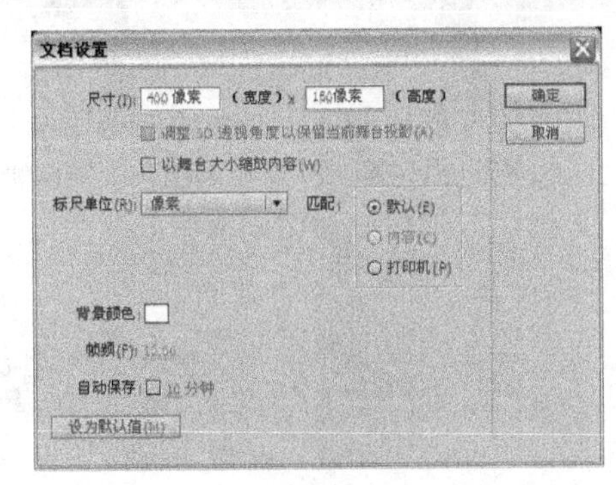

图2-47　“文档设置”对话框

02 在“图层1”的第2～55帧之间插入关键帧，然后在第57帧处插入帧，如图2-48所示。

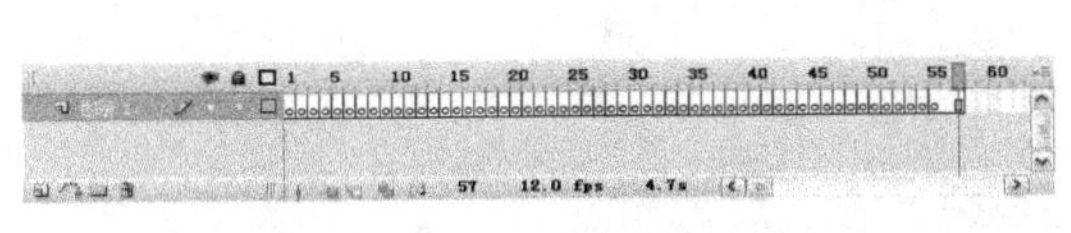

图2-48　插入关键帧与帧

03 在“图层1”的第1帧处绘制一个紫色小人，如图2-49所示。

图2-49　绘制紫色小人

04 在“图层1”的第2～17帧之间分别绘制紫色小人的打斗动作，如图2-50~图2-65所示。

图2-50　第2帧　图2-51　第3帧　图2-52　第4帧　图2-53　第5帧

图2-54　第6帧　图2-55　第7帧　图2-56　第8帧　图2-57　第9帧

图2-58　第10帧　图2-59　第11帧　图2-60　第12帧　图2-61　第13帧

图2-62　第14帧　图2-63　第15帧　图2-64　第16帧　图2-65　第17帧

05 在“图层1”的第18~55帧之间继续绘制紫色小人的打斗动作（直至被打倒在地上），如图2-66所示。

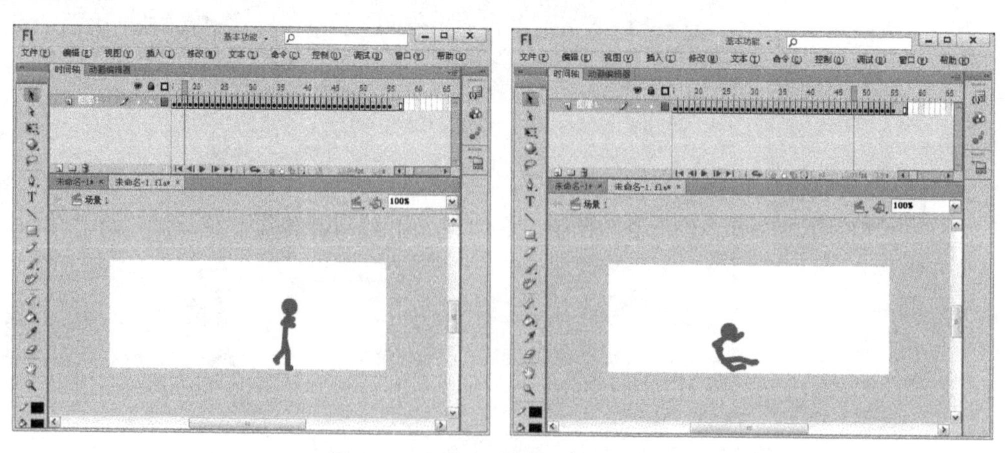

图2-66　在剩余帧处绘制打斗动作

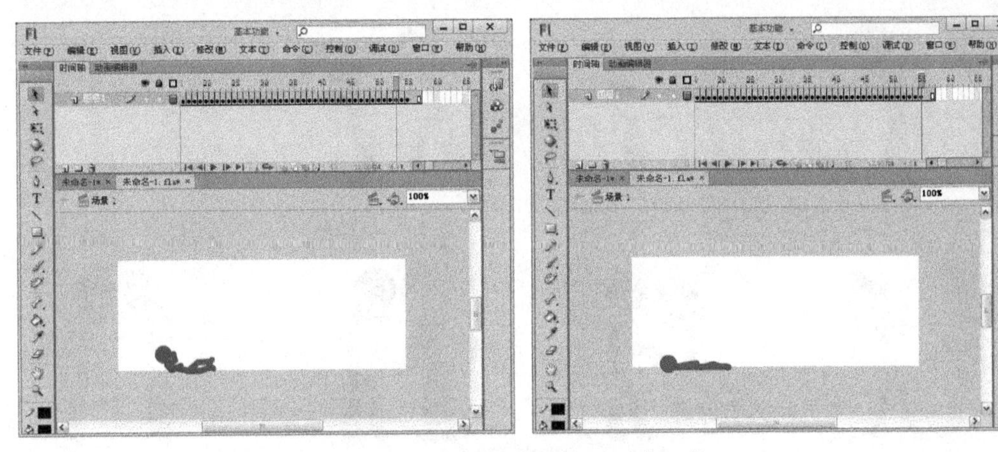

图2-66　在剩余帧处绘制打斗动作（续）

5.3.2　黑色小人打斗动作

01 新建“图层2”，在第6～52帧之间插入关键帧，然后在第1帧处绘制一个黑色小人，如图2-67所示。

图2-67　绘制黑色小人

02 在“图层2”的第6～21帧之间分别绘制出根据紫色小人的进攻，黑色小人作出的躲避与还击动作，如图2-68～图2-83所示。

图2-68　第6帧

图2-69　第7帧

图2-70　第8帧

图2-71　第9帧

图2-72　第10帧

图2-73　第11帧

图2-74　第12帧

图2-75　第13帧

图2-76　第14帧

图2-77　第15帧

图2-78　第16帧

图2-79　第17帧

图2-80　第18帧

图2-81　第19帧

图2-82　第20帧

图2-83　第21帧

03 在“图层**2**”的第**22**～**52**帧之间分别绘制黑色小人与紫色小人的打斗动作（直至将紫色小人打倒在地上为止），如图**2-84**所示。

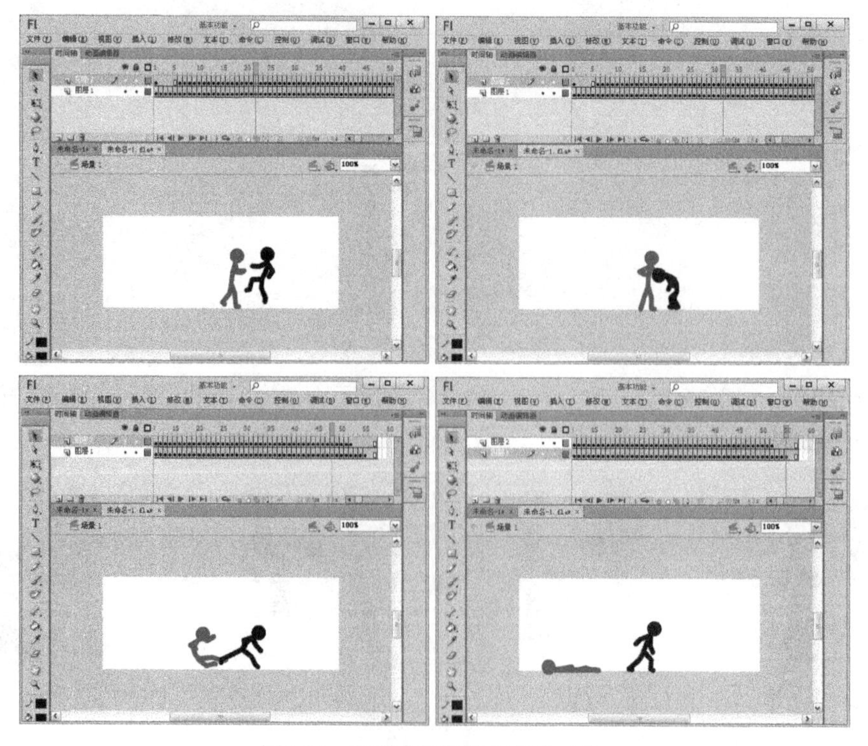
图2-84　在剩余帧处绘制打斗动作

04 新建“图层3”，在第46帧处插入关键帧，然后绘制一个红色的星型形状作为打斗时出现的火花，如图2-85所示。

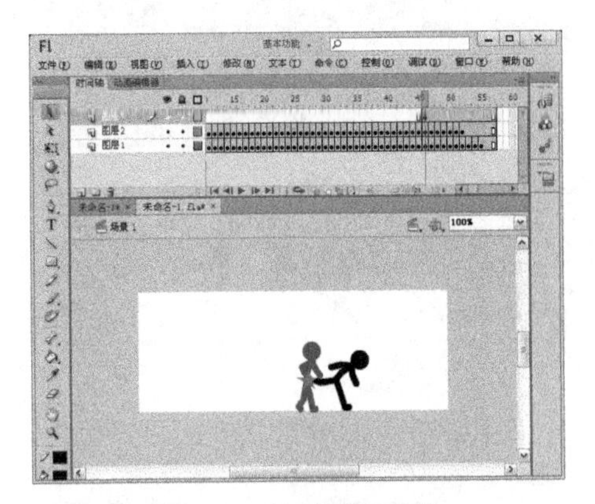

图2-85 绘制星型形状

05 在“图层3”的第47帧处插入关键帧，使用任意变形工具将星型形状放大一些，然后在第48帧处按F7键插入空白关键帧，如图2-86所示。

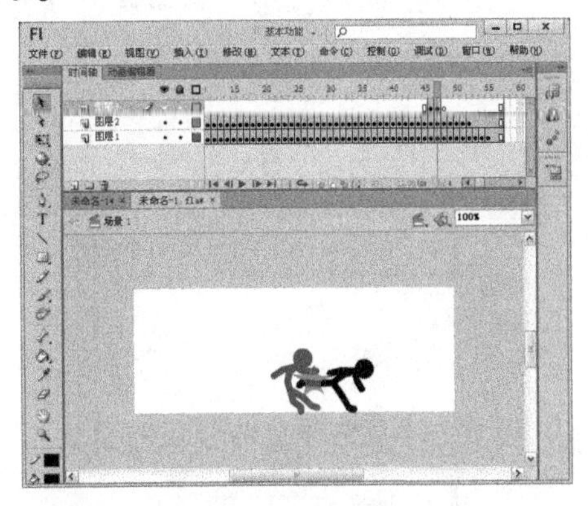

图2-86 放大星型形状

5.3.3 添加打斗音效

01 新建“图层4”，执行“文件→导入→导入到库”命令，打开“导入到库”对话框，选中“打斗.wav”声音文件，如图2-87所示，单击 打开(O) 按钮，将声音文件导入到“库”面板中。

图2-87 “导入到库”对话框

技巧点睛

Flash CS6可以直接导入WAV(*.wav)、MP3(*.mp3)、AIFF(*.aif)等格式的声音文件。

02 在“图层4”的第18帧处插入关键帧，然后选中第18帧，在“属性”面板“声音”栏的“名称”下拉列表框中选择“打斗.wav”，其“同步”方式设置为“数据流－重复－1“，如图2-88所示。

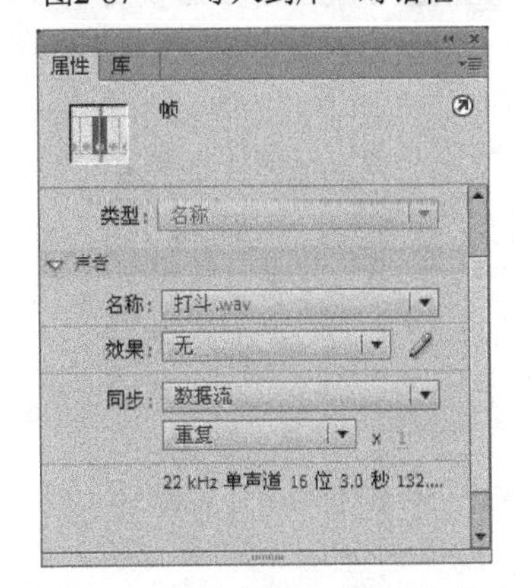

图2-88 选择声音并设置同步选项

03 新建“图层5”，并将其拖动到“图层1”的下方，执行“文件→导入→导入到舞台”命令，将一幅背景图片导入到舞台，如图2-89所示。

图2-89　导入图片

04 执行“文件→保存”命令保存文件，然后按Ctrl+Enter组合键欣赏本例的最终效果，如图2-90所示。

图2-90　最终效果

举一反三 | 提刀动画

打开光盘\源文件与素材\Chapter 2\Example 5\提刀动画.swf，欣赏动画的最终完成效果，如图2-91所示。

图2-91　动画完成效果

绘制宝刀

从天而降的小人

握住刀柄

回头观望

将刀提起

提刀奔跑

◎ 关键技术要点 ◎

01 绘制一把宝刀的形状，然后在第130帧处插入帧。

02 新建“图层2”，在第17帧处插入关键帧，绘制一个黑色小人形象。

03 在“图层2”的第25帧处插入空白关键帧，绘制一个黑色小人形象。

04 按照同样的方法，在“图层2”的各帧处绘制黑色小人握住刀柄并提刀而跑的动作形象。

05 新建“图层3”，将其拖动到“图层1”的下方，导入一幅图片到舞台作为背景即可。

读书笔记

第3章

The 3rd Chapter

制作场景动画

本章通过4个案例来讲述制作场景动画的操作方法，这些方法在制作完整、精彩的Flash动画作品时常常用到，希望读者认真掌握。

● 制作野外的小蝴蝶动画

● 制作深秋落叶动画

● 制作繁星点点动画

● 制作小河与小鱼动画

Work1 要点导读

Flash的动画原理和传统动画原理一样，需要一帧帧的画面进行连贯，才能形成动态的效果，实际上就是在不同的时间段绘制出不同的舞台画面，再利用人的视觉暂留，达到画面活动的幻觉。与传统动画相比，Flash中的动画有其自身的优点。它不但可以用来制作动画片、广告和电子贺卡，加入动作脚本后更增添了交互式动画，可以制作课件、网页甚至是单机游戏和网络游戏开发。下面将为大家介绍Flash CS6中的几种基本动画。

1. 动作补间动画

动作补间动画是Flash中最常见的动画类型，它可以结合色彩、透明度和位置的变化，使作品更加绚丽多彩。如何通过动作补间动画将对象的运动形象生动地表现出来，是学习运动动画的根本目的。

动作补间动画只需要在一些特定的位置生成关键帧来定义动画元素的位置，剩下的所有帧都被Flash自动生成补间帧，这是非常方便的。下面以小狗打呼噜为例介绍动作补间动画的制作过程。

01 在Flash文档中导入一幅图像，新建“图层2”，使用绘图工具绘制一幅小狗图形，如图3-1所示。

图3-1　绘制图形

02 新建“图层3”，使用绘图工具绘制一个鼻涕泡，并将其移动到小狗的鼻子下方，如图3-2所示。

图3-2　绘制鼻涕泡

03 在“图层3”的第20帧处插入一个关键帧，在“图层1”和“图层2”的第20帧处分别插入帧，如图3-3所示。

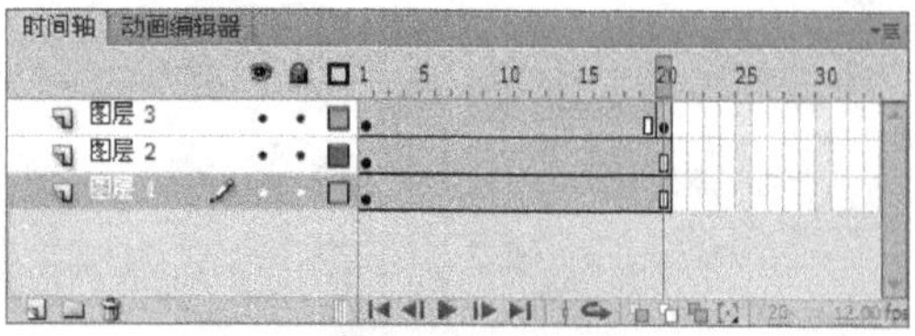

图3-3　插入帧

04 在“图层3”的第10帧处插入关键帧，将鼻涕泡放大到原始大小的200%，如图3-4所示。

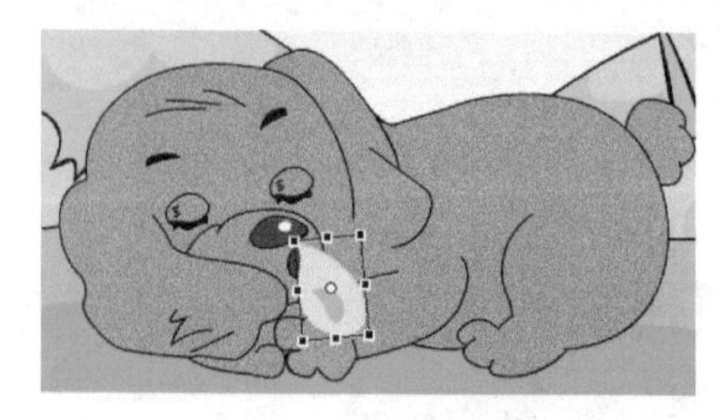

图3-4　放大鼻涕泡

05 选择“图层3”的第1帧，单击鼠标右键，在弹出的快捷菜单中选择“创建补间动画”命令，如图3-5所示。

06 选中“图层3”的第10帧，在第10～20帧之间创建补间动画。

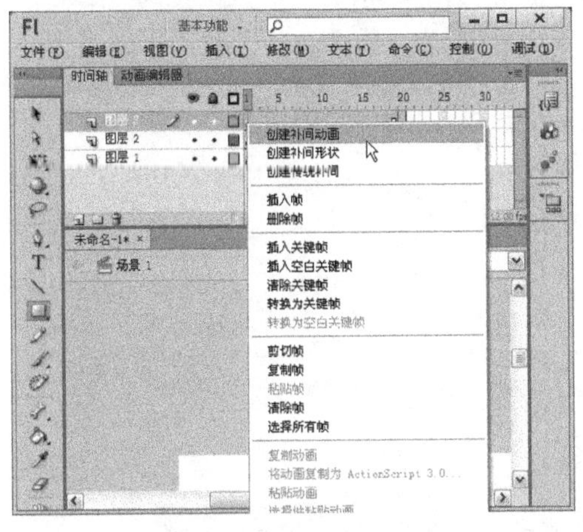

图3-5　创建补间动画

07 按Ctrl+Enter组合键，即可看见小狗滑稽地打呼噜了，如图3-6所示。

图3-6　动画的最终效果

在此动画中，我们对两个关键帧之间的图形大小进行了缩放，从而得到了小狗的鼻涕泡由小到大的动画效果。在创建移动补间动画时，可以先为关键帧创建动画属性后，再移动关键帧中的图形进行动画编辑。在实际的编辑工作中，也可以根据需要随时对关键帧中图形的位置、大小、方向等属性进行修改。

2. 形状补间动画

形状补间动画是基于所选择的两个关键帧中的矢量图形存在形状、色彩、大小等的差异而创建的动画关系，在两个关键帧之间插入逐渐变形的图形。与移动补间不同，形状补间动画中两个关键帧中的内容主体必须是处于分离状态的图形。

下面以制作蝌蚪变成青蛙的动画为例来介绍形状补间动画的制作过程。

01 配合使用绘图和填色工具，在舞台中绘制好蝌蚪图形并将其放置到画面的中间，如图3-7所示。

图3-7　绘制蝌蚪

02 在时间轴中选择当前图层的第20帧，按F7键插入一个空白关键帧，在舞台中绘制青蛙图形并将其放置到画面的中间，如图3-8所示。

图3-8　将青蛙和蝌蚪放在同一图层

03 在时间轴上选择第1帧，单击鼠标右键，在弹出的快捷菜单中选择“创建补间形状”命令，即可为选择的关键帧创建形状补间动画，如图3-9所示。

04 在“属性”面板中可以为创建的形状补间动画选择两种不同的图形混合方式，以产生不同变化过程的效果，如图3-10所示。

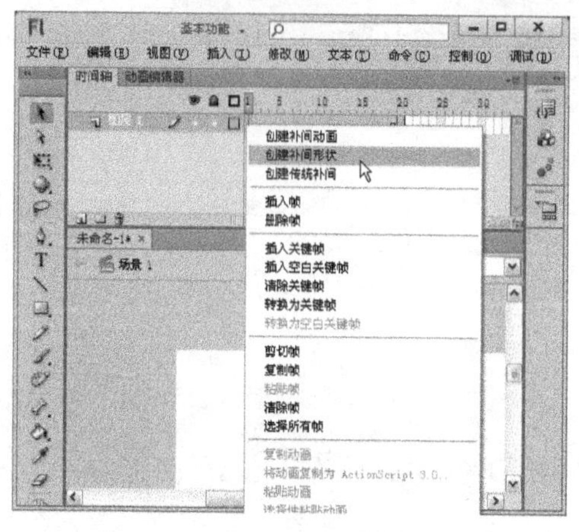

图3-9 创建形状补间过程

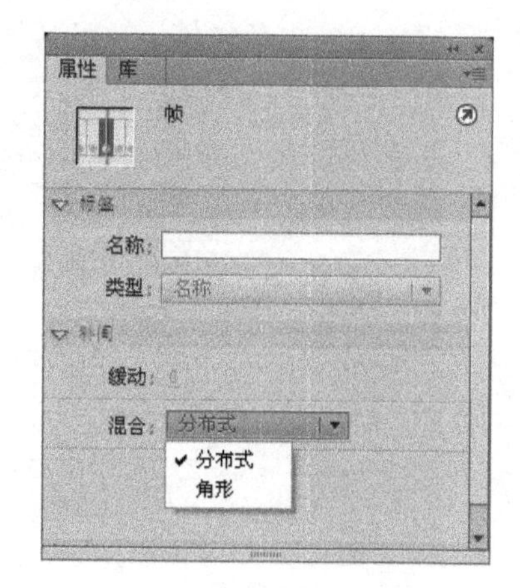

图3-10 “属性”面板

其中：

- 分布式：关键帧之间的动画形状会比较平滑，如图3-11所示。

图3-11 分布式形状变化的过程

- 角形：关键帧之间的动画形状会保留有明显的角和直线，如图3-12所示。

图3-12 角形形状变化的过程

3. 遮罩动画

在制作动画的过程中，有些效果用通常的方法很难实现，如手电筒、百叶窗、放大镜等效果，以及一些文字特效。这时，就要用到遮罩动画了。

要创建遮罩动画，需要有两个图层，一个遮罩层，一个被遮罩层。要创建动态效果，可以让遮罩层动起来。对于用作遮罩的填充形状，可以使用补间形状；对于文字对象、图形实例或影片剪辑，可以使用补间动画。当使用影片剪辑实例作为遮罩时，可以让遮罩沿着运动路径运动。

要创建遮罩层，可以将遮罩项目放在要用作遮罩的层上。与填充或笔触不同，遮罩项目像是个窗口，透过它可以看到位于它下面的链接层区域。除了透过遮罩项目显示的内容之外，其余的所有内容都被遮罩层的其余部分隐藏起来。所以，一个遮罩层只能包含一个遮罩项目。按钮内部不能有遮罩层，也不能将一个遮罩应用于另一个遮罩。

技巧点睛

也可以使用动作脚本从影片剪辑中创建一个遮罩层，用动作脚本创建的遮罩层只能应用于影片剪辑元件，且不能用于当前影片剪辑元件。

创建遮罩动画的过程如下。

01 在Flash文档中导入一幅图像，新建“图层2”，使用椭圆工具绘制一个无边框、填充色为任意的椭圆，如图3-13所示。

图3-13　绘制椭圆

02 将“图层2”第1帧的小圆放置到舞台左边合适的位置，在第60帧处插入关键帧，按住Shift键并用鼠标拖动小圆向右平移到一个合适的位置，然后在“图层1”的第60帧处插入帧，如图3-14所示。

图3-14　移动椭圆

03 在“图层2”的第1～60帧之间创建形状补间动画，用鼠标右键单击“图层2”，在弹出的快捷菜单中选择“遮罩层”命令，如图3-15所示。这时“图层2”就变为遮罩层，而“图层1”也变为被遮罩层。

图3-15　选择“遮罩层”命令

04 将Flash文档的背景颜色设置为黑色，按Ctrl+Enter组合键观看动画效果，如图3-16所示。

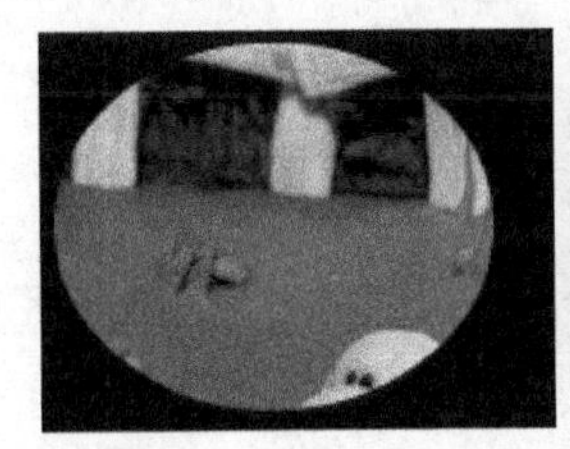

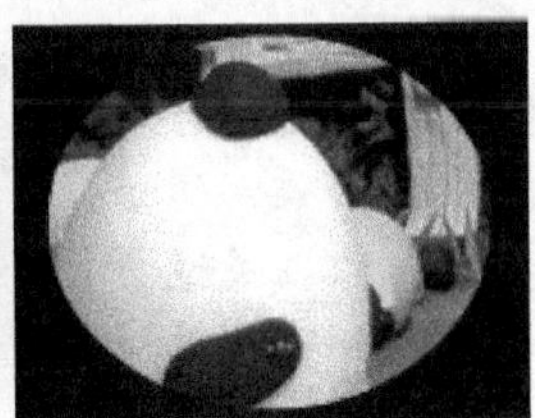

图3-16　动画的最终效果

从这个实例中可以看出，遮罩层就好像是一块不透明的布，它可以将自己下面的图层挡住，只有在遮罩层填充色下才可以看到下面的图层，而遮罩层中的填充色是不可见的。

4. 引导层动画

要创建引导层动画，至少需要有两个图层。引导层作为一个特殊的图层，在Flash动画设计中的应用十分广泛。在引导层的帮助下，可以实现对象沿着特定的路径运动，如图3-17所示。与遮罩层一样，可以使多个图层与同一个运动引导层相关联，从而使多个对象沿相同的路径运动。

创建引导层动画的过程如下。

01 在Flash文档中绘制或导入一幅树叶图像，然后右击图层，在弹出的快捷菜单中选择“添加传统运动引导层”命令，这时可以看到在时间轴上增加了一个新图层，该图层即为引导层，如图3-18所示。

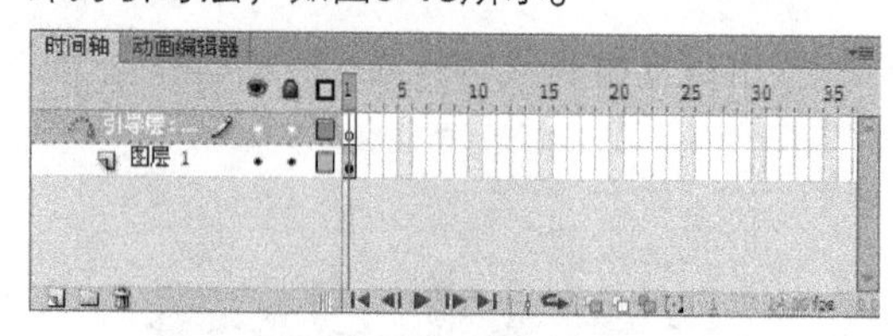

图3-17　新建引导层

02 选中引导层，然后选择铅笔工具，在舞台中绘制如图3-18所示的曲线。

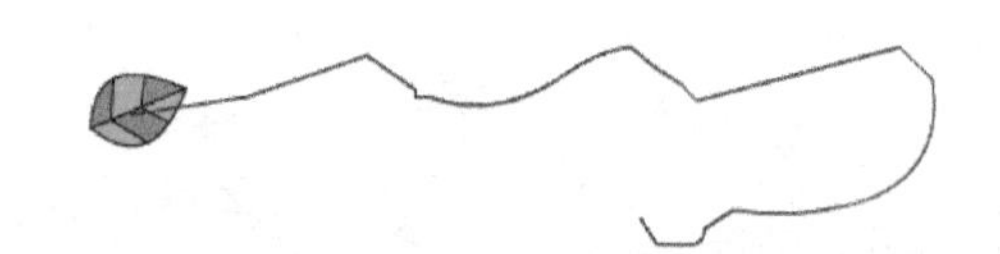
图3-18　绘制曲线

03 分别在“图层1”与引导层的第40帧处插入关键帧，选中“图层1”第40帧中的树叶，将其沿着曲线移动到曲线的终点，如图3-19所示。

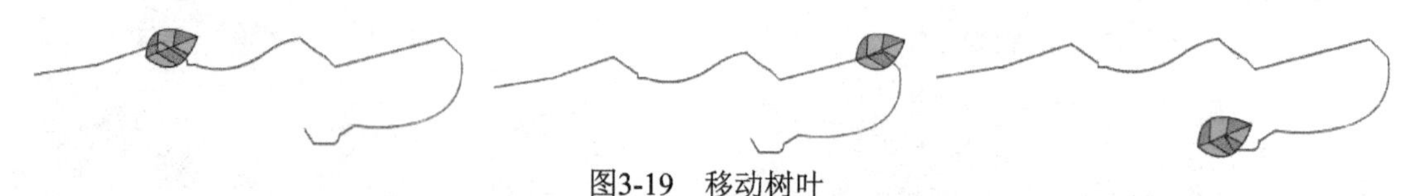
图3-19　移动树叶

在“图层1”的第1～40帧之间创建动作补间动画，引导层动画就制作完成了。

在Flash CS6中，不同的动画类型，在时间轴中的视觉标识也不相同，常见的各种帧标识如下。

- ：两个关键帧之间有黑色箭头且背景为浅蓝色，表示两个关键帧之间创建了补间动画。
- ：两个关键帧之间有虚线且背景为浅蓝色，表示两个关键帧之间创建补间动画失败。
- ：两个关键帧之间有黑色箭头且背景为浅绿色，表示两个关键帧之间创建的是补间形状。
- ：两个关键帧之间是虚线且其背景为浅绿色，表示两个关键帧之间创建补间形状失败。
- ：连续的黑色关键帧，表示这是逐帧动画。
- star：在关键帧上有一个红色小旗，表示在该帧上设置了帧标签。
- a：在关键帧上有一个“a”的符号，表示在该帧上输入了Action代码。

Work2 案例解析

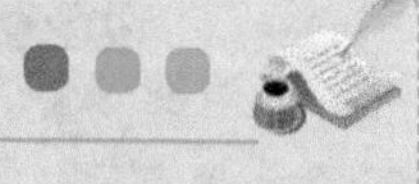

对Flash几种动画操作有了一定的了解后，下面通过实例掌握其工具的具体使用方法和技巧。

野外的小蝴蝶

本实例制作的是一个野外小蝴蝶自由飞舞的动画场景效果。在风景宜人的野外，3只蝴蝶欢快地舞动着小翅膀。

6.1 效果展示

原始文件：Chapter 3\Example 6\野外的小蝴蝶.fla

最终效果：Chapter 3\Example 6\野外的小蝴蝶.swf

学习指数：★★★

本实例绘制的是蝴蝶在田间自由飞舞的动画。本实例中，蝴蝶翅膀挥动的动画过程，是需要读者重点掌握的。通过本实例的学习，读者可掌握频繁挥动翅膀的动画制作技巧，还可以了解到影片剪辑元件的相关知识。

6.2 技术点睛

本实例中野外的小蝴蝶动画场景，主要使用创建元件功能、创建补间动画功能与任意变形工具。通过本实例的学习，读者可掌握通过创建影片剪辑元件来制作动画的基本操作方法。

在制作野外的小蝴蝶动画场景时，读者应注意以下几个操作环节。

（1）使用任意变形工具调整蝴蝶的左、右翅膀时，要注意中心点的位置。

（2）返回场景后，可以通过从“库”面板中多拖入几个影片剪辑元件来创建出成群结队的蝴蝶飞舞的动画效果。

6.3 步骤详解

下面一起来完成本实例的制作。

6.3.1 创建蝴蝶影片

01 新建一个Flash空白文档。执行“修改→文档”命令，打开“文档设置”对话框，将“尺寸”设置为700像素（宽度）×500像素（高度），“帧频”设置为12，如图3-20所示。设置完成后单击 确定 按钮。

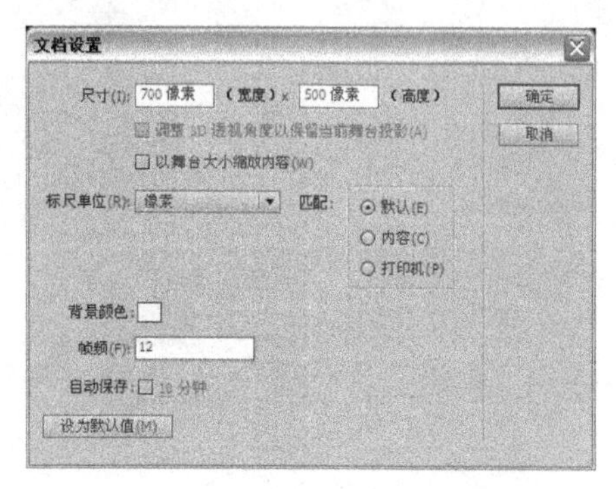

图3-20 “文档设置”对话框

02 执行“文件→导入→导入到舞台”命令，导入一幅图像文件到舞台中，如图3-21所示。

图3-21 导入图像

03 执行“插入→新建元件”命令，打开“创建新元件”对话框，在“名称”文本框中输入元件的名称“蝴蝶飞”，在“类型”下拉列表框中选择“影片剪辑”选项，如图3-22所示。

04 在“蝴蝶飞”影片剪辑元件的编辑窗口下，执行“文件→导入→导入到舞台”命令，导入一个蝴蝶文件到舞台中，如图3-23所示。

图3-22　“创建新元件”对话框

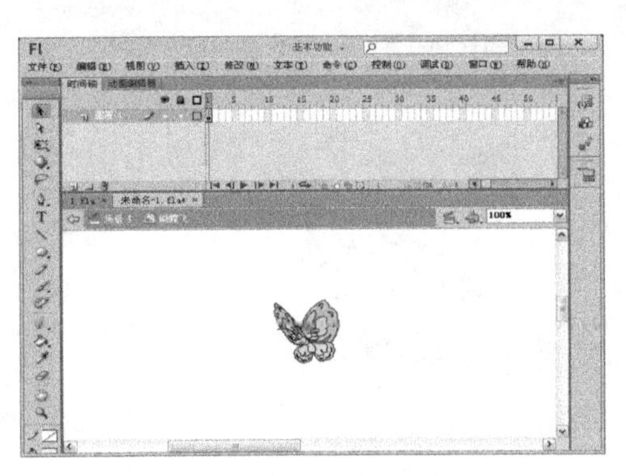

图3-23　导入文件

技巧点睛

影片剪辑是Flash电影中常用的元件类型，是独立于电影时间线的动画元件，主要用于创建具有一段独立主题内容的动画片段。当影片剪辑所在图层的其他帧没有其他元件或空白关键帧时，它不受目前场景中帧长度的限制，作循环播放；如果有空白关键帧，并且空白关键帧所在位置比影片剪辑动画的结束帧靠前，影片会结束，同样也会提前结束循环播放。如果在一个Flash影片中，某一个动画片段会在多个地方使用，这时可以把该动画片段制作成影片剪辑元件。

05 选中蝴蝶的左翅膀，单击鼠标右键，在弹出的快捷菜单中选择“剪切”命令。完成后新建一个图层，并将其命名为“左边”。选中“左边”图层，在舞台的空白处单击鼠标右键，在弹出的快捷菜单中选择“粘贴到当前位置”命令。然后将“左边”图层拖到“图层1”之下，如图3-24所示。

图3-24　新建图层

06 选中蝴蝶的右翅膀，单击鼠标右键，在弹出的快捷菜单中选择“剪切”命令。完成后新建一个图层，将其命名为“右边”。选中“右边”图层，在舞台的空白处单击鼠标右键，在弹出的快捷菜单中选择“粘贴到当前位置”命令。分别在“图层1”与“右边”图层的第11帧处插入帧，如图3-25所示。

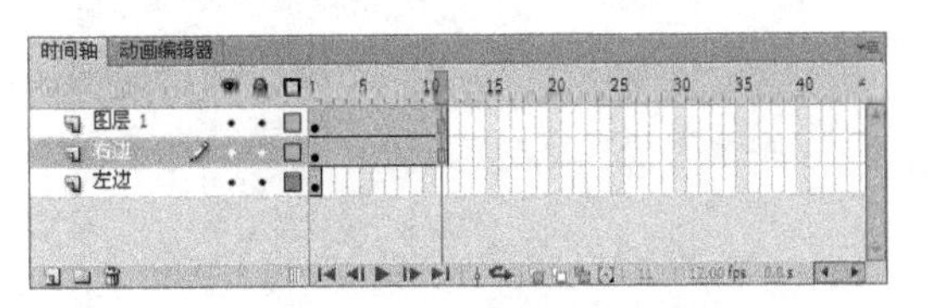

图3-25　插入帧

07 选中“左边”图层的第1帧，使用任意变形工具将左翅膀的中心点移动到如图3-26所示的位置。然后分别在“左边”图层的第3、5、7、9、11帧处插入关键帧。

08 分别选中“左边”图层的第3帧与第7帧，使用任意变形工具将左翅膀缩放到如图3-27所示的大小。

09 分别选中“左边”图层的第5帧与第9帧，使用任意变形工具将左翅膀缩小一点，如图3-28所示。

图3-26　移动中心点（1）

图3-27　缩放图形（1）

图3-28　缩放图形（2）

10 选中“右边”图层的第1帧，使用任意变形工具将右翅膀的中心点移动到如图3-29所示的位置。然后分别在“右边”图层的第3、5、7、9、11帧处插入关键帧。

11 分别选中“右边”图层的第3帧与第7帧，使用任意变形工具将右翅膀缩放到如图3-30所示的大小。

12 分别选中“右边”图层的第5帧与第9帧，使用任意变形工具将右翅膀缩小一点，如图3-31所示。

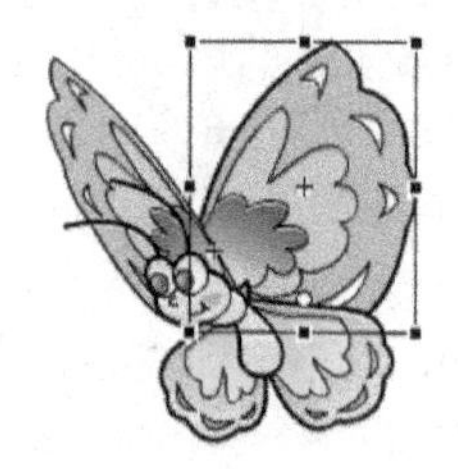

图3-29　移动中心点（2）

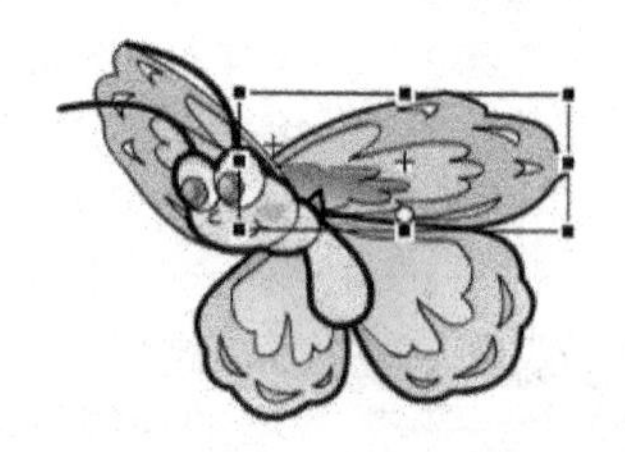

图3-30　缩放图形（3）

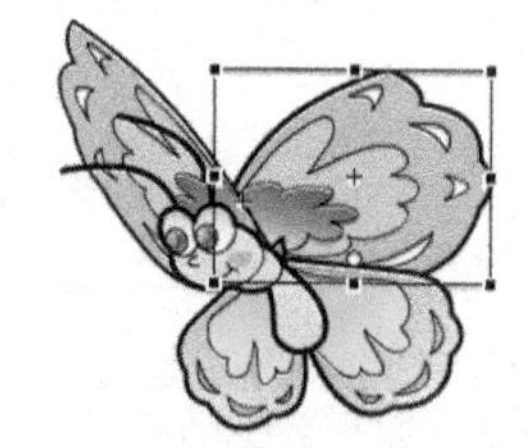

图3-31　缩放图形（4）

6.3.2　编辑场景

01 回到主场景，新建一个图层，并把它命名为“蝴蝶1”。从“库”面板里将“蝴蝶飞”影片剪辑元件拖入到舞台的右侧。然后在“图层1”的第170帧处插入帧，如图3-32所示。

02 分别在“蝴蝶1”图层的第40、57、86、106、121、138、155、170帧处插入关键帧。然后选中这些帧，将蝴蝶移动到舞台上的不同位置。最后在这些关键帧之间创建补间动画，如图3-33所示。

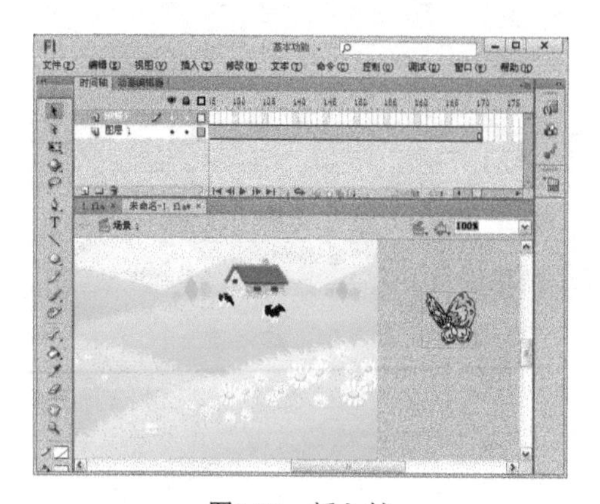

图3-32　插入帧

图3-33　创建补间动画

03 新建“蝴蝶2”图层。从“库”面板中将“蝴蝶飞”影片剪辑元件拖入到舞台上。然后使用任意变形工具将蝴蝶的中心点移动到如图3-34所示的位置。

图3-34　移动中心点（3）

04 使用任意变形工具将蝴蝶围绕中心点翻转一次，这样蝴蝶就变成了脸朝右方，如图3-35所示。

图3-35　翻转图像

05 分别在“蝴蝶2”图层的第23、42、56、77、100、124、133、158、170帧处插入关键帧。然后选中这些帧，将蝴蝶移动到舞台上的不同位置。最后在这些关键帧之间创建补间动画，如图3-36所示。

图3-36　创建补间动画

06 新建“蝴蝶3”图层。按照同样的方法，从“库”面板中将“蝴蝶飞”影片剪辑元件拖入到舞台上。然后在“蝴蝶3”图层的时间轴上插入多个关键帧，并把这些关键帧处的蝴蝶移动到舞台上的不同位置。最后在这些关键帧之间创建补间动画。还可以多建立几个图层，从“库”面板中多拖入几只蝴蝶到舞台上。这样就有成群结队的蝴蝶在舞台上飞舞了，如图3-37所示。

图3-37　新建“蝴蝶3”图层

07 执行“文件→保存”命令保存文件，然后按Ctrl+Enter组合键欣赏本例的最终效果，如图3-38所示。

图3-38　最终效果

举一反三 森林中的小松鼠

打开光盘\源文件与素材\Chapter 3\Example 6\森林中的小松鼠.swf，欣赏动画最终完成效果，如图3-39所示。

图3-39 森林中的小松鼠

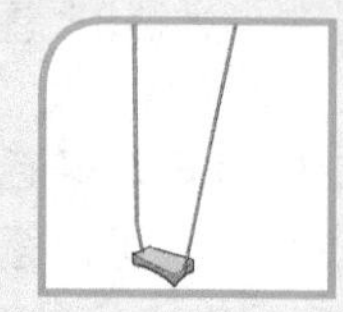

绘制秋千

绘制松鼠

将秋千与松鼠组合

创建阴影

关键技术要点

01 新建一个Flash文档，将其大小设置为778像素（宽度）×526像素（高度），“帧频”设置为18。

02 新建“松鼠与秋千”图形元件，在元件编辑区中绘制一只松鼠与一架秋千，然后将松鼠放置到秋千上，并将它们组合。

03 新建“阴影”图形元件，在元件编辑区中绘制一个绿色的椭圆，作为松鼠移动的阴影。

04 返回场景1，新建“松鼠”图层，然后从“库”面板中将“松鼠与秋千”图形元件拖入到舞台上。

05 分别在“松鼠”图层的第23、63、103、137、150帧处插入关键帧，使用任意变形工具移动“松鼠与秋千”图形元件的中心点并旋转图形元件，然后在这些关键帧之间创建松鼠荡秋千的动画。

06 新建一个图层，并将其命名为“阴影”，然后从“库”面板中将“阴影”图形元件拖入到舞台上。

07 选中舞台上的阴影，在“属性”面板中将其Alpha值设置为61%。然后分别在“阴影”图层的第23、63、103、137、150帧处插入关键帧。

08 将“阴影”图层的第23帧与第103帧处的阴影向左移动到松鼠的正下方，第63帧与第137帧处的阴影向右移动到松鼠的正下方，然后分别在这些帧之间创建补间动画即可。

Adobe Flash CS6

Example

繁星点点

本实例制作一个繁星闪烁的动画场景效果。夏天的夜晚，天上繁星点点，一闪一闪的，好像在调皮地眨着眼睛。

...绘制星星

...旋转星星

...设置Alpha值

7.1　效果展示

原始文件： Chapter 3\Example 7\繁星点点.fla

最终效果： Chapter 3\Example 7\繁星点点.swf

学习指数： ★★★

本例制作的是星光闪烁的动画场景效果，主要通过复制影片剪辑与调整元件的Alpha值来完成。在绘制过程中需要突出星星一闪一闪的动画效果，这需要在插入关键帧时对星星做细致的调整。

7.2 技术点睛

本实例中繁星不断闪烁的动画，主要是通过复制影片剪辑与调整元件的Alpha值来完成的。通过本实例的学习，读者可掌握不断复制影片剪辑来制作动画的基本操作方法。

在制作本实例时，读者应注意以下几个操作环节。

（1）绘制星星时，要将星星形状转换为图形元件，这是为了设置其Alpha值，以制作出星星一闪一闪的动画效果。

（2）将“星星”影片剪辑元件拖入到舞台上后，选中它，可以按住Alt键不放，将其拖曳到铺满大半个舞台，这样就节约了重新制作星星闪烁动画的时间。

7.3 步骤详解

下面一起来完成本实例的制作。

7.3.1 创建星星影片

01 新建一个Flash空白文档。执行“修改→文档”命令，打开“文档设置”对话框，将“尺寸”设置为600像素（宽度）×400像素（高度），“背景颜色”设置为黑色，“帧频”设置为12，如图3-40所示。设置完成后单击 确定 按钮。

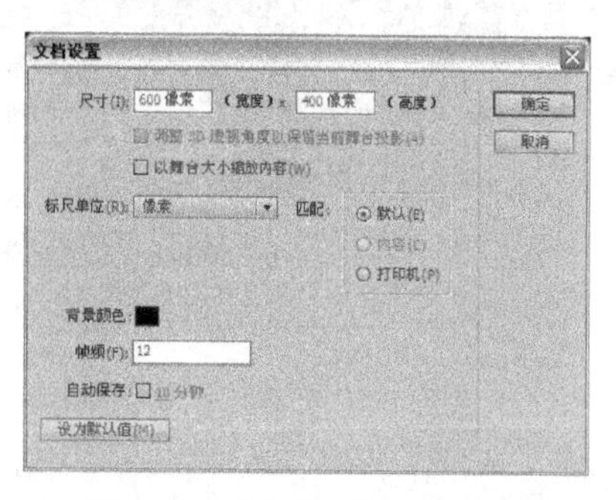

图3-40 “文档设置”对话框

02 执行“文件→导入→导入到舞台”命令，导入一幅图像文件到舞台中，如图3-41所示。

图3-41 导入图像

03 执行“插入→新建元件”命令，打开“创建新元件”对话框，在“名称”文本框中输入元件的名称“星星”，在“类型”下拉列表框中选择“影片剪辑”选项，如图3-42所示。

04 在“星星”影片剪辑元件的编辑窗口中，选中时间轴上的第1帧，在工作区中绘制一个星星形状，然后选中它，按F8键将其转换为图形元件，如图3-43所示。

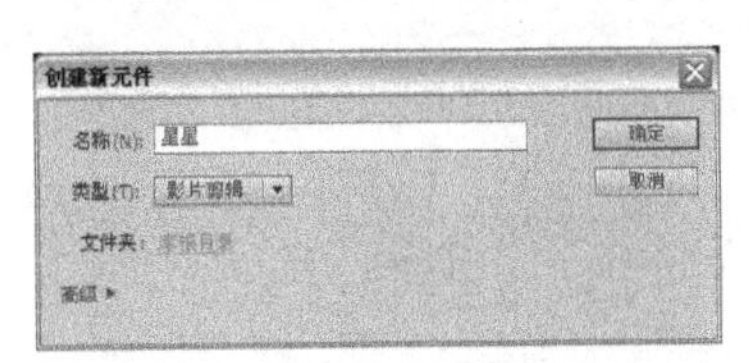

图3-42 “创建新元件”对话框

图3-43 绘制星星形状

05 选中第2帧，按F6键插入关键帧，然后按同样方法在第3～14帧处插入关键帧，如图3-44所示。

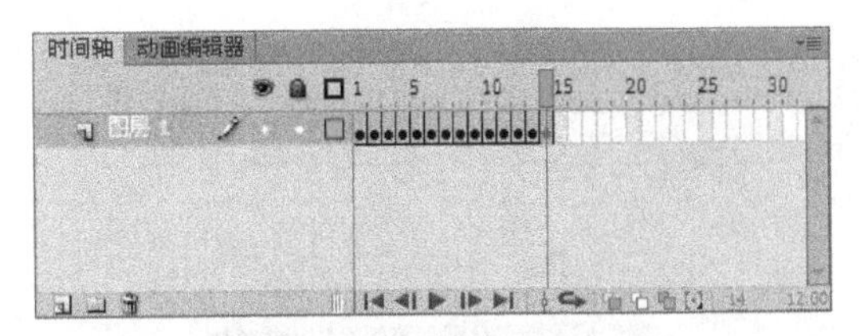

图3-44 插入关键帧

技巧点睛

将星星形状转换为图形元件是为了设置其Alpha值，以制作出星星一闪一闪的动画效果。

06 选中时间轴上的第2帧，使用任意变形工具将星星形状向左旋转一些，如图3-45所示。

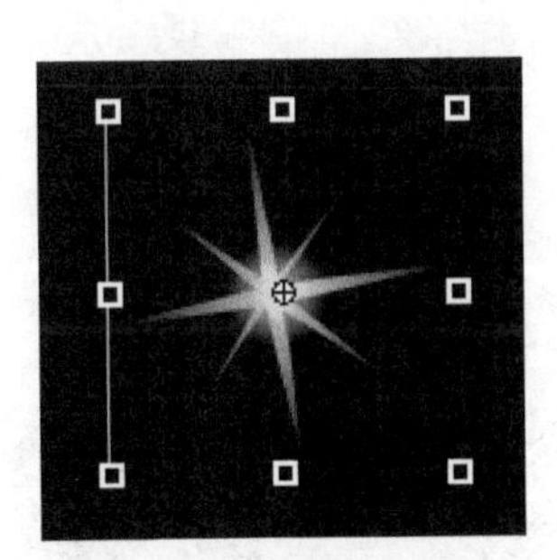

图3-45 旋转星星形状（1）

07 按照同样的方法，将剩余关键帧处的星星形状都向左旋转一定的角度，如图3-46所示。

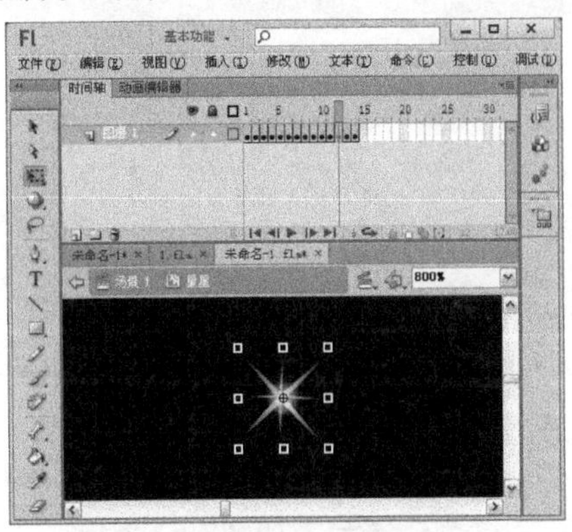

图3-46 旋转星星形状（2）

08 分别选中第1帧与第14帧处的星星，在“属性”面板中将它们的Alpha值设置为0，如图3-47所示。

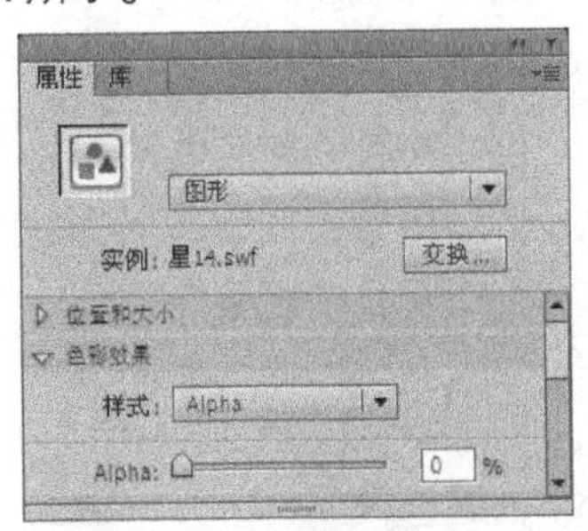

图3-47 设置Alpha值（1）

09 分别选中第2～6帧处的星星，在“属性”面板中将它们的Alpha值设置为16%，如图3-48所示。

图3-48 设置Alpha值（2）

7.3.2 编辑场景

01 回到场景1，新建“图层2”，从“库”面板里将“星星”影片剪辑元件拖入到舞台上。然后选中“星星”影片剪辑元件，在“属性”面板中将它的宽度和高度都更改为27像素。最后选中“星星”影片剪辑元件，按住Alt键不放，将其拖曳到铺满大半个舞台，如图3-49所示。

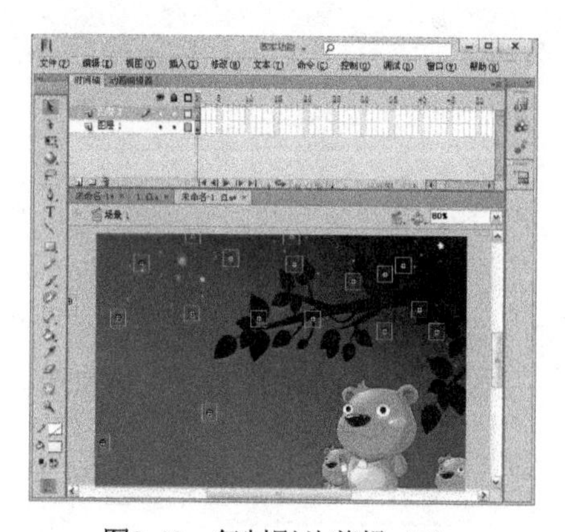

图3-49 复制影片剪辑（1）

02 新建“图层3”，并在该图层的第3帧处插入关键帧。从“库”面板中将“星星”影片剪辑元件拖入到舞台上。然后选中“星星”影片剪辑元件，在“属性”面板中将其宽度和高度都改为25像素。最后选中“星星”影片剪辑元件，按住Alt键不放将其拖曳到铺满大半个舞台，完成后在所有图层的第120帧处插入帧，如图3-50所示。

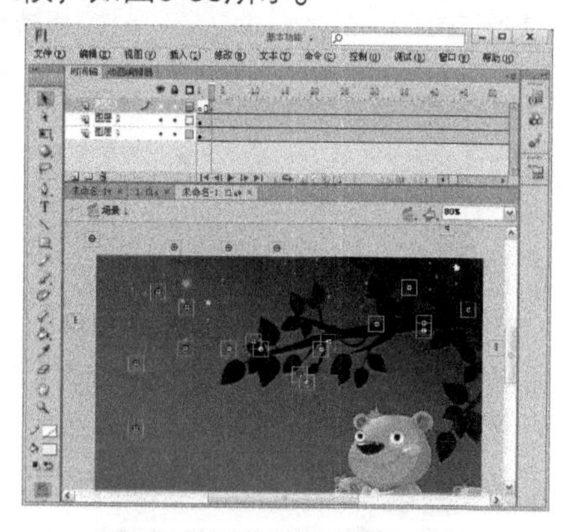

图3-50 复制影片剪辑（2）

03 新建“图层4”，并在该图层的第6帧处插入关键帧。从“库”面板中将“星星”影片剪辑元件拖入到舞台上。然后选中“星星”影片剪辑元件，在“属性”面板中将它的宽度和高度都更改为27像素。最后选中“星星”影片剪辑元件，按住Alt键不放，将其拖曳到铺满大半个舞台，如图3-51所示。

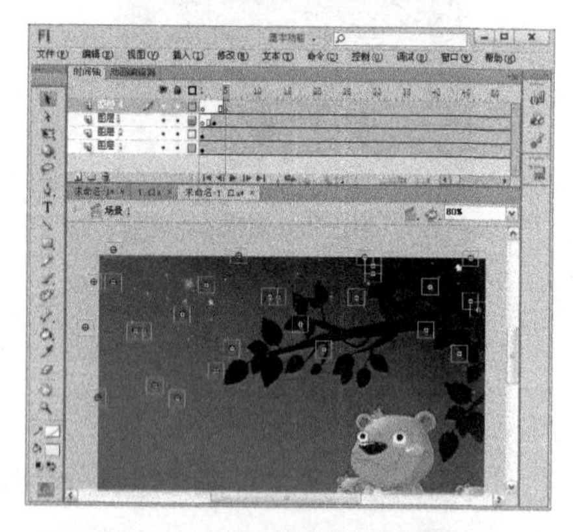

图3-51 复制影片剪辑（3）

04 执行“文件→保存”命令保存文件，然后按Ctrl+Enter组合键测试本例的最终效果，如图3-52所示。

图3-52 完成效果

举一反三 | 春天的海边

打开光盘\源文件与素材\Chapter 3\Example 7\春天的海边.swf，欣赏动画最终完成效果，如图3-53所示。

图3-53 动画完成效果

绘制海鸥

绘制小花

将海鸥拖入舞台

将小花拖入舞台

关键技术要点

01 新建一个Flash文档，将其大小设置为600像素（宽度）×300像素（高度），“帧频”设置为30。

02 新建两个图形元件，分别绘制海鸥的左、右翅膀。

03 新建一个影片剪辑元件，然后将海鸥的左、右翅膀拖入，制作海鸥飞行的动画。

04 新建一个图形元件，在元件编辑区中绘制一朵小花。

05 新建一个影片剪辑元件，然后将小花拖入，并使用任意变形工具旋转小花，制作出小花左右摇摆的动画。

06 返回场景，导入一幅背景图像到舞台中。然后新建“海鸥”图层，从“库”面板中将海鸥飞行的影片剪辑元件拖入到舞台上，选中海鸥，按住Alt键不放，将其拖动4、5次，这样天空中就出现了4、5只海鸥。

07 新建“小花”图层，从“库”面板中将小花的影片剪辑元件拖入到舞台上。然后选中小花，按住Alt键不放，将其拖动到铺满海边的绿地即可。

Adobe Flash CS6

Example 8

深秋落叶

本实例制作一个深秋落叶的动画效果。深秋的森林中，树叶一片一片地从树上飘落。

...落叶影片

...旋转落叶

...旋转落叶

...拖入落叶

8.1 效果展示

原始文件：Chapter 3\Example 8\深秋落叶.fla
最终效果：Chapter 3\Example 8\深秋落叶.swf
学习指数：★★★★

本实例制作的是一个树叶掉落的动画效果，主要通过引导层功能来实现。通过本实例的学习，读者可掌握按照一定轨迹运动的动画的制作方法。

8.2 技术点睛

本实例中的落叶动画，主要是使用引导层功能来完成的。通过本实例的学习，能够使读者掌握通过建立引导层来制作按一定轨迹运动的动画的基本操作方法。

在制作本实例时，应注意以下几个操作环节。

（1）制作引导层中的曲线时，该层上的所有内容只用于在制作动画时作为参考线，不会出现在影片播放过程中，因而可以按照自己的想法制作物体的运动路径。

（2）制作引导动画时，要将树叶移动到曲线的开始处，注意树叶的中心点要与曲线开始端重合。

（3）移动树叶到曲线的末端时，注意树叶的中心点要一直依附到曲线上。

8.3 步骤详解

下面来完成本实例的制作。

8.3.1 创建树叶飘落动画

01 新建一个Flash空白文档。执行“修改→文档”命令，打开“文档设置”对话框，将“尺寸”设置为600像素（宽度）×300像素（高度），“帧频”设置为12，如图3-54所示。设置完成后单击 确定 按钮。

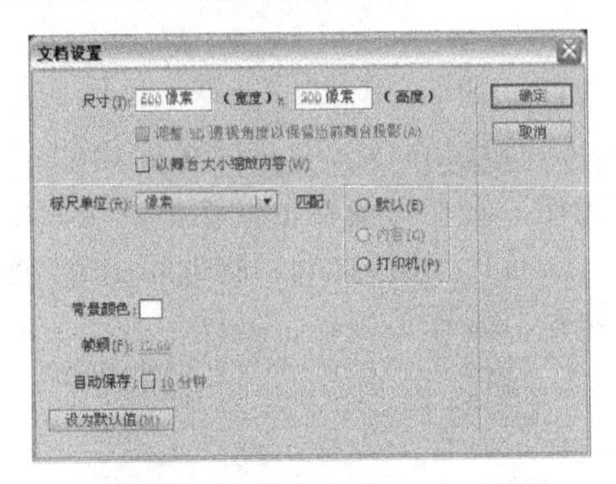

图3-54　“文档设置”对话框

02 执行“文件→导入→导入到舞台”命令，导入一幅图像文件到舞台中，如图3-55所示。

图3-55　导入图像

03 执行“插入→新建元件”命令，打开“创建新元件”对话框，在“名称”文本框中输入元件的名称“落叶”，在“类型”下拉列表框中选择“影片剪辑”选项，如图3-56所示。

图3-56　新建影片剪辑元件

04 进入元件编辑区后，执行“文件→导入→导入到舞台”命令，导入一幅树叶图片到工作区中，如图3-57所示。

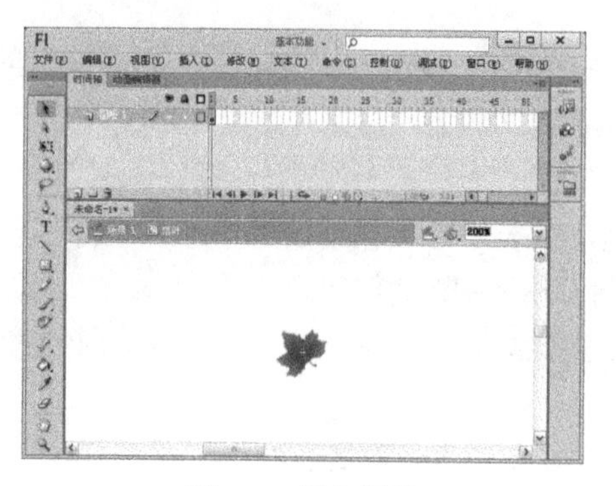

图3-57　导入图片

05 右击“图层1”，在弹出的快捷菜单中选择“添加传统运动引导层”命令，这时可以看到在时间轴上增加了一个新图层，即为引导层，如图3-58所示。

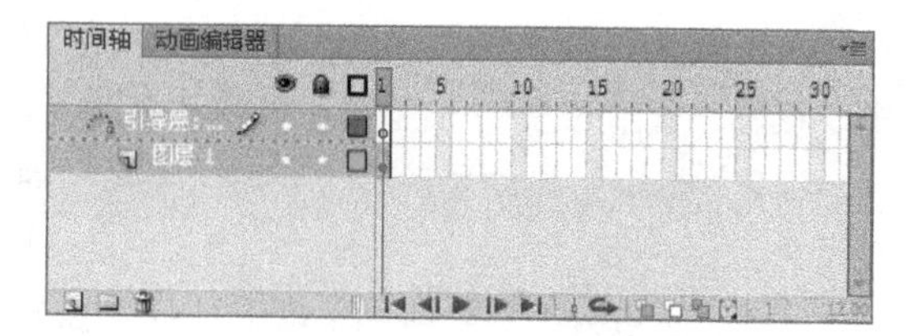

图3-58　添加引导层

06 选中引导层，然后选择铅笔工具，在工作区中绘制一段如图3-59所示的黑色曲线，这段曲线就是树叶的运动路线。

图3-59　绘制引导线

07 分别在“图层1”与引导层的第60帧处插入关键帧，然后使用任意变形工具选中“图层1”第1帧中的树叶，将其移动到曲线的起点，注意树叶的中心点要与曲线开始端重合，如图3-60所示。

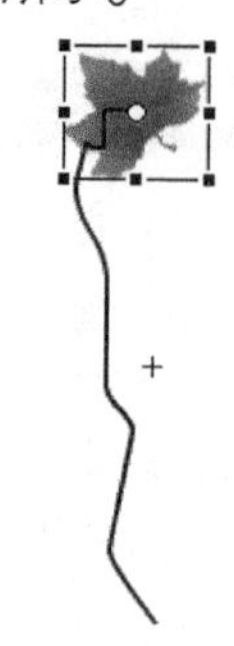

图3-60　移动树叶到曲线的起点

08 使用任意变形工具选中“图层1”第60帧中的树叶，将其沿着曲线移动到曲线的终点，如图3-61所示。

图3-61　移动树叶到曲线的终点

09 右击“图层1”的第1帧，在弹出的快捷菜单中选择“创建传统补间”命令，如图3-62所示，为第1～60帧之间创建补间动画。至此引导动画创建完成。

图3-62　创建动画

技巧点睛

引导层作为一个特殊的图层，在Flash动画设计中的应用十分广泛。使用引导层，可以实现对象沿着特定的路径运动。

8.3.2 编辑场景

01 回到主场景，新建“图层2”，从“库”面板中将“落叶”影片剪辑元件拖入到舞台上方，如图3-63所示。

图3-63　拖入“落叶”影片剪辑元件

02 选中“落叶”影片剪辑元件，按住Alt键不放，将其拖曳若干次，就可复制出若干个“落叶”影片剪辑元件，如图3-64所示。

图3-64　复制若干个影片剪辑

03 分别选择几个“落叶”影片剪辑元件，使用任意变形工具将其向右旋转30°左右，然后同样再次分别选择几个“落叶”影片剪辑元件，使用任意变形工具将其向右旋转60°左右，如图3-65所示。

图3-65　复制影片剪辑

04 执行“文件→保存”命令保存文件，然后按Ctrl+Enter组合键欣赏本例的最终效果，如图3-66所示。

图3-66　完成效果

举一反三 | 山谷鸟翔

打开光盘\源文件与素材\Chapter 3\Example 8\山谷鸟翔.swf，欣赏动画最终完成效果，如图3-67所示。

图3-67　动画完成效果

制作小鸟

制作白云

导入背景图片

拖入白云与小鸟

关键技术要点

01 新建一个Flash文档，将其大小设置为778像素（宽度）×526像素（高度）。

02 新建一个影片剪辑元件，制作小鸟形状，然后制作小鸟扇翅膀的补间动画。

03 新建一个图形元件，然后绘制一朵白云形状。

04 返回场景，导入一幅背景图像到舞台中。然后新建几个图层，从“库”面板中将白云拖入到舞台上，并制作白云从左向右运动的动画。

05 新建“小鸟”图层，从“库”面板中将小鸟的影片剪辑元件拖入到舞台上。然后新建一个引导层，制作小鸟按照一定的轨迹飞翔的动画。

Adobe Flash CS6

Example 9

小河与小鱼

本实例制作一个河中游鱼的动画场景效果。在清澈的小河里，一群小鱼儿欢快地摇着鱼尾游来游去。

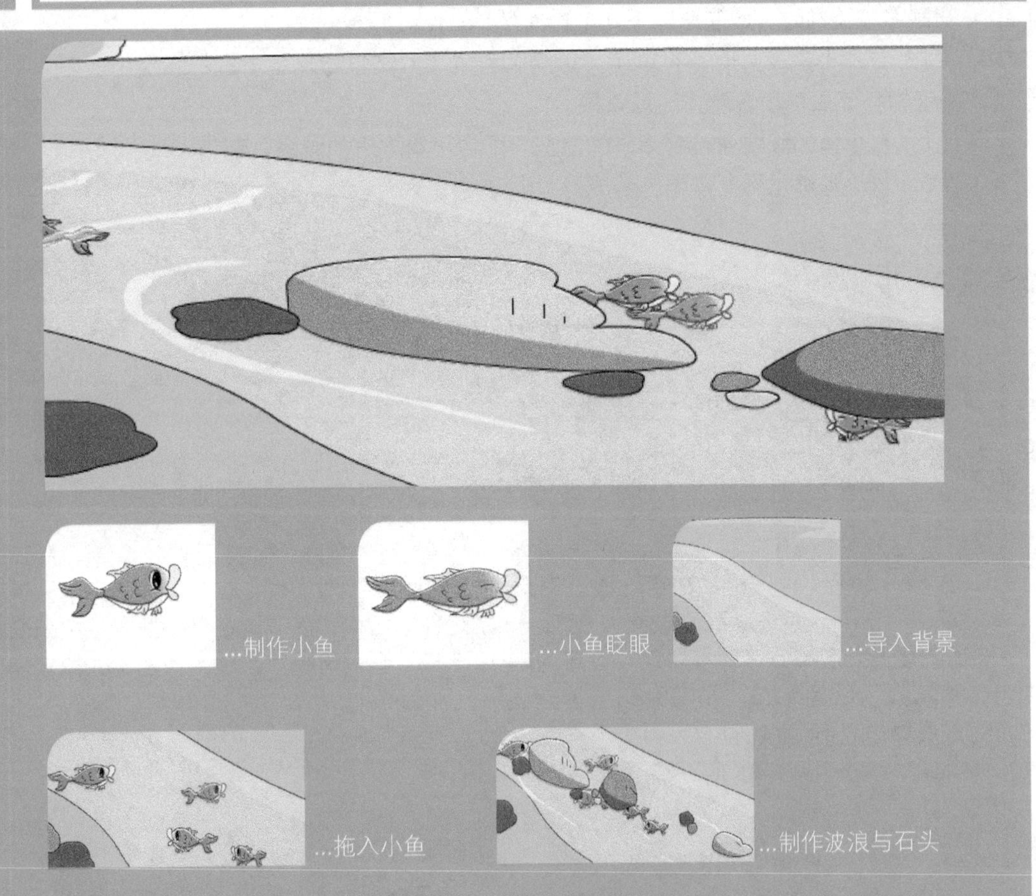

9.1 效果展示

原始文件：Chapter 3\Example 9\小河与小鱼.fla

最终效果：Chapter 3\Example 9\小河与小鱼.swf

学习指数：★★★★

本实例绘制的是小河里小鱼游动的动画效果，主要分两个步骤来完成。首先创建小鱼游动的影片，然后再创建背景影片。通过本实例的学习，使读者能够更加深入地学习影片剪辑的使用方法。

9.2 技术点睛

本实例中小河与小鱼的制作，主要是使用影片剪辑来完成的。通过本实例的学习，将使读者能够逐步掌握影片剪辑的操作方法。

在制作本实例时，应注意以下几个操作环节。

（1）导入小鱼图片时，将鱼尾、鱼身和鱼眼图片文件导入到对应的图层中。在重要位置插入关键帧，然后对小鱼制作游动效果。

（2）在小鱼的眼睛处绘制闭眼的造型，配合小鱼本来的眼睛，制作出动画效果。

（3）将小鱼添加到背景中，合成影片。

9.3 步骤详解

下面来完成本实例的制作。

9.3.1 创建小鱼影片

01 新建一个Flash空白文档。执行“修改→文档”命令，打开“文档设置”对话框，将“尺寸”设置为720像素（宽度）×526像素（高度），“背景颜色”设置为黑色，“帧频”设置为25，如图3-68所示。设置完成后单击 确定 按钮。

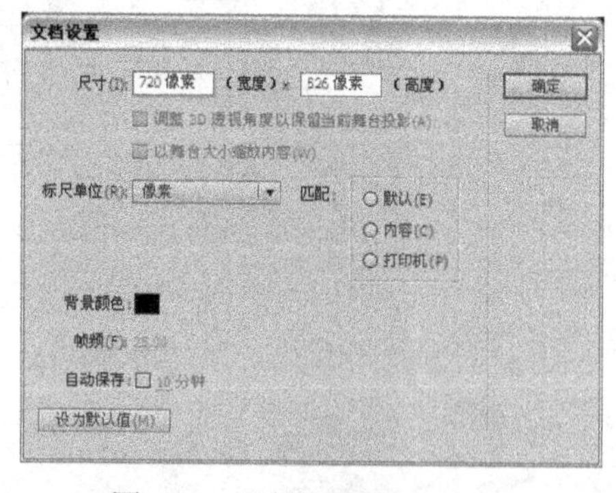

图3-68 “文档设置”对话框

02 执行“插入→新建元件”命令，打开“创建新元件”对话框，在“名称”文本框中输入元件的名称“鱼”，在“类型”下拉列表框中选择“影片剪辑”选项，如图3-69所示。

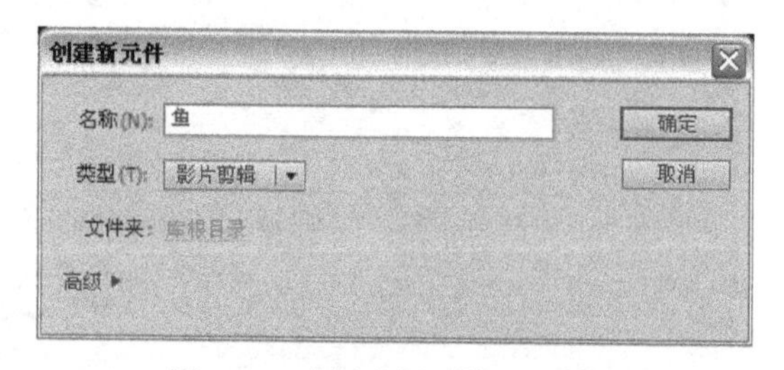

图3-69 “创建新元件”对话框

03 在“鱼”影片剪辑元件的编辑窗口下，将“图层1”的名称更改为“鱼尾”。再新建两个图层，分别命名为“鱼身”和“鱼眼”。然后执行“文件→导入→导入到舞台”命令，将鱼尾、鱼身和鱼眼图片文件导入到对应的图层中。最后在这3个图层的第38帧处插入帧，如图3-70所示。

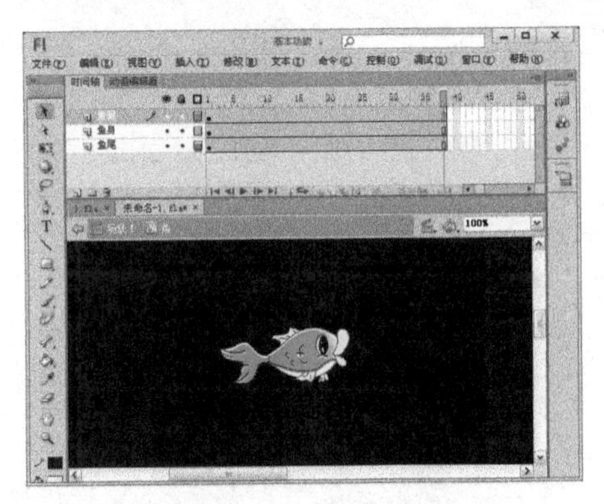

图3-70　导入图片文件

04 在“鱼尾”图层的第16帧处插入关键帧，使用任意变形工具将鱼尾旋转到如图3-71所示的位置。

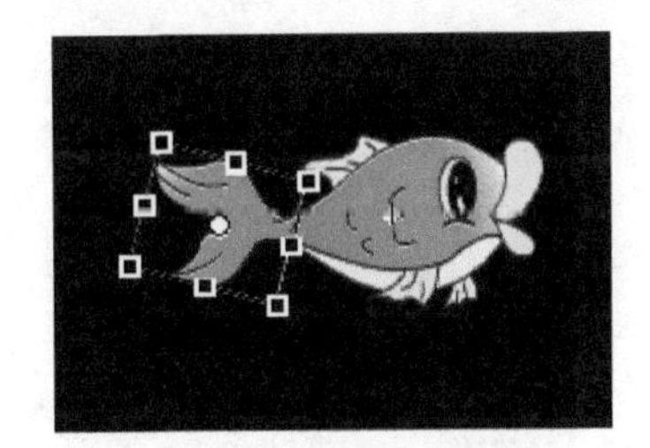

图3-71　旋转鱼尾

05 在“鱼尾”图层的第28帧处插入关键帧，使用任意变形工具将鱼尾旋转到如图3-72所示的位置。然后分别在“鱼尾”图层的第1～16帧、第16～28帧之间创建补间动画。

图3-72　旋转鱼尾

06 在“鱼眼”图层的第24帧处插入空白关键帧。然后使用铅笔工具在鱼眼的位置绘制一条黑色的曲线，如图3-73所示。

图3-73　绘制曲线

07 在“鱼眼”图层的第38帧处插入空白关键帧。然后分别将“鱼眼”图层第1帧中的眼睛复制到第38帧中来，如图3-74所示。

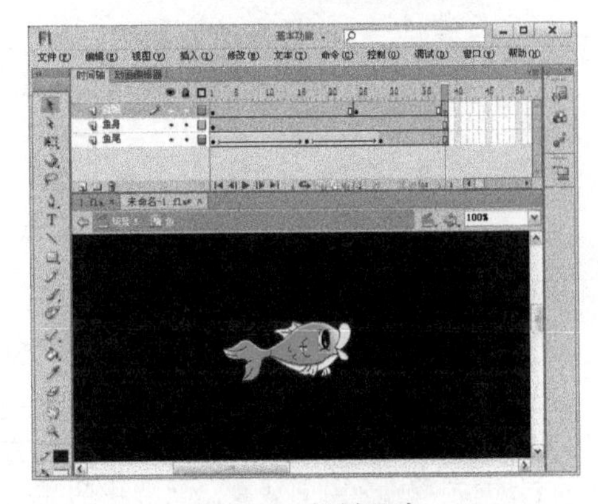

图3-74　复制眼睛

9.3.2　创建背景影片

01 执行“插入→新建元件”命令，打开“创建新元件”对话框，在“名称”文本框中输入元件的名称“背景”，在“类型”下拉列表框中选择“影片剪辑”选项，如图3-75所示。

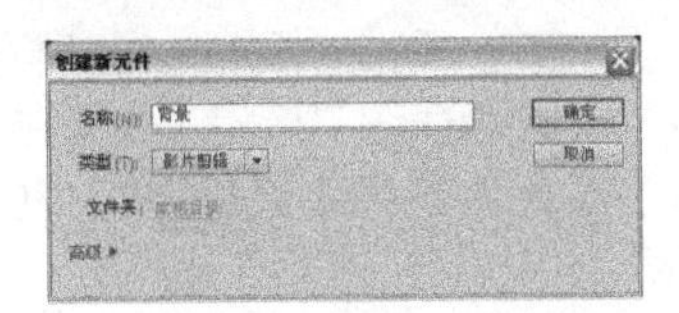

图3-75　“创建新元件”对话框

02 在“背景”影片剪辑元件的编辑状态下，执行“文件→导入→导入到舞台”命令，将一个背景图片文件导入到舞台中，如图3-76所示。

图3-76 导入背景

03 新建4个图层，分别命名为“鱼”、“鱼1”、“鱼2”和“鱼3”。然后从“库”面板中将“鱼”影片剪辑元件依次拖入到这4个图层中。并按照“Example 6 野外的小蝴蝶”的制作方法，自由地安排鱼的游动路线，如图3-77所示。最后在所有图层的第475帧处插入帧。

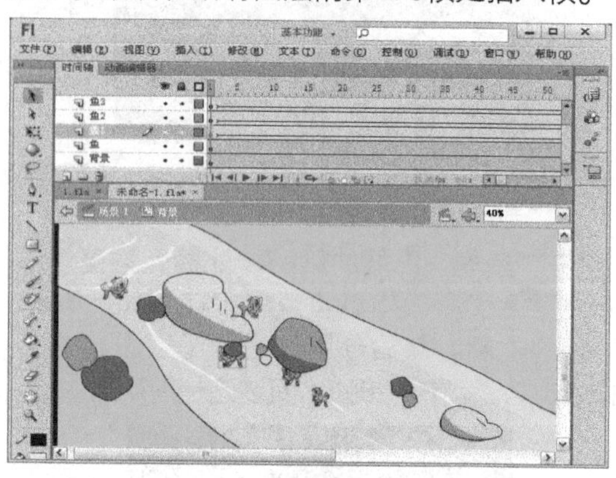

图3-77 创建动画

04 执行“插入→新建元件”命令，打开“创建新元件”对话框，在“名称”文本框中输入元件的名称“波浪”，在“类型”下拉列表框中选择“影片剪辑”选项，如图3-78所示。

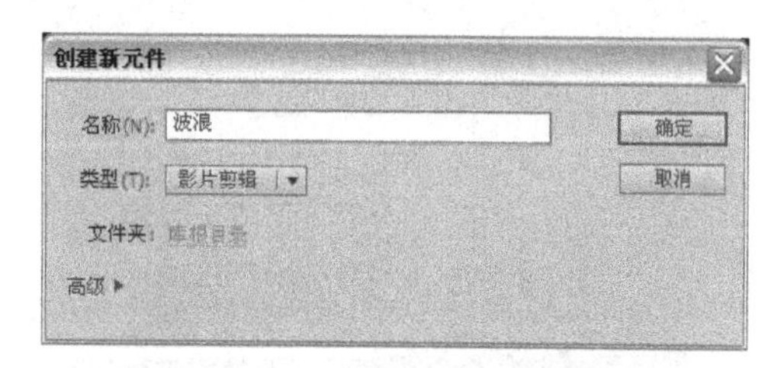

图3-78 “创建新元件”对话框

05 在“波浪”影片剪辑元件的编辑状态下，执行“文件→导入→导入到舞台”命令，将一个浪花图片文件导入到舞台中，如图3-79所示。

图3-79 导入图片

06 分别在时间轴的第5帧与第10帧处插入关键帧。选中第5帧中的浪花，使用键盘上的方向键将其向左移动200个像素，向上移动30个像素，如图3-80所示。

07 回到“背景”影片剪辑元件的编辑状态下，新建一个图层，并把它命名为“波浪”。然后从“库”面板中将“波浪”影片剪辑元件拖入到舞台上，最后在“属性”面板中将“波浪”影片剪辑元件的Alpha值设置为70%，如图3-81所示。

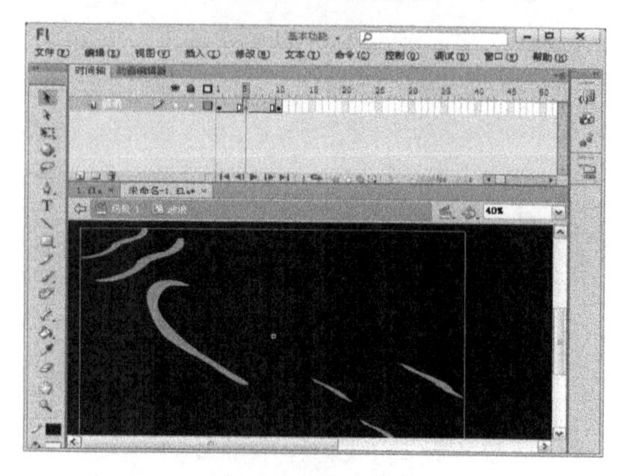

图3-80 移动浪花

08 新建“石头”图层。然后执行“文件→导入→导入到舞台”命令，将一个石头图片文件导入到舞台中，并将其移动到如图3-82所示的位置。

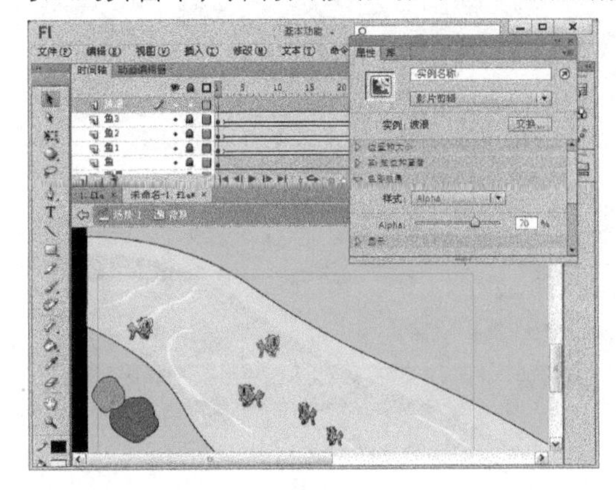

图3-81　设置Alpha值

图3-82　导入图片

09 回到主场景，从“库”面板中将“背景”影片剪辑元件拖入到舞台中，完成后保存文件并按Ctrl+Enter组合键来欣赏最终效果，如图3-83所示。

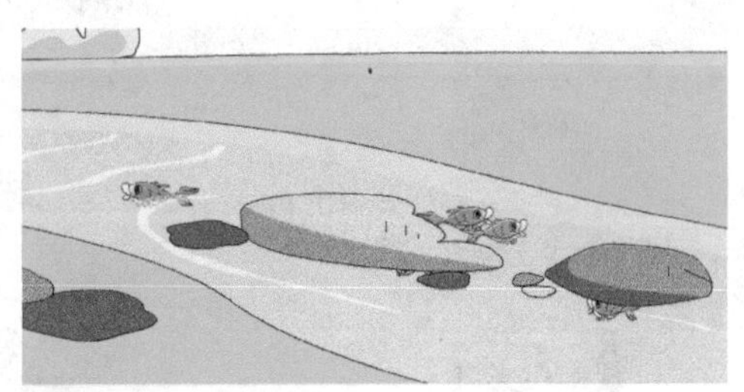

图3-83　完成的最终效果

在制作本实例中的小河与小鱼时，主要使用了影片剪辑元件。影片剪辑元件是一段可独立播放的动画，是主动画的一个组成部分，当播放主动画时，影片元件也在循环播放。完成后的影片剪辑存放在库中，需要使用时，将其从库中拖动到舞台上即可。Flash中的库主要用来存放和组织可重复使用的元件、位图、声音和视频文件等，使用影片剪辑元件可以提高工作效率，若将元件从库中拖到场景中，将生成该元件的一个实例。而实例本身只是元件的一个复制品，将元件拖放到场景后，其元件本身还将位于图库中。若改变场景中实例的属性，图库中元件的属性不会发生改变；但如果改变元件的属性，该元件的所有实例的属性都将随之变化。

通过本章的学习，基本掌握了补间动画、遮罩动画和引导动画的应用范围与制作方法。

（1）动作补间动画不仅可以得到图形位置变化、大小缩放的效果，还可以得到图形方向的变化及旋转效果，如走动的钟、旋转的风车等。

（2）使用引导层可以实现对象沿特定路径运动，也可以使多个图层与同一个运动引导层相关联，从而使多个对象沿相同的路径运动，如常见的飘雪、飘落的树叶等动画效果。

（3）使用遮罩层可以制作出特殊的动画效果，如聚光灯效果，如果将遮罩层比作聚光灯，当遮罩层移动时，它下面被遮罩的对象就像被灯光扫过一样，被灯光扫过的地方清晰可见，没有被扫过的地方将不可见，另外，一个遮罩层可以同时遮罩多个图层，从而产生各种特殊的动画效果。

举一反三 | 行云与风车

打开光盘\源文件与素材\Chapter 3\Example 9\行云与风车.swf，欣赏动画最终完成效果，如图3-84所示。

图3-84 动画完成效果

制作房屋

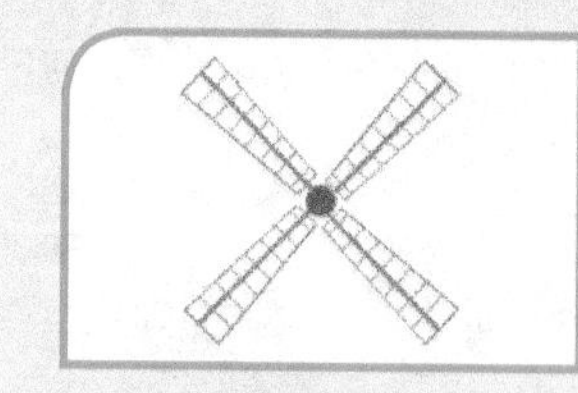

制作风车

放置风车

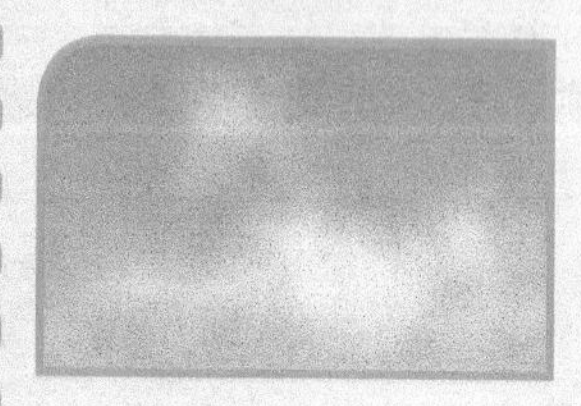

制作白云

导入背景

拖入房屋与风车

◎ 关键技术要点 ◎

01 新建一个Flash文档，将其大小设置为600像素（宽度）×400像素（高度）。

02 新建一个影片剪辑元件，使用绘图工具在舞台中绘制房屋与风车，并创建风车转动的动画。

03 创建影片剪辑元件，将白云的图片导入到舞台。

04 返回场景，导入一幅背景图像到舞台中。然后新建一个图层，从“库”面板中将白云拖入到舞台上，并制作白云从右向左运动的动画。

05 新建一个图层，从“库”面板中将房屋与风车的影片剪辑元件拖入到舞台上，并调整好位置。

第4章

The 4th Chapter

Flash脚本动画

Action Script是Flash的脚本语言，使用它可以制作出各种动画特效，极大地丰富了Flash动画的形式，同时也为创作者提供了无限的创意空间。Flash CS6中的Action Script更加强化了Flash的编程功能，进一步完善了各项操作细节，使动画制作者更加得心应手。

● 制作飞舞的蜻蜓动画

● 制作深海气泡动画

● 制作傍晚的村庄动画

Work1 要点导读

Flash中提供了一种动作脚本语言Action Script（动作脚本），通过对其中相应语句的调用来实现一些特殊的功能。

Flash中控制动画的播放和停止、控制动画中音效的大小、指定鼠标动作、实现网页的链接、制作精彩游戏以及创建交互的网页等操作，都可以用脚本语言来实现。目前，它已经成为Flash中不可缺少的重要组成部分之一，是Flash强大交互功能的核心。

1. 场景/帧控制语句

场景/帧控制语句主要是用来控制影片的播放，下面介绍几种比较常用的语句。

（1）play

play命令用来指定时间上的播放头从某帧开始播放，其语法格式如下：

```
play();
```

圆括号中可以输入指定的帧。

例如，以下语句表示当鼠标经过时，从开始处开始播放。

```
on(rollOver){
    gotoAndPlay();
}
```

（2）stop

默认的Flash动画将会从第1帧开始播放，并循环播放，如果需要在某个时刻使动画停止播放，可以使用stop命令。其语法格式如下：

```
stop();
```

例如，以下语句表示当鼠标单击时，则停止。

```
on(press){
    stop();
}
```

（3）gotoAnd

gotoAnd语句表示跳到某一帧并且从该帧开始播放或停止。可以和play或stop命令配合使用，例如：

```
gotoAndPlay();            //跳转到并从某帧开始播放
gotoAndStop("");          //跳转到某帧并停止，""里表示帧标识
```

2. 影片剪辑控制语句

影片剪辑控制语句可用来设置和调整影片剪辑的属性，常用语句如下。

（1）duplicateMovieClip()

duplicateMovieClip()用于复制场景中指定的影片剪辑，并给新复制的对象设置名称和深

度，深度是指新复制对象的叠放次序，深度高的对象会遮挡住深度低的对象。其语法格式如下：

```
duplicateMovieClip(target,newname,depth);
```

其中，target表示要复制对象的路径；newname 表示新复制对象的名称；depth表示新复制对象的深度。

例如：

```
duplicateMovieClip("box","box"+i,i);
```

表示复制场景中实例名称为box的影片剪辑，新复制对象的实例名称为"box"+i，深度为i。

（2）setProperty

setProperty的作用是当影片播放时，调整或更改影片剪辑的属性值。其语法格式如下：

```
setProperty(target,property,value/expression);
```

其中，target表示要设置其属性的影片剪辑实例名称；property表示要设置的属性；value表示要修改或调整的数值；expression表示将公式中计算的值作为属性的新值。

例如：

```
setProperty("box",_alpha,"50");
```

表示将场景中实例名称为box的影片剪辑的透明属性设置为50。

（3）loadMovie

loadMovie语句用于加载外部的swf格式的影片到当前正在播放的影片中。其语法格式如下：

```
anyMovieClip.loadMovie(url,target,method)
```

其中，url表示绝对或相对的URL地址；target表示对象的路径；method表示数据传送的方法，如有变量要一起送出时，可以使用GET或POST，该项可以为空。

例如：

```
on(release){
clipTarget.loadMovie("box.swf",get);
}
```

表示当释放按钮时，程序会导入外部的box.swf影片到当前的场景。

（4）removeMovieClip

removeMovieClip的作用是删除指定的影片剪辑，其语法格式如下：

```
removeMovieClip(target)
```

其中，target表示要删除的影片剪辑的实例名称。

例如：

```
removeMovieClip(box)
```

（5）startDrag

startDrag语句的作用是用来拖曳场景中的指定对象，执行时，被执行的对象会跟着鼠标光标的位置移动。其语法格式如下：

```
startDrag(target);
startDrag(target,[lock]);
startDrag(target,[lock],[left,top,right,down]);
```

其中，target是指影片中目标剪辑的实例名称的路径；lock表示以布尔值(true,false)判断对象是否锁定鼠标光标中心点，当布尔值为true时，影片剪辑的中心点锁定鼠标光标的中心点。left、top、right、down表示对象在场景上可拖拽的上下左右边界，当lock为true时，才能设置边界参数。

例如：

```
startDrag("box");                 //开始拖曳box对象
startDrag(_root.box,true);        //开始拖曳场景上的box对象，拖曳时对象的中心点自
                                    动锁定鼠标光标中心点
```

3. 属性设置语句

属性设置主要是指设置对象的透明、显示比例、旋转角度以及坐标值等属性。在Flash CS6中，常用属性设置的Action Script语句有以下几个。

（1）_alpha

_alpha是指影片剪辑的透明属性，选择影片剪辑后，可以在“属性”面板的颜色选项中找到透明属性，也可以使用Action Script语句来控制。其语法格式如下：

```
intanceName._alpha;
intanceName._alpha=value;
```

其中，intanceName表示影片剪辑的实例名称；_alpha表示透明属性；value表示透明的数值，其取值范围在0~100之间，数值越小，越透明，取值为0则表示完全透明。

该语句有两种写法，如下所示。

第一种写法：

```
setProperty(box,_alpha,50);       //设置box的透明属性为50
```

第二种写法：

```
box._alpha=28;                    //设置box的透明属性为28
```

（2）_xscale

_xscale是用来调整影片剪辑从注册点开始应用的水平缩放比例。

缩放本地坐标时将会影响到_x和_y的属性，这些设置是以整体像素定义的，如果父级影片剪辑缩放到50%，则设置_x属性将会移动影片剪辑中的对象，其距离为当影片设置为100%时的像素的一半。

（3）_yscale

_yscale是用来调整影片剪辑从注册点开始应用的垂直缩放比例。其语法格式如下：

```
intanceName._yscale
```

如要将场景中的box影片剪辑的垂直缩放比例设置为50，语句如下：

```
box._yscale=50;
```

（4）_visible

_visible可以用来影片剪辑的可见性，其语法格式如下：

```
intanceName._visible;
intanceName._visible=Boolean;
```

其中，intanceName是指影片剪辑的实例名称；Boolean是布尔值，它只有两个值，一个是true，一个是false。

设置影片剪辑的可见性可以用以下两种写法。

```
setProperty(box,_visible,true);
```

或

```
box._vlslble=true;
```

以上语句表示设置影片剪辑 box为可见，如将其中的true改为 false，则表示将box设置为不可见。

（5）_rotAction Script

_rotAction Script用来设置影片剪辑的旋转角度，其语法格式如下：

```
intanceName. _rotAction Script;
intanceName. _rotAction Script=integer;
```

其中，intanceName是指影片剪辑的实例名称；integer是指影片剪辑旋转角度的数值，取值范围为-180~180，数值为正数表示顺时针旋转，数值为负数表示逆时针旋转。

设置影片剪辑的旋转角度可以有两种写法。

```
setProperty(box._rotAction Script,90);        //将box顺时针旋转90°
```

或

```
box._rotAction Script=-90;                    //将box逆时针旋转90°
```

4. 声音控制语句

（1）stopAllSounds

stopAllSounds语句是指停止所有音轨中的声音播放，即停止当前所有Flash动画中的声音。此语句不会影响影片的视觉效果，只对声音文件起作用，常用于关闭声音（开关声音的按钮）。

例如，在按钮中添加如下语句。

```
on(release){                          //当释放时
    stopAllSounds();                  //停止所有声音
}
```

表示当释放按钮时则停止所有声音。

（2）Sound.start

Sound.start语句用于开始播放声音，其语法格式如下：

```
SoundName.start();
SoundName.start([secondOffset,loop]);
```

其中，secondOffset可以指定声音从特定点开始播放。例如，如果影片中有一个 60 秒的声音，而希望该声音从中间开始播放，可将 secondOffset 参数指定为30。并非声音延迟30秒，而是从 30 秒标记处开始播放。loop表示指定声音应该连续播放的次数，如果声音是声音流，则此参数不可用。

例如：

```
SoundName.start(30,10);
```

即表示这个声音对象从第30秒处开始播放，并循环播放10次。

（3）Sound.stop

Sound.stop语句可用来停止播放当前的所有声音（如果未指定参数），或者只停止播放在 idName 参数中指定的声音。其语法格式如下：

```
SoundName.stop();
SoundName.stop(["id"]);
```

其中，id表示在库中为指定的声音元件所命名的名称，可在库中用鼠标右键单击要命名的声音，在弹出的快捷菜单中选择“链接”命令，在弹出的“链接属性”对话框的“链接”栏中选中“为ActionScript导出”复选框，并在“标识符”文本框中输入名称，如图4-1所示。在Action Script语句中使用此名称时要放在双引号中。

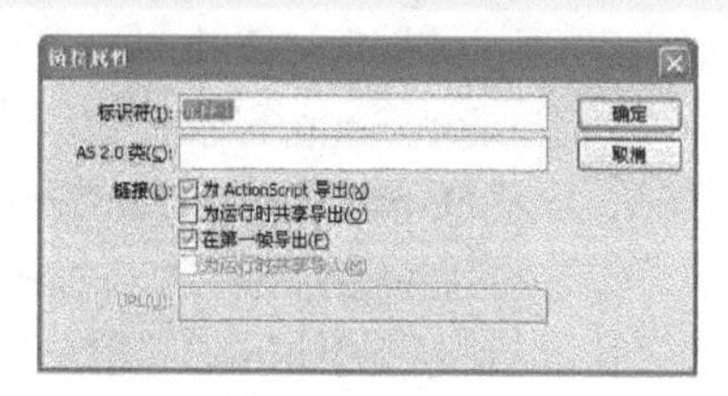

图4-1 “链接属性”对话框

（4）new Sound

new Sound语句表示为指定的影片剪辑创建新的 Sound对象。如果没有指定影片剪辑实例，则 Sound对象控制影片中的所有声音。其语法格式如下：

```
new Sound();
new Sound(target);
```

其中，target表示要添加声音的影片剪辑实例名称。

例如：

```
SoundName= new Sound();
```

表示创建一个名称为SoundName的声音文件。

（5）Sound.setVolume

Sound.setVolume语句用于设置 Sound 对象的音量。其语法格式如下：

```
SoundName. setVolume(value);
```

Value是一个从 0 到 100 之间的数字，表示音量的级别。100 为最大音量，而 0 为没有音量。默认设置为 100。

例如：

```
SoundName. setVolume(80);
```

表示将名称为SoundName的声音的音量设置为80。

5. 获取时间语句

在Flash CS6中使用Action Script语句还可以获取电脑的系统时间，这就可以使用Flash来实现钟表或日历等效果了。常用的获取时间语句如下。

（1）Date.getHours

Date.getHours语句的作用是按照本地时间返回指定Date对象的小时值（一个0～23之间

的整数），本地时间由运行 Flash Player 的操作系统确定。其语法格式如下：

```
My_date.getHours();
```

（2）Date.getMinutes

Date.getMinutes语句的作用是按照本地时间返回指定 Date 对象中的分钟值（一个0～59之间的整数）。本地时间由运行 Flash Player 的操作系统确定。其语法格式如下：

```
My_date.gettMinutes();
```

（3）Date.getSeconds

Date.getSeconds的作用是按照本地时间返回指定的Date对象中的秒数（一个0～59之间的整数）。本地时间由运行 Flash Player 的操作系统确定。其语法格式如下：

```
Date.getSeconds();
```

（4）Date.getMonth

Date.getMonth的作用是按照本地时间返回指定的 Date 对象中的月份值（0 代表1月，1 代表2月，以此类推）。本地时间由运行 Flash Player 的操作系统确定。其语法格式如下：

```
Date.getMonth();
```

6. 条件语句

在Flash CS6中进行Action Script编程时，有时可能需要一些重复执行的语句或功能，这就需要使用条件语句。常用的条件语句如下。

（1）While

While语句每次执行都会计算条件，如果条件计算结果为true，则循环返回以再次计算条件之前执行的一条语句或一系列语句。在条件计算结果为false后，跳过该语句或语句系列并结束循环。其语法格式如下：

```
while(condition) {
statement(s);
}
```

其中，condition 表示条件；statement(s)表示要运行的语句块。while语句将执行下面一系列步骤：

① 计算表达式condition。

如果condition计算结果是true或一个转换为布尔值true的值（如一个非零数），则转到第3步；否则，语句结束并继续执行while循环后面的下一个语句。

② 运行语句块statement(s)。

③ 转到步骤①。

通常当计数器变量小于某指定值时，使用循环执行动作。在每个循环的结尾递增计数器的值，直到达到指定值为止。此时，condition不再为true，因此循环结束。如果只执行一条语句，用来括起执行语句块的花括号{}是不必要的。

（2）do...while

do...while语句和while语句很相似，不同之处在于对条件进行初始计算前就会执行一次语句。随后，仅当条件计算结果为true 时执行语句。其语法格式如下：

```
do { statement(s) } while (condition)
```

do...while循环确保循环内的代码至少执行一次，在判断条件之前就会执行一次statement(s)。尽管我们也可以通过在while循环开始前放一段要执行的语句副本来实现，但do...while循环更易于阅读。while和do...while都是需要判定条件的循环语句，两者最主要的区别是：while语句首先要判断条件，如果满足条件的话则继续执行{}中的语句，而do...while语句会先执行一次{}里的语句，然后再判断条件是否满足。

（3）for

for语句是指定次数的条件语句，其语法格式如下：

```
for(init; condition; next) {
statement(s);
}
```

其中，init表示在开始循环序列前要计算的表达式，通常为赋值表达式，还允许对此参数使用var语句；condition表示条件，其值为true或false；next表示循环控制的变量更新值。for语句将计算一次init（初始化）表达式，然后开始一个循环序列，循环序列从计算condition表达式开始。如果condition表达式的计算结果为true，将执行statement并计算next表达式，然后循环序列再次从计算condition表达式开始。

（4）for...in

for...in语句的作用是根据对象的属性或数组里的元素进行重复程序处理。其语法格式如下：

```
for(variableIterant in object) {
statement(s);
}
```

其中，variableIterant表示变量的名称，迭代变量引用对象的每个属性或数组中的每个元素；object表示被赋值对象的名称。在for...in语句中迭代对象的属性或数组中的元素，并对每个属性或元素执行 statement。

（5）if

if语句是条件判断语句，其语法格式如下：

```
if(condition) {
statement(s);
}
```

其中，condition是指要做出判断的条件；statement(s)为要执行的语句，if语句对条件进行计算以确定是否执行statement(s)，如果条件为true，则Flash将运行条件后面{}内的statement(s)；如果条件为false，则Flash将跳过{}内的语句，而继续运行{}后的语句。

（6）else

将else语句与if 语句一起使用，以在脚本中创建分支逻辑。其语法格式如下：

```
if (condition){
statement(s);
```

```
} else {
statement(s);
}
```

当if语句判断结果为false后，即执行else后的语句。例如：

```
if (number_txt.text>=5) {
 trace("ok");
}
else {
 trace("sorry");
}
```

7. 为对象添加Action Script语句

在Flash CS6中，可以将Action Script控制语句添加到空白关键帧（或关键帧）、按钮和影片剪辑中。

首先单击需要添加Action Script代码的关键帧，按F9键，或者单击鼠标右键，在弹出的快捷菜单中选择“动作”命令，如图4-2所示。

系统自动打开“动作”面板，此时，“动作”面板窗口的标题显示为“动作”，如图4-3所示。

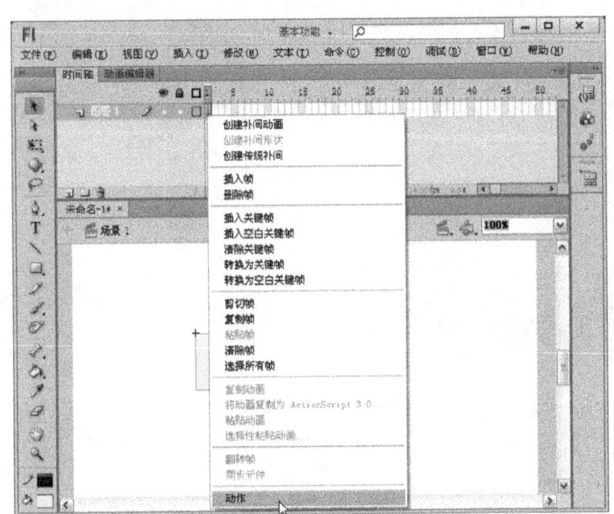

图4-2　选择“动作”命令

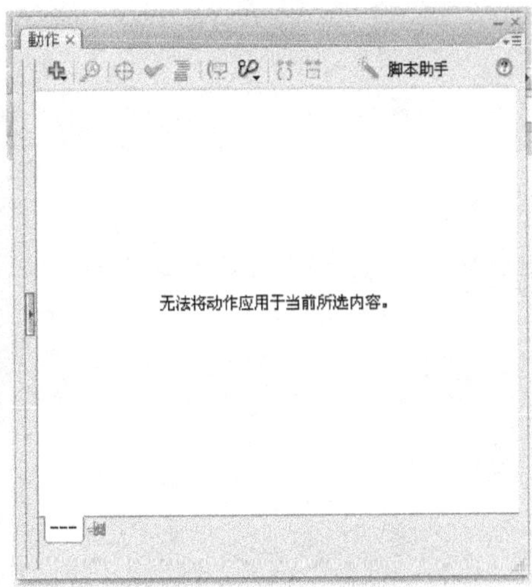

图4-3　“动作”面板

在“动作”面板中输入Action Script语句，输入结束后，关闭“动作”面板即可，此时时间轴的关键帧上面会出现一个“a”符号，说明此帧上已经添加了Action Script语句了，如图4-4所示。

向按钮或影片剪辑添加Action Script的方法和上面的步骤相同，选中要添加Action Script的按钮或影片剪辑，打开“动作”面板，此时的“动作”面板的标题栏显示为“动作-按钮”

或“动作-影片剪辑”，输入需要的Action Script语句即可。

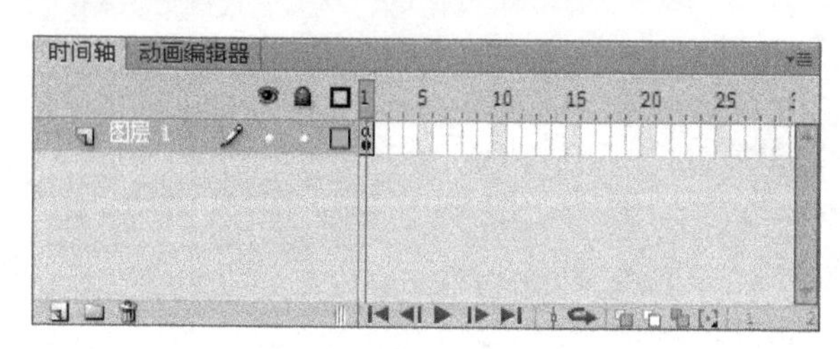

图4-4　添加完成的帧状态

8. fscommand命令参数设置

fscommand即全屏，在Flash CS6中，用于将播放画面覆盖整个屏幕，增强影片内容表现力。

- Quit：在该位置结束正在播放的动画，并关掉播放窗口。
- Fullscreen：参数为true时，全屏幕播放动画；参数为false时，则不使用全屏播放。
- Exec（执行）：调用一个可执行文件（BAT、COM、EXE）或启动其他应用程序。
- Showmenu：用于设置影片播放窗口中单击鼠标右键后，是否显示如放大/缩小、倒退、快进等命令选项。
- Allowscale：设置影片播放的窗口被拖放大小时，窗口中的动画内容是否可以随窗口的大小变化而缩放。

Work2 案例解析

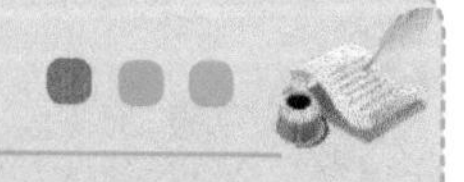

对Flash脚本动画基础知识有了一定的了解后，下面通过实例来学习其工具的具体使用方法和技巧。

读书笔记

Adobe Flash CS6

Example 10

飞舞的蜻蜓

本实例制作一个蜻蜓不断飞舞的动画效果，一群蜻蜓在草地上不断地自由飞舞。

...导入蜻蜓

...导入背景

10.1 效果展示

原始文件： Chapter 4\Example 10\飞舞的蜻蜓.fla

最终效果： Chapter 4\Example 10\飞舞的蜻蜓.swf

学习指数： ★★

本实例制作的是在一片美丽的草地上一群蜻蜓不断飞舞的动画效果。在制作动画之前，我们需要导入蜻蜓与背景图片，然后通过Action Script技术来制作完成整个实例。

10.2 技术点睛

本实例中蜻蜓飞舞的动画效果，主要使用导入功能与Action Script技术来编辑制作。通过本实例的学习，将使读者掌握在Flash CS6中通过添加Action Script代码来创建动画的基本操作方法。

在制作飞舞的蜻蜓动画时，读者应注意以下几个操作环节。

（1）专门新建一个图层，使用Action Script技术，编辑出雪花纷飞的效果。

（2）影片剪辑的名称要与代码中的名称相同。

10.3 步骤详解

下面一起来完成本实例的制作。

10.3.1 导入蜻蜓与背景图像

01 新建文件，执行“修改→文档”命令，打开“文档设置”对话框，将“尺寸”设置为688像素（宽度）×430像素（高度），“背景颜色”设置为黑色，“帧频”设置为30，如图4-5所示。设置完成后单击 确定 按钮。

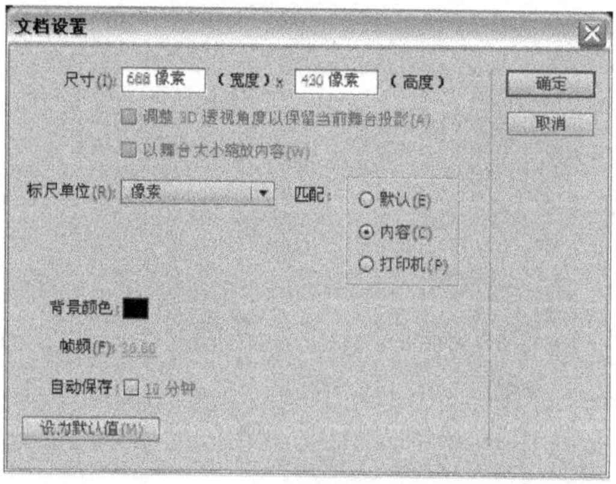

图4-5 “文档设置”对话框

02 执行“插入→新建元件”命令，打开“创建新元件”对话框，在“名称”文本框中输入元件的名称为qt，在“类型”下拉列表框中选择“影片剪辑”选项，如图4-6所示。

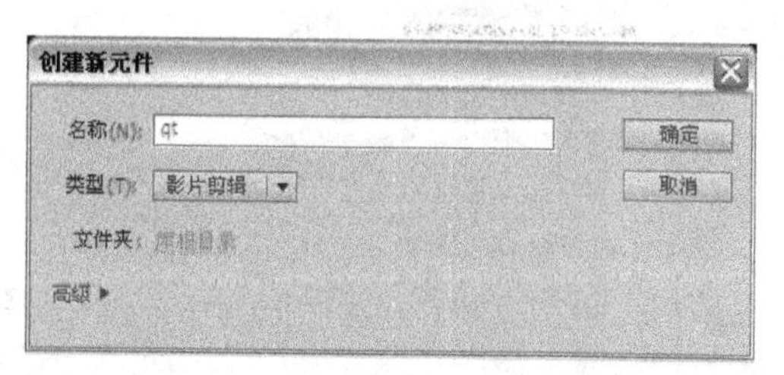

图4-6 “创建新元件”对话框

03 在qt影片剪辑元件的工作区中导入一幅图片，如图4-7所示。

04 回到主场景，导入一幅图片到舞台中，如图4-8所示。

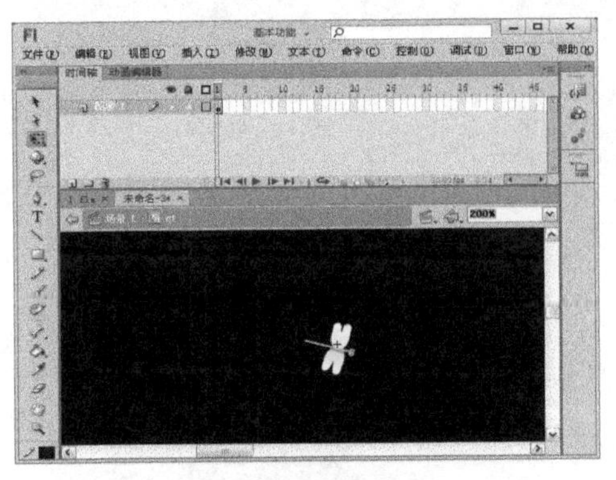

图4-7　导入图片（1）

图4-8　导入图片（2）

10.3.2　添加脚本

01 新建“图层2”，选中该图层的第1帧，按F9键，在打开的“动作”面板中添加如下代码，如图4-9所示。

```
var mc = this.createEmptyMovieClip("mc", 0);
for (var i = 0; i<40; i++) {
    var qt = mc.attachMovie("qt", "qt"+i, i);
    qt.vr = 0;
    qt.vy = 0;
    qt.sdy = Math.random()/2;
    qt.sdx = Math.random();
    qt.vx = 0;
    random(2) == 0 ? qt.sj=1 : qt.sj=-1;
    qt._x = random(550);
    qt._y = random(300);
    qt._xscale = qt._yscale=random(70)+20;
    qt.sj<0 && (qt._xscale *= -1);
    qt.mcl = 0.8;
    qt.swapDepths(qt._xscale*1000+i);
    qt.onEnterFrame = function() {
        this.vr += 0.03;
        this._y += Math.cos(this.vr)*this.vy*this.sj;
        this._x -= this.vx*this.sj;
        this.vy *= this.mcl;
        this.vx *= this.mcl;
        this.vy += this.sdy;
        this.vx += this.sdx;
```

```
            var ID = Math.random()*30 >> 0;
            ID == 1 && (this.mcl=0.9);
            ID == 2 && (this.mcl=0.7);
            ID == 3 && (this.mcl=0.5);
            ID == 4 && (this.yj.play());
            this._x<0 && (this._x=550);
            this._x>550 && (this._x=0);
        };
    }
```

02 打开“库”面板，在qt影片剪辑元件上单击鼠标右键，在弹出的快捷菜单中选择“属性”命令，如图4-10所示。

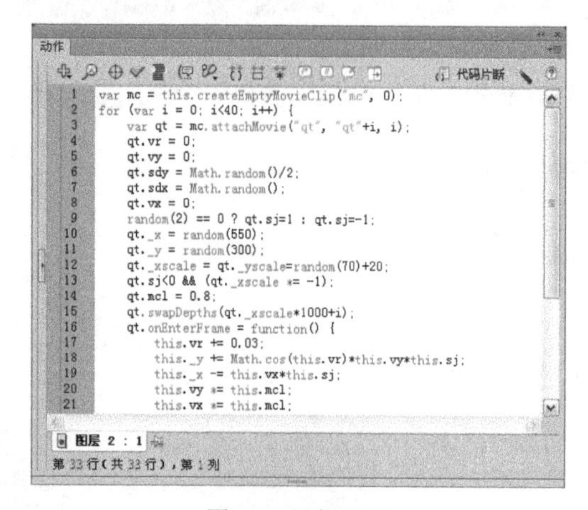

图4-9　添加代码

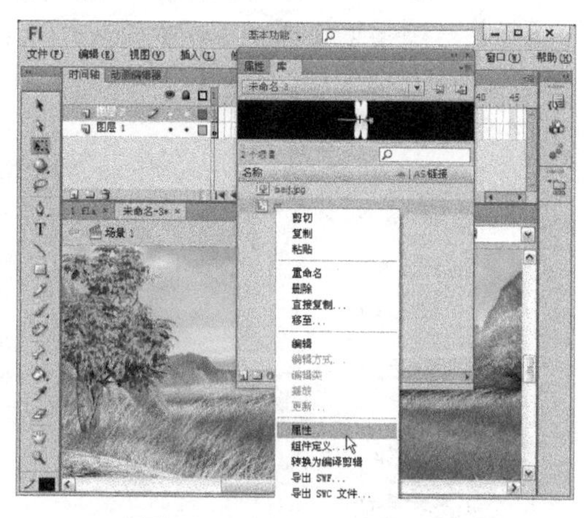

图4-10　选择“属性”命令

03 打开“元件属性”对话框，单击高级按钮，选中“为ActionScript导出”和“在第1帧中导出”复选框，如图4-11所示。完成后单击确定按钮。

04 执行“文件→保存”命令保存文件，然后按Ctrl+Enter组合键来欣赏本例的最终效果，如图4-12所示。

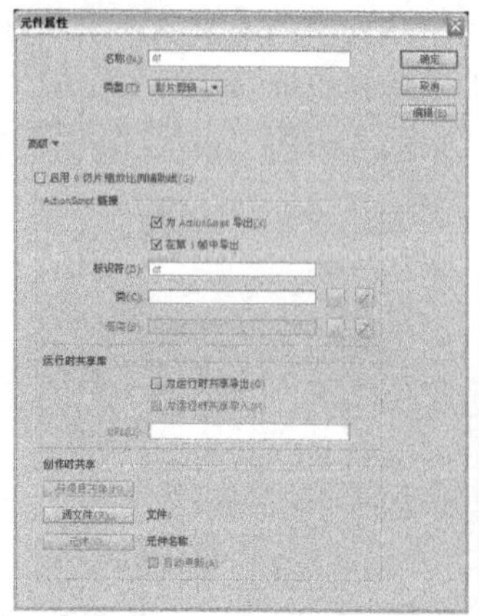

图4-11　“元件属性”对话框

图4-12　动画的最终效果

举一反三　林中大雨

打开光盘\源文件与素材\Chapter 4\Example 10\林中大雨.swf，欣赏动画最终完成效果，如图4-13所示。

图4-13　完成效果

绘制雨线

绘制水纹

导入图片

调整色调

◎ 关键技术要点 ◎

01 新建一个Flash文档，将“背景颜色”设置为黑色，“帧频”设置为24。

02 在“雨”影片剪辑元件的编辑状态下，使用线条工具在工作区中绘制一条雨线。

03 在时间轴的第24帧处插入关键帧，然后选中该帧处的线条，将其向左下方移动一段距离。这里移动的距离就是雨点从天空落向地面的距离。最后在第1～24帧之间创建补间动画。

04 选中“图层2”的第24帧，按住鼠标左键不放，将它向右移动一个帧的距离。也就是将“图层2”的第24帧移到第25帧处。然后选中第25帧处的椭圆，按F8键将其转换为图形元件，在名称栏中输入“水纹”。

05 在“图层2”的第40帧处插入关键帧。选中该帧处的椭圆，使用任意变形工具将其放大一些。然后在“属性”面板中将它的Alpha值设置为0%。最后在“图层2”的第25～40帧之间创建补间动画。

06 回到主场景，导入一幅背景图片到舞台，然后将其转换为图形元件，选中舞台上的背景图片，打开“属性”面板，在颜色下拉列表框中选择“色调”选项。然后将图片的色调设置为黑色，透明度为50%。

07 新建一个图层。从“库”面板中将“雨”影片剪辑元件拖入到舞台中。然后选中“雨”影片剪辑元件，在“属性”面板中将它的实例名设置为yu。

08 再新建一个图层，并把它命名为Action。选中Action图层的第1帧，在“动作”面板中添加雨线飘下的代码即可。

Adobe Flash CS6

Example 11

傍晚的村庄

本实例制作一个炊烟袅袅升起的动画效果。在一个美丽村庄的傍晚，一户人家正在做晚饭，炊烟从房屋的烟囱上袅袅升起。

...绘制烟圈

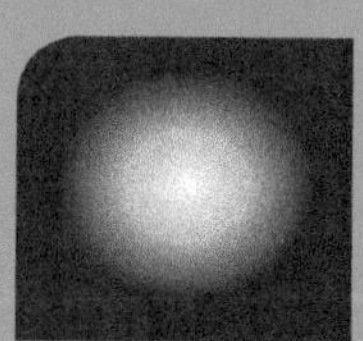
...柔化边缘

...导入图片

...调整色调

11.1 效果展示

原始文件：Chapter 4\Example 11\傍晚的村庄.fla
最终效果：Chapter 4\Example 11\傍晚的村庄.swf
学习指数：★★★

本实例将制作一个傍晚炊烟袅袅的温馨动画效果，主要需表现出炊烟袅袅升起时，烟雾萦绕的动画效果。通过本实例的学习，能够进一步掌握创建元件功能与Action Script技术。

11.2　技术点睛

本实例中炊烟袅袅升起的动画，主要使用创建元件功能与Action Script技术来编辑制作。通过本实例的学习，将使读者进一步掌握在元件的时间轴的关键帧中添加Action Script代码来制作动画的基本操作方法。

在制作本实例时，应注意以下几个操作环节。

（1）在制作炊烟时，要使用柔化填充边缘命令使其造型逼真一些。

（2）从“库”面板中拖入“炊烟”到场景中时，一定要使其位于背景图片烟囱的正上方。

（3）创建的元件实例名一定要与代码中的元件实例名相同，否则添加的代码不会起作用。

11.3　步骤详解

下面来完成本实例的制作。

11.3.1　制作“烟”影片剪辑元件

01 新建一个Flash空白文档。执行“修改→文档”命令，打开“文档设置”对话框，将“尺寸”设置为700像素（宽度）×430像素（高度），“背景颜色”设置为深蓝色（#000033），“帧频”设置为12，如图4-14所示。设置完成后单击 确定 按钮。

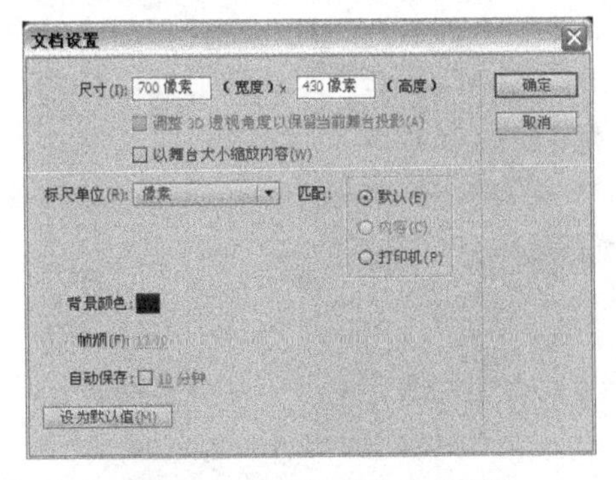

图4-14　“文档设置”对话框

02 执行“插入→新建元件”命令，打开“创建新元件”对话框，在“名称”文本框中输入元件的名称“烟”，在“类型”下拉列表框中选择“影片剪辑”选项，如图4-15所示。

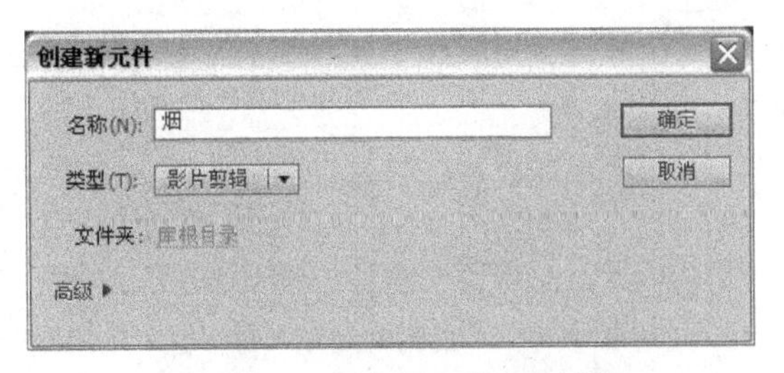

图4-15　“创建新元件”对话框

03 在“烟”影片剪辑元件的编辑状态下，选择椭圆工具在工作区中绘制一个无边框、填充色为任意色的圆形，如图4-16所示。

04 按Shift+F9组合键打开“颜色”面板。将填充设置为“径向渐变”，把调色条两端的调色块的颜色都设置为白色，并把右端调色块的Alpha值设置为80%，如图4-17所示。

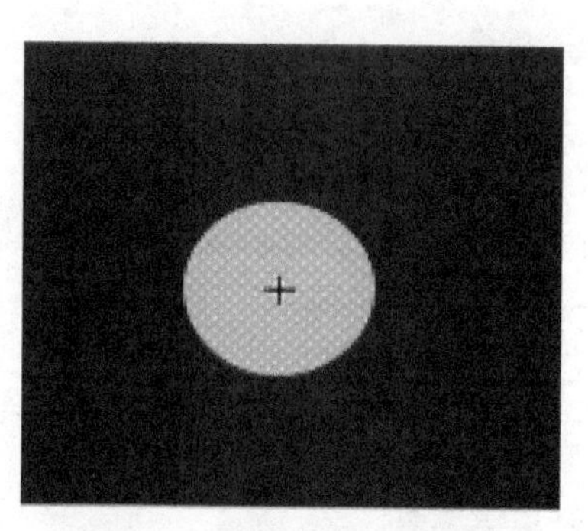

图4-16　绘制无边框的圆形

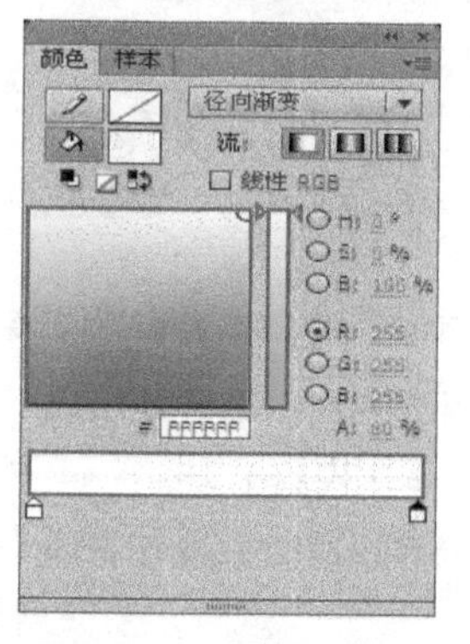

图4-17　“颜色”面板

05 使用颜料桶工具填充小圆，如图4-18所示。

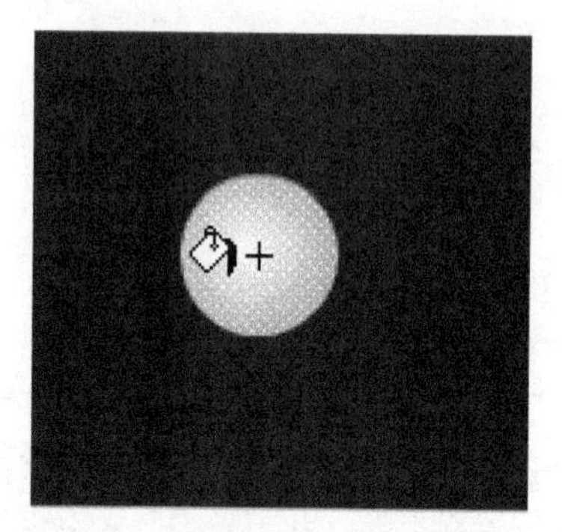

图4-18　填充小圆

06 选中小圆，执行“修改→形状→柔化填充边缘”命令，在弹出的对话框中进行如图4-19所示的设置。完成后单击确定按钮。

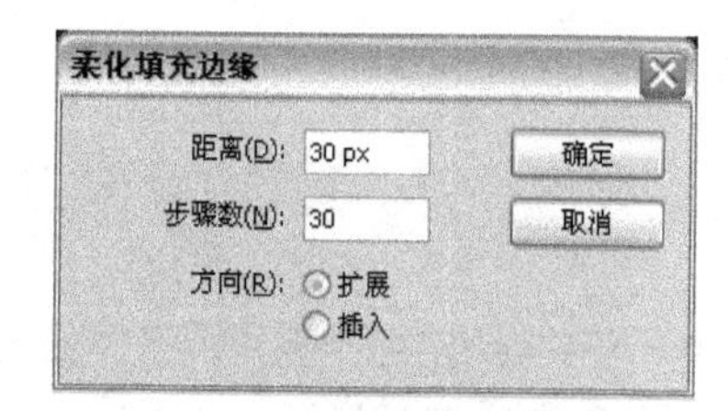

图4-19　“柔化填充边缘”对话框

11.3.2　制作“烟动”影片剪辑元件

01 执行“插入→新建元件”命令，打开“创建新元件”对话框，在“名称”文本框中输入元件的名称“烟动”，在“类型”下拉列表框中选择“影片剪辑”选项，如图4-20所示。

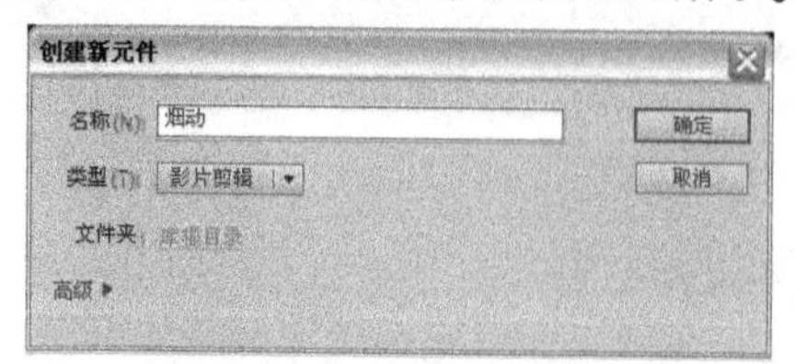

图4-20　“创建新元件”对话框

02 在“烟动”影片剪辑元件的编辑状态下，从“库”面板中把“烟”影片剪辑元件拖入到工作区。然后选中时间轴上的第10帧，插入关键帧，如图4-21所示。

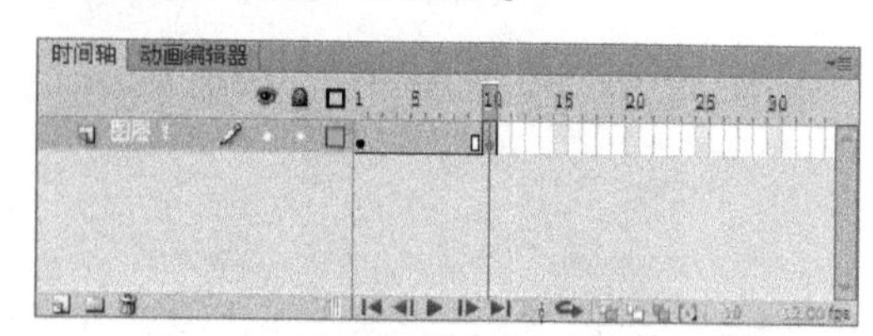

图4-21　插入关键帧

03 选中第10帧的内容，使用任意变形工具将其拉大至宽度和高度都为54像素，然后将它向左上方移动一段距离。最后在“属性”面板中将其Alpha值设置为80%，如图4-22所示。

04 在时间轴的第18帧处插入关键帧。使用任意变形工具将该帧处的“烟”拉大至宽度和高度都为70像素。接着把它向右上方移动一段距离。最后在“属性”面板中将其Alpha值设置为45%，如图4-23所示。

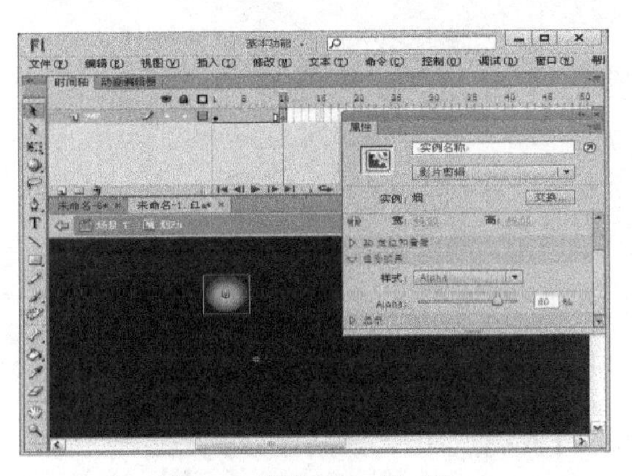

图4-22　设置Alpha值（1）

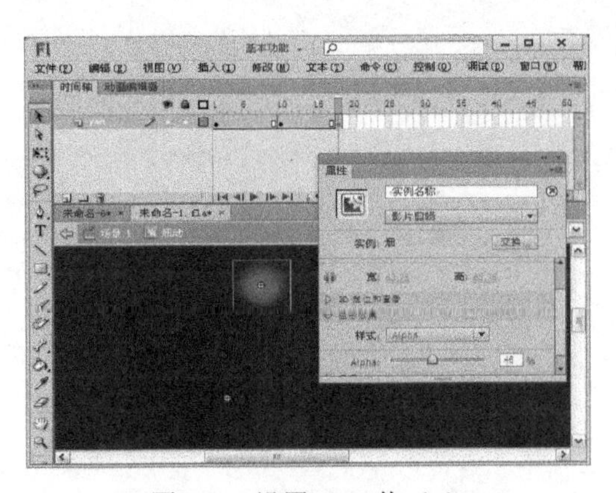

图4-23　设置Alpha值（2）

05 在时间轴的第25帧处插入关键帧。使用任意变形工具将该帧处的“烟”拉大至宽度和高度都为76像素。接着把它向右上方移动一段距离。然后在“属性”面板中将其Alpha值设置为0%。最后分别在第1～10帧、第10～18帧、第18～25帧之间创建补间动画，如图4-24所示。

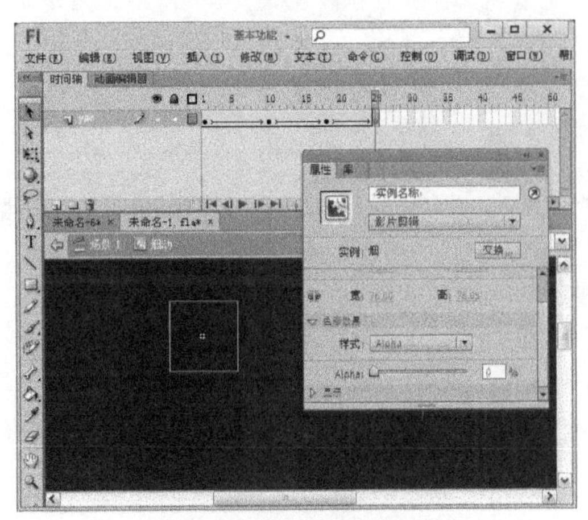

图4-24　创建补间动画

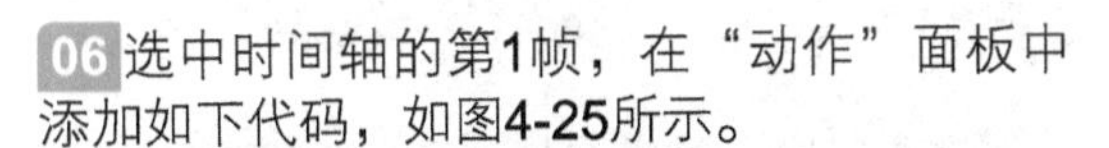

06 选中时间轴的第1帧，在“动作”面板中添加如下代码，如图4-25所示。

```
setProperty(this, _x, random(10)-5);
//每次到第1帧时，x坐标有一定的偏离
setProperty(this, _yscale, random(50)
+30);
//y轴比例为30～80之间
```

图4-25　添加代码

07 执行“插入→新建元件”命令，打开“创建新元件”对话框，在“名称”文本框中输入元件的名称“炊烟”，在“类型”下拉列表框中选择“影片剪辑”选项，如图4-26所示。

08 在“炊烟”影片剪辑元件的编辑状态下，从“库”面板中把“烟动”影片剪辑元件拖入到工作区，并在“属性”面板中将其实例名设置为yan，如图4-27所示。

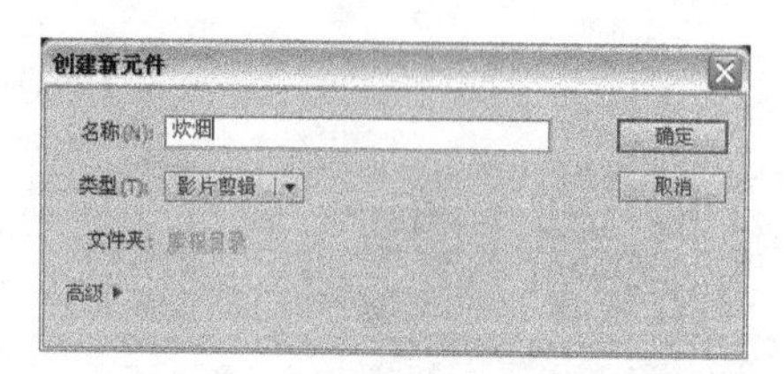

图4-26 “创建新元件”对话框

图4-27 设置实例名

09 选中时间轴的第1帧，在“动作”面板中添加如下代码，如图4-28所示。

```
i = 1;
//设定变量
onEnterFrame = function() {
// 逐帧调用
if (i<=20) {
duplicateMovieClip("yan", "yan"+i, i);
//复制烟
i++;
} else {
i = 0;
}
};
```

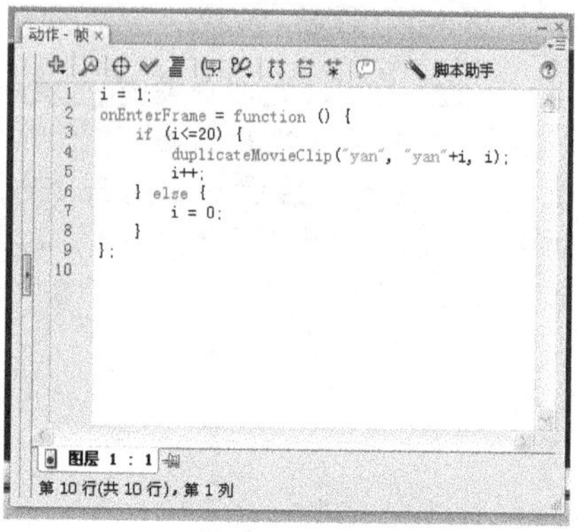

图4-28 添加代码

11.3.3 调整背景色调

01 回到主场景，执行“文件→导入→导入到舞台”命令，将一幅背景图片导入到舞台中，如图4-29所示。

图4-29 导入图片

02 选中舞台上的背景图片，按F8键将其转换为图形元件，图形元件的名称保持默认，如图4-30所示。

图4-30 转换为图形元件

03 选中舞台上的背景图片，打开“属性”面板，在“样式”下拉列表框中选择“色调”选项，然后将图片的色调设置为黑色，透明度为50%，如图4-31所示。

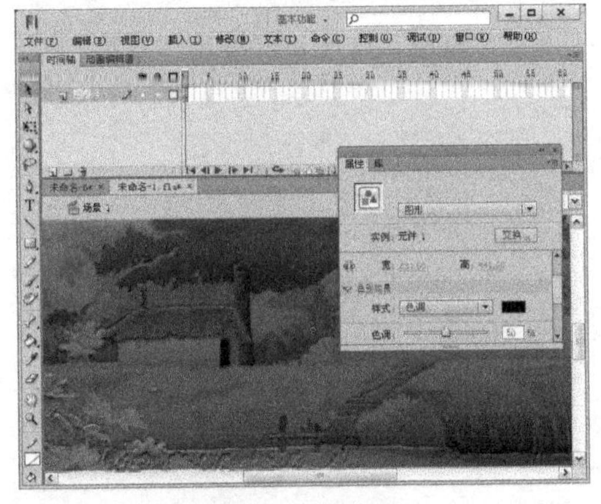

图4-31　调整色调

04 新建一个图层，从“库”面板中把“炊烟”影片剪辑元件拖入到舞台上，并将它调整到烟囱的上方，如图4-32所示。

图4-32　拖入影片剪辑元件

05 执行“文件→保存”命令保存文件，然后按Ctrl+Enter组合键来欣赏本例的最终效果，如图4-33所示。

图4-33　最终完成效果

制作本例炊烟袅袅的动画时，要注意炊烟是在傍晚时升起的，所以当时的环境应该是傍晚。而我们导入的图片不是傍晚这个环境，因此，首先要将图片转换成图形元件，然后调整其色调值，使图片看起来不太亮也不太暗，达到傍晚的效果。普通的图片是不能调整色调值的，只能转换成元件后才行。

举一反三 | 深海气泡

打开光盘\源文件与素材\Chapter 4\Example 11\深海气泡.swf，欣赏动画最终完成效果，如图4-34所示。

图4-34 动画完成效果

绘制小圆

绘制无规则的几何图形

导入背景图片

拖入气泡

◎ 关键技术要点 ◎

01 新建“气泡”影片剪辑元件，在其编辑状态下，使用椭圆工具在工作区中绘制一个无边框、填充颜色为任意色的圆。

02 打开“混色器”面板，将“填充”设置为“放射状”，将调色条左端的调色块颜色设置为白色，将右端的调色块颜色设置为蓝色（#3FF3F3），并将其Alpha值设置为80%，然后使用油漆桶工具填充小圆。

03 新建一个图层，从“库”面板中将“气泡”影片剪辑元件拖入到舞台中，然后选中气泡，在“属性”面板中将它的实例名设置为h2o。

04 新建一个图层，然后选中该图层的第1帧，在“动作”面板中添加代码。

05 选中舞台上的气泡，在“动作”面板中添加代码。

第5章

The 5th Chapter

交互动画

交互动画主要是通过某个按钮或文字链接到另一个内容中。Flash CS6中的动画功能非常强大，读者要耐心地学习以掌握其中所有动画功能。

● 制作交谊舞动画

● 制作心理小测试动画

● 制作圣诞老人动画

Work1 要点导读

交互动画主要是通过按钮元件来实现的。按钮元件是Flash影片中创建互动功能的重要组成部分，在影片中响应鼠标的点击、滑过以及按下等动作，然后把响应的事件结果传递给程序进行处理。

创建按钮元件的方法如下。

01 执行“插入→新建元件”命令，打开“创建新元件”对话框。在“名称”文本框中输入按钮元件的名称，在“类型”下拉列表框中选择“按钮”选项，如图5-1所示。

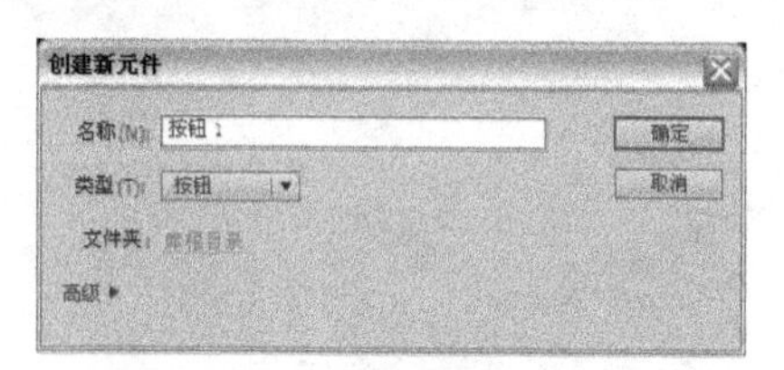

图5-1 “创建新元件”对话框

02 单击“确定”按钮，进入按钮编辑区，可以看到时间轴控制栏中已不再是我们所熟悉的带有时间标尺的时间栏，取代时间标尺的是4个空白帧，分别为“弹起”、“指针经过”、“按下”和“点击”，如图5-2所示。

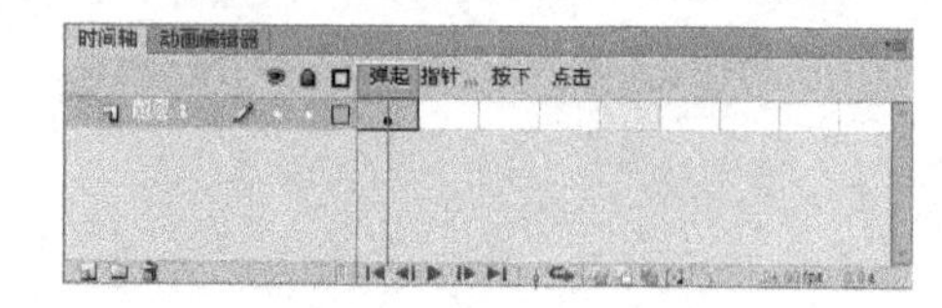

图5-2 按钮层的状态

4个状态的含义如下所示。

- **弹起**：按钮在通常情况下呈现的状态，即鼠标没有在此按钮上或者未单击此按钮时的状态。
- **指针经过**：鼠标指向状态，即当鼠标移动至该按钮上但没有按下此按钮时所处的状态。
- **按下**：鼠标按下该按钮时，按钮所处的状态。
- **点击**：这种状态下可以定义响应按钮事件的区域范围，只有当鼠标进入到这一区域时，按钮才开始响应鼠标的动作。另外，这一帧仅仅代表一个区域，并不会在动画选择时显示出来。通常，该范围不用特别设定，Flash会自动依照按钮的“弹起”或“指针经过”状态时的面积作为鼠标的反应范围。

03 分别编辑4个帧的内容，在舞台中绘制图形或导入图形，如图5-3所示。

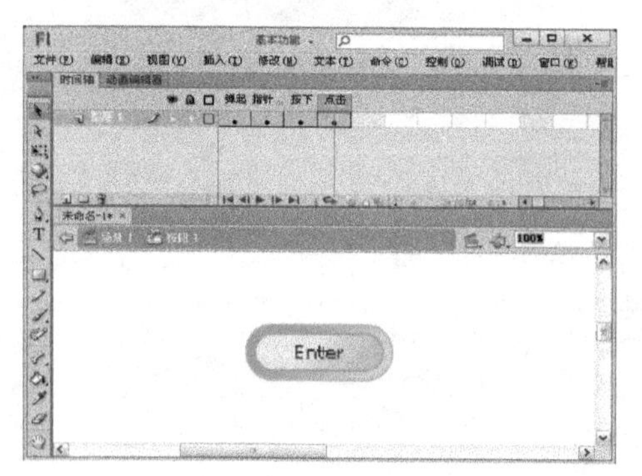

图5-3 制作按钮

04 单击舞台左上方的“场景1”按钮，切换到场景编辑窗口。打开“库”面板，将按钮元件拖到舞台上，按Ctrl+Enter组合键浏览效果即可。

> **技巧点睛**
>
> 在Flash中既可以使用文字创建按钮，也可以使用图形创建按钮。使用图形创建按钮时，在“弹起”、“指针经过”、“按下”等帧处的图形可以是不同样式，也可以是不同颜色。

另外，Flash已经为用户准备了许多按钮。执行“窗口→公用库→按钮”命令，出现如图5-4所示的“库-按钮”面板。按钮库中提供了内容丰富且形式各异的按钮样本，双击一个按钮分

类图标，即可展开其中包含的按钮元件。找到要使用的按钮元件后，将其拖到舞台上即可，如图5-5所示，直接使用按钮库中的按钮可节省时间，从而提高工作效率。

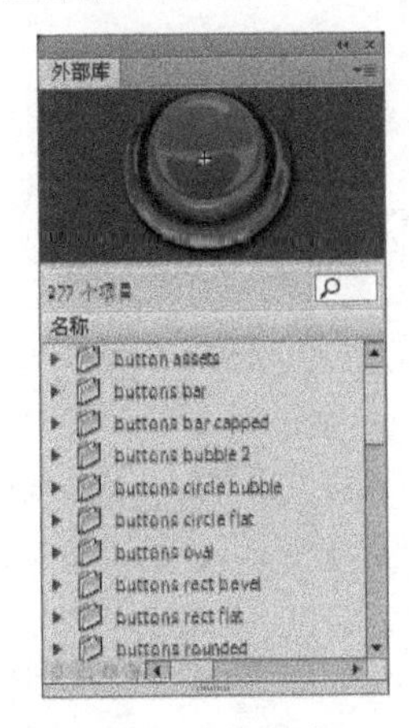

图5-4 按钮库

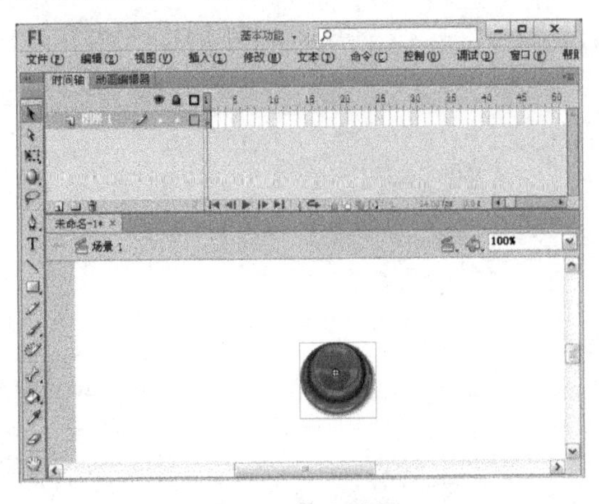

图5-5 拖入按钮

学习了按钮的创建方法后，下面制作一个切换图像的效果，单击向右按钮，会显示下一张图像；单击向左按钮，会显示上一张图像，如图5-6所示。

图5-6 切换图像

01 执行“文件→导入→导入到库”命令，将5幅图像导入到“库”面板中。

02 新建“更换图像”影片剪辑元件，在“更换图像”影片剪辑编辑窗口中，分别在“图层1”的第1～5帧处插入空白关键帧。

03 分别将“库”面板中的5幅图像拖到时间轴上对应的帧中，如图5-7所示。

04 在第1帧处单击鼠标右键，在弹出的快捷菜单中选择“动作”命令，打开“动作”面板，添加语句“stop( )；”。

图5-7 拖入图像

05 返回到场景窗口中，将“更换图像”影片剪辑元件拖到舞台上，并在“属性”面板中定义元件实例名为mov，如图5-8所示。

06 新建一个图层，执行“窗口→公用库→按钮”命令，打开“按钮”库，打开库中的Circle Buttons文件夹，从中拖出circle button-next和circle button-previous两个按钮放在舞台的左侧，如图5-9所示。

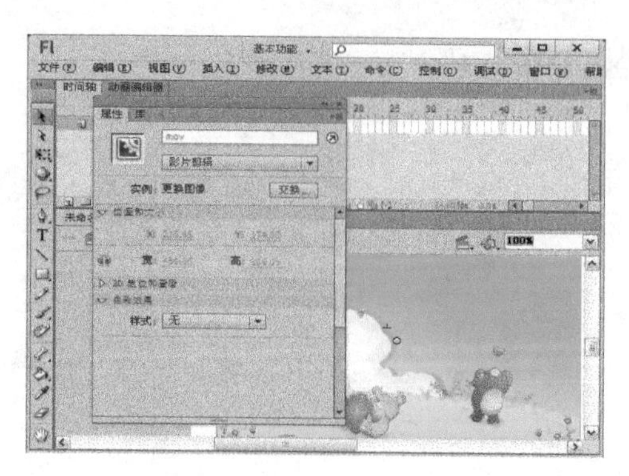

图5-8　定义元件实例名

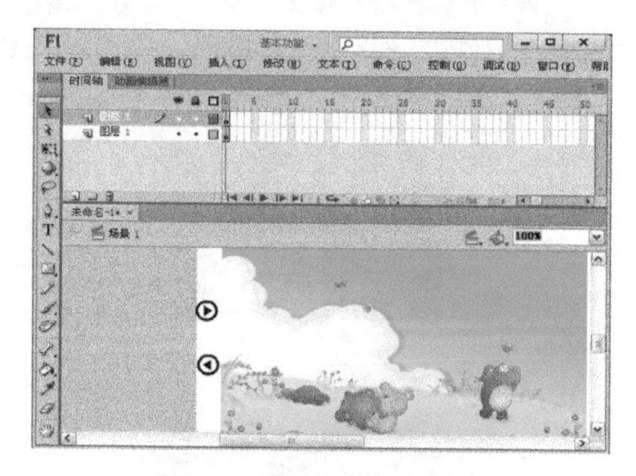

图5-9　在舞台上加入按钮

07 在向右箭头按钮上单击鼠标右键，在弹出的快捷菜单中选择“动作”命令，在打开的“动作”面板中添加如下代码，如图5-10所示。

```
on (release) {
    with(mov) {
        nextFrame( );
    }
}
//释放按钮后，跳到影片剪辑的下一帧
```

图5-10　添加代码（1）

08 在向左箭头按钮上单击鼠标右键，在弹出的快捷菜单中选择“动作”命令，在打开的“动作”面板中添加如下代码，如图5-11所示。

```
on(release) {
    with(mov) {
        prevFrame();
    }
}
//释放按钮后，跳到影片剪辑的前一帧
```

09 按Ctrl+Enter组合键打开测试影片窗口，单击按钮即可切换显示图像。

图5-11　添加代码（2）

Work2 案例解析

对Flash交互动画的相关知识有了一定的了解后，下面就通过实例来学习交互动画的控制方法和技巧。

Example 12

交谊舞

本实例制作一个控制交谊舞动作的动画效果。当单击“开始”按钮时，小人会立刻手舞足蹈地跳起来；当单击“停止”按钮时，小人会停止跳动。

开始

...“开始”按钮

停止

...“停止”按钮

...拖入两个小人

12.1　效果展示

原始文件：Chapter 5\Example 12\交谊舞.fla

最终效果：Chapter 5\Example 12\交谊舞.swf

学习指数：★★★

本实例将制作一个由按钮控制播放的动画效果，主要通过创建按钮元件功能与Action Script技术来编辑制作。通过本实例的学习，能使读者掌握创建按钮来控制动画播放的基本操作。

12.2 技术点睛

本实例中控制跳舞动作的动画效果，主要使用创建按钮元件功能与Action Script技术。通过本实例的学习，将使读者掌握在Flash CS6中通过创建按钮来控制动画播放的基本操作。

在制作控制小人动作动画时，应注意以下几个操作环节。

（1）分别拖入跳舞图片时，要打开“对齐”面板，单击“水平中齐”按钮与“垂直居中分布”按钮，使小人都处于同一个位置。

（2）拖入按钮后，分别在“开始”按钮与“停止”按钮上添加Action Script代码，编辑出控制小人动作的动画效果。

12.3 步骤详解

下面一起来完成本实例的制作。

12.3.1 制作跳舞动画

01 新建一个Flash空白文档。执行“修改→文档”命令，打开“文档设置”对话框，将“尺寸”设置为800像素（宽度）×510像素（高度），“帧频”设置为8。

02 执行“文件→导入→导入到舞台”命令，将一幅背景图片导入到舞台中，如图5-12所示。

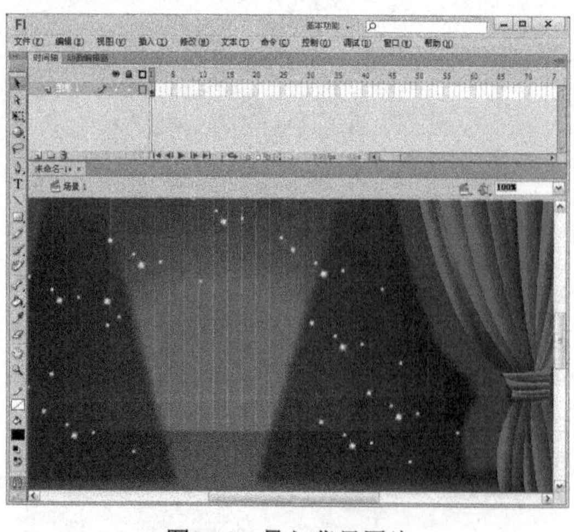

图5-12　导入背景图片

03 执行“文件→导入→导入到库”命令，将7幅图片导入到“库”面板中，如图5-13所示。

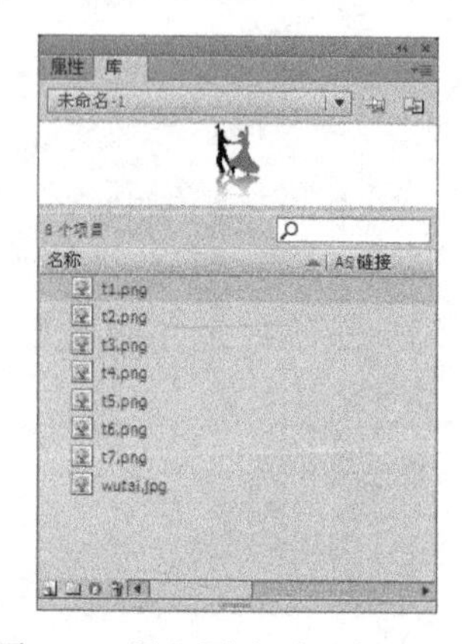

图5-13　导入图片到“库”面板

04 新建“图层2”，分别选中该图层时间轴上的第1～7帧，按F6键插入关键帧。然后选中“图层1”的第7帧，按F5键插入帧，如图5-14所示。

05 选中“图层2”的第1帧，从“库”面板中将一幅图片拖入到舞台中，如图5-15所示。

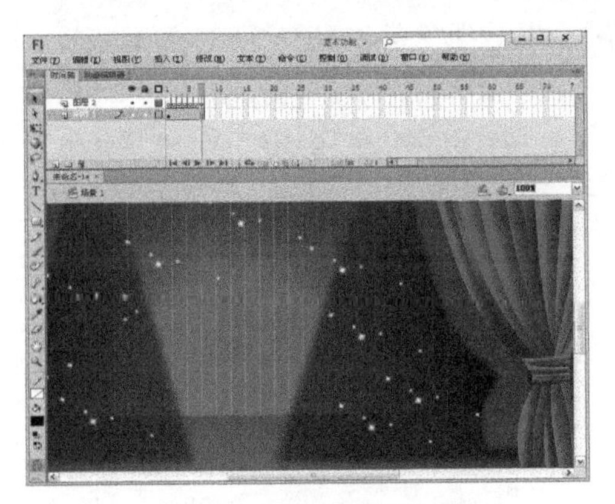

图5-14 插入关键帧与帧

图5-15 拖入图片到第1帧

06 按Ctrl+K组合键打开“对齐”面板，单击“水平中齐”按钮与“垂直居中分布”按钮，如图5-16所示。

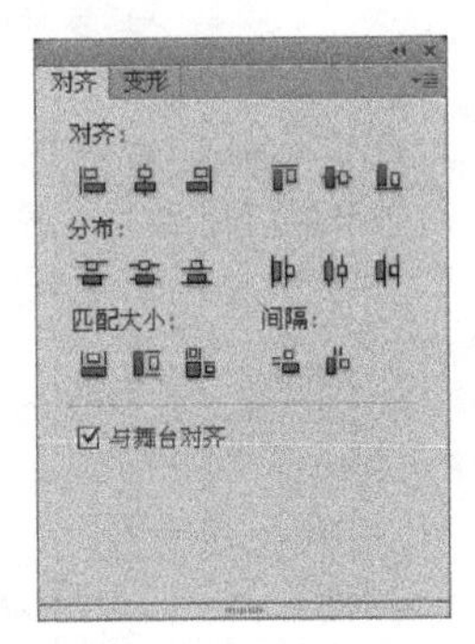

图5-16 “对齐”面板

07 选中“图层2”的第2帧，从“库”面板中将一幅图片拖入到舞台中，如图5-17所示。

图5-17 拖入图片到第2帧

08 按Ctrl+K组合键打开“对齐”面板，单击“水平中齐”按钮与“垂直居中分布”按钮，如图5-18所示。

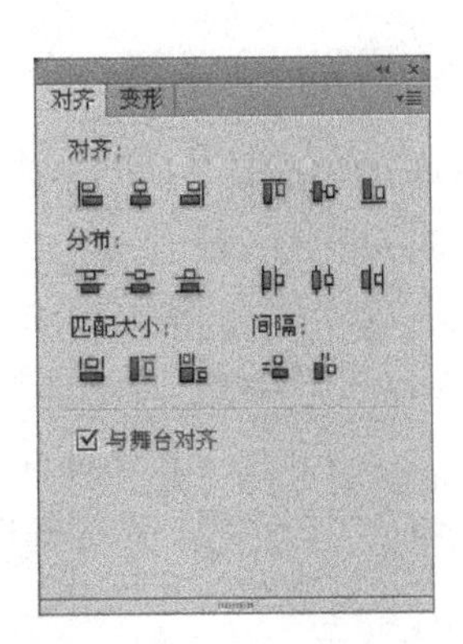

图5-18 “对齐”面板

09 按照同样的方法，分别选中第3帧、第4帧……第7帧，从“库”面板中将图片拖入到舞台中。并且分别按Ctrl+K组合键打开“对齐”面板，单击“水平中齐”按钮与“垂直居中分布”按钮，如图5-19所示。

图5-19 继续拖入图片

12.3.2 创建按钮

01 执行“插入→新建元件”命令，打开“创建新元件”对话框，在“名称”文本框中输入元件的名称“开始”，在“类型”下拉列表框中选择“按钮”选项，如图5-20所示。

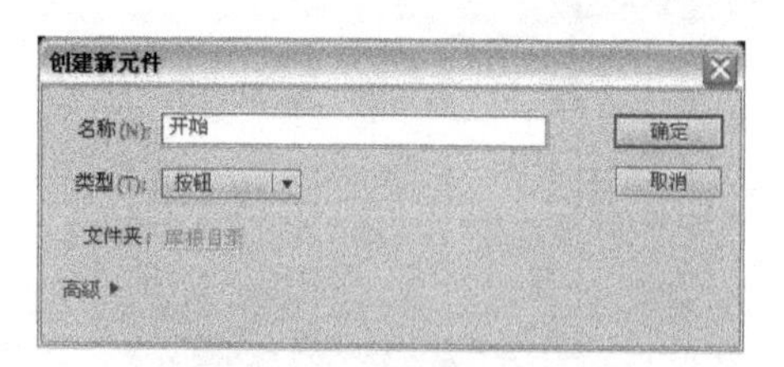

图5-20 “创建新元件”对话框

02 在按钮元件的编辑状态下，选择矩形工具，在其“属性”面板的“边角半径”文本框中将边角半径设置为15，如图5-21所示。

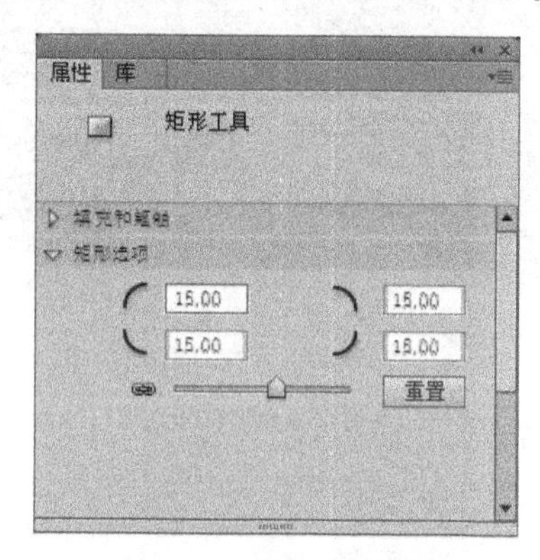

图5-21 设置边角半径

03 在工作区中绘制一个无边框、填充颜色为黑色的圆角矩形，如图5-22所示。

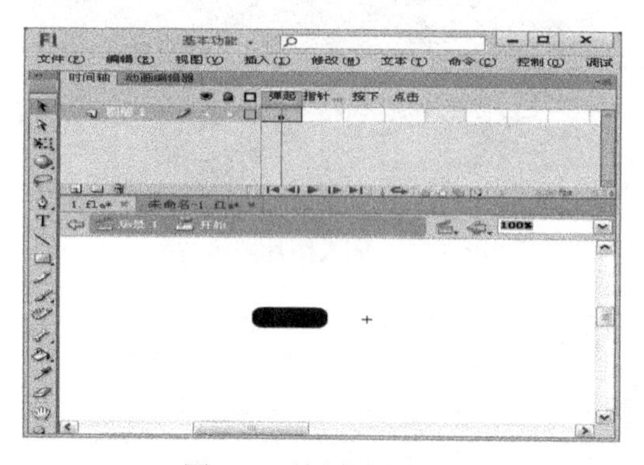

图5-22 绘制圆角矩形

04 选择文本工具T在圆角矩形上输入“开始”两个字，字体选择“微软雅黑”，字号为18，字体颜色为白色，如图5-23所示。

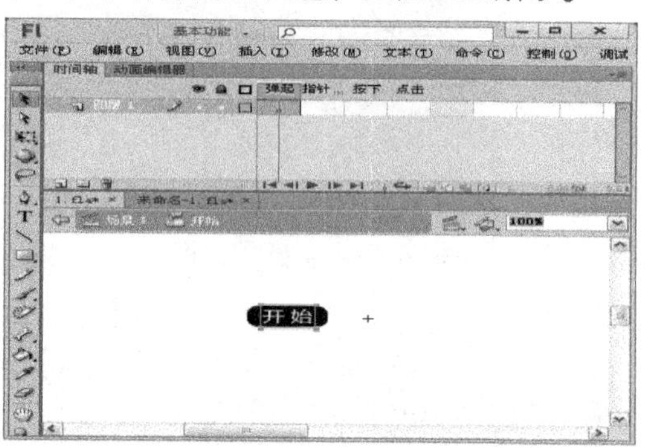

图5-23 输入文本

05 执行“插入→新建元件”命令，打开“创建新元件”对话框，在“名称”文本框中输入元件的名称“停止”，在“类型”下拉列表框中选择“按钮”选项，如图5-24所示。

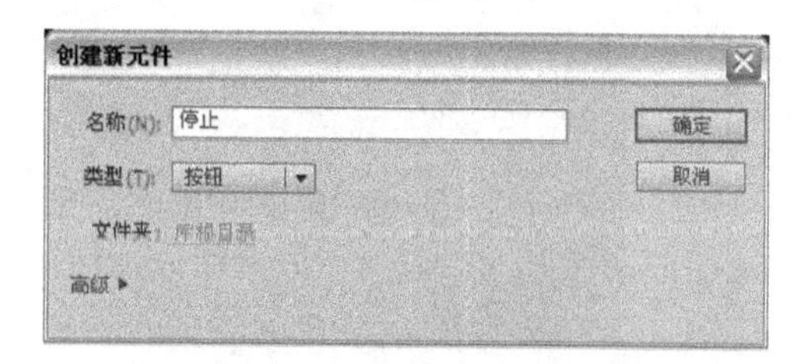

图5-24 “创建新元件”对话框

06 在按钮元件的编辑状态下，选择矩形工具绘制一个边角半径为15、无边框、填充颜色为黑色的圆角矩形，然后选择文本工具T在圆角矩形上输入“停止”两个字，字体选择“微软雅黑”，字号为18，字体颜色为白色，如图5-25所示。

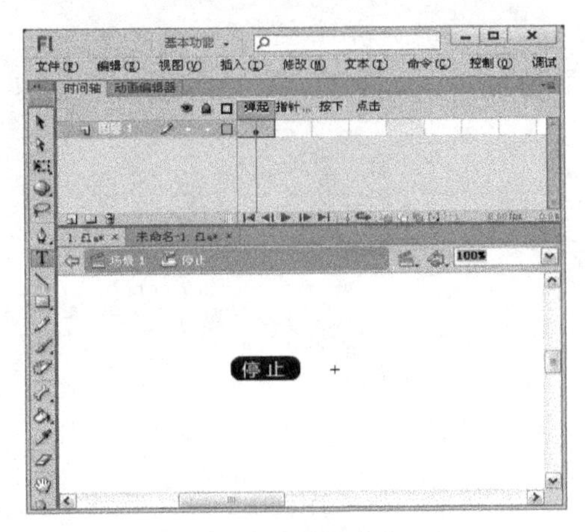

图5-25　输入文本

12.3.3　编辑场景

01 回到主场景中，新建“图层3”。将“开始”与“停止”按钮元件从“库”面板中拖入到舞台上，如图5-26所示。

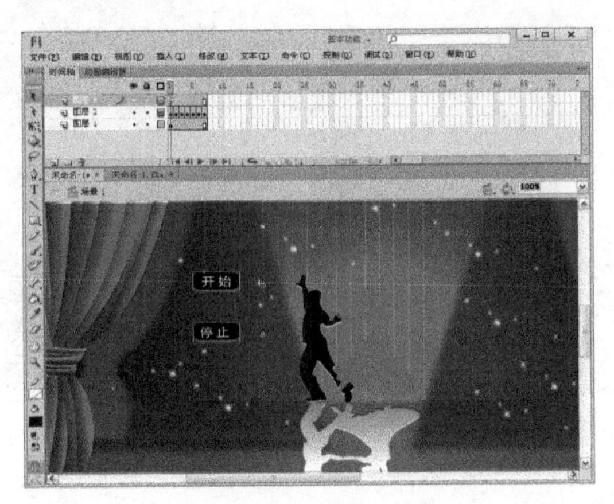

图5-26　拖入按钮元件

02 选中舞台上的“开始”按钮元件，打开“动作”面板，并在该面板中添加如下代码，如图5-27所示。

```
on (release) {
    play();
//按下鼠标时，开始播放
}
```

图5-27　添加代码（1）

03 选中舞台上的“停止”按钮元件，打开“动作”面板，并在该面板中添加如下代码，如图5-28所示。

```
on (release) {
    stop();
//按下鼠标时，停止播放
}
```

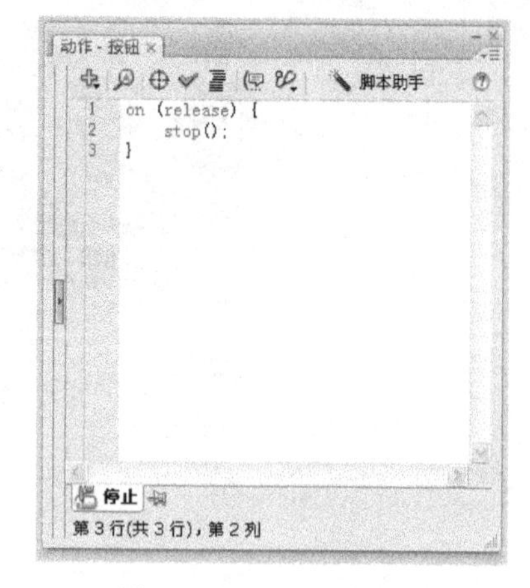

图5-28　添加代码（2）

04 执行“文件→保存”命令保存文件，然后按Ctrl+Enter组合键来欣赏本例的最终效果，如图5-29所示。

图5-29　完成效果

读书笔记

举一反三 | 鼠标碰触动画

打开光盘\源文件与素材\Chapter 5\Example 12\鼠标碰触动画.swf，欣赏动画最终完成效果，如图5-30所示。

图5-30　完成效果

导入背景图片

“弹起”帧的动画元素

“指针经过”帧的动画元素

“按下”帧的动画元素

◎ 关键技术要点 ◎

01 新建一个Flash文档，将“背景颜色”设置为深绿色（#669900）。

02 执行“文件→导入→导入到舞台”命令，导入一幅背景图片到舞台中。

03 新建一个按钮元件，分别在“弹起”帧、“指针经过”帧与“按下”帧创建动画元素。

04 返回场景，新建一个图层，将按钮元件拖入到舞台。

Adobe Flash CS6

Example 13

圣诞老人

本实例制作一个圣诞老人的动画效果。在平安夜的晚上，圣诞老人带着他的礼物来了。

...手部动作

...手部动作

...放置礼物

13.1 效果展示

原始文件：Chapter 5\Example 13\圣诞老人.fla

最终效果：Chapter 5\Example 13\圣诞老人.swf

学习指数：★★★★

本实例将制作一个圣诞老人的动画效果，在画面中，圣诞老人触摸某一点，即可得到一个礼物。其主要是通过创建补间动画功能、创建按钮功能与Action Script技术来实现。

13.2 技术点睛

本实例中的圣诞老人动画，主要使用创建补间动画功能、创建按钮功能与Action Script技术来编辑制作。通过本实例的学习，将使读者掌握在时间轴的关键帧中与按钮元件上添加Action Script代码来制作动画的基本操作方法。

在制作本实例时，应注意以下几个操作环节。

（1）制作圣诞老人手部动作时，一定要仔细调整中心点的位置。

（2）制作礼物按钮时要将“指针经过”帧处的礼物放大一些，以创建当鼠标经过礼物按钮时，礼物变大的效果。

13.3 步骤详解

下面来完成本实例的制作。

13.3.1 制作“圣诞老人”影片剪辑元件

01 新建一个Flash空白文档。执行“修改→文档”命令，打开“文档设置”对话框，将“尺寸”设置为500像素（宽度）×400像素（高度），“背景颜色”设置为深蓝色（#000033），“帧频”设置为12，如图5-31所示。设置完成后单击 确定 按钮。

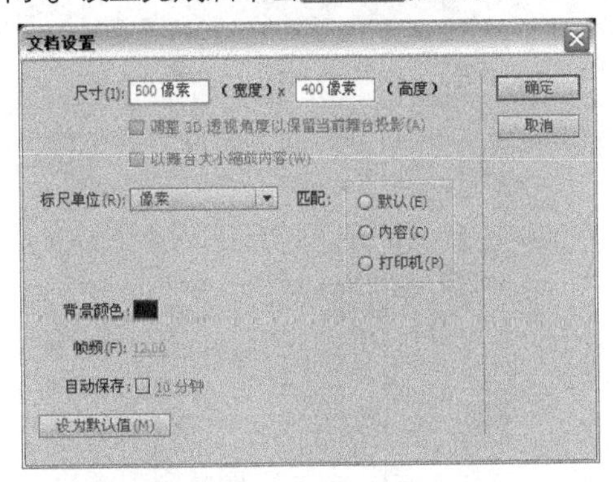

图5-31 “文档设置”对话框

02 执行“文件→导入→导入到舞台”命令，将一幅背景图片导入到舞台中，如图5-32所示。

图5-32 导入图片（1）

03 新建“老人1”图层。执行“文件→导入→导入到舞台”命令，将一个圣诞老人图片文件导入到舞台中，如图5-33所示。

04 选中“老人1”图层的第1帧，将图片向右移动并且移出舞台，如图5-34所示。

图5-33　导入图片（2）

图5-34　向右移动图片

05 在“老人1”图层的第6帧处插入关键帧，将图片向左移动一点。在“老人1”图层的第17帧处插入关键帧，将图片继续向左移动一点，如图5-35所示。注意，这两次移动都没有把图片移动到舞台中去。

06 在“老人1”图层的第33帧处插入关键帧，将图片移动到舞台中去。在“老人1”图层的第40帧处插入关键帧，将图片向左移动到如图5-36所示的位置。最后分别在第6～17帧、第17～33帧、第33～40帧之间创建补间动画。

图5-35　向左移动图片

图5-36　继续向左移动图片

07 执行“插入→新建元件”命令，打开“创建新元件”对话框，在“名称”文本框中输入元件的名称“圣诞老人”，在“类型”下拉列表框中选择“影片剪辑”选项，如图5-37所示。

图5-37　“创建新元件”对话框

08 在“圣诞老人”影片剪辑元件的编辑状态下，执行“文件→导入→导入到舞台”命令，一个圣诞老人图片文件导入到舞台中。然后选中圣诞老人的手，单击鼠标右键，在弹出的快捷菜单中选择“剪切”命令。完成后新建一个图层，并将其命名为“手”。选中“手”图层，在舞台的空白处单击鼠标右键，在弹出的快捷菜单中选择“粘贴到当前位置”命令，将圣诞老人的手粘贴到该图层中，如图5-38所示。

图5-38　粘贴动画元素

09 选中“手”图层，将其拖动到“图层1”之下。选中圣诞老人手中的光圈，单击鼠标右键，在弹出的快捷菜单中选择“剪切”命令。新建一个图层，并将其命名为“光圈”。选中“光圈”图层，在舞台的空白处单击鼠标右键，在弹出的快捷菜单中选择“粘贴到当前位置”命令，时间轴如图5-39所示。

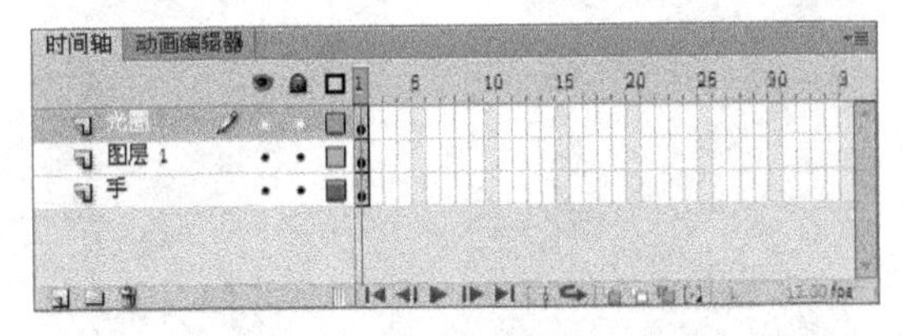

图5-39　时间轴

10 选中“图层1”的第1帧，按Ctrl+G组合键将该帧的内容组合。然后选中“手”图层的第1帧，使用任意变形工具将手的中心点移动到如图5-40所示的位置。

11 分别在“光圈”图层与“图层1”的第80帧处插入帧，在“手”图层的第12帧处插入关键帧，并使用任意变形工具将手向下旋转到如图5-41所示的位置。然后在第1～12帧之间创建补间动画。最后在“手”图层的第13帧处插入空白关键帧。

12 在“光圈”图层的第12帧处插入关键帧，并将该帧处的光圈向左下方移动到如图5-42所示的位置。然后在“光圈”图层的第1～12帧之间创建补间动画。

图5-40　移动中心点

图5-41　旋转手部

图5-42　移动光圈

13 新建“图层4”，并将其拖动到“手”图层的下方。执行“文件→导入→导入到舞台”命令，将一个手的图片文件导入到舞台中。选中“图层4”的第1帧，将其拖动到该图层的第13帧处，并调整好第13帧处手的位置，如图5-43所示。

14 执行“文件→导入→导入到库”命令，将3个手的图片文件导入到“库”面板中。完成后在“图层4”的第15帧处插入空白关键帧，然后选中该帧，从“库”面板中将一个手的图片文件拖入到工作区中，如图5-44所示。

图5-43 调整位置

图5-44 拖入图片（1）

15 在“图层4”的第17帧处插入空白关键帧。然后选中该帧，从“库”面板中将一个手的图片文件拖入到工作区中。然后在“图层4”的第19帧处插入空白关键帧。再选中该帧，从“库”面板中将一个手的图片文件拖入到工作区中，如图5-45所示。

16 在“光圈”图层的第19帧处插入关键帧，将该帧处的光圈移动到圣诞老人的掌心中。然后在“光圈”图层的第12～19帧之间创建补间动画，如图5-46所示。

图5-45 拖入图片（2）

图5-46 移动光圈

17 分别“光圈”图层的第21、23、25、27、29、31帧处插入关键帧。然后使用任意变形工具将第21、25、29帧处的光圈放大一点，将第23、27、31帧处的光圈缩小一点，如图5-47所示。

图5-47　缩放光圈

13.3.2　制作礼物按钮

01 执行“插入→新建元件”命令，打开“创建新元件”对话框，在“名称”文本框中输入元件的名称“礼物按钮”，在“类型”下拉列表框中选择“按钮”选项，如图5-48所示。

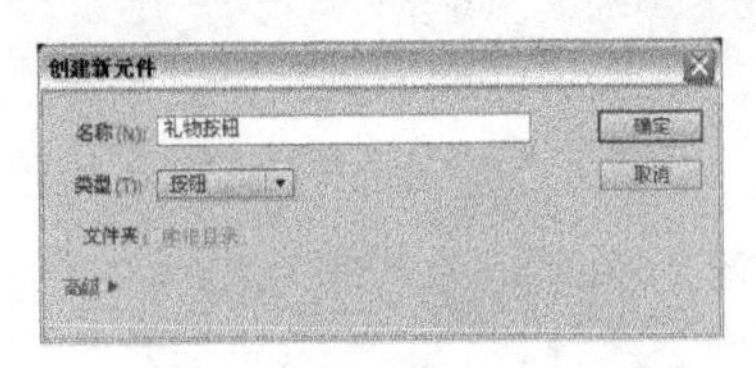

图5-48　“创建新元件”对话框

02 在“礼物按钮”按钮元件的编辑状态下，执行“文件→导入→导入到舞台”命令，将一幅礼物图片导入到舞台中，如图5-49所示。

03 分别在“指针经过”、“按下”与“点击”处插入关键帧。完成后使用任意变形工具将“指针经过”的礼物稍稍放大一点，如图5-50所示。

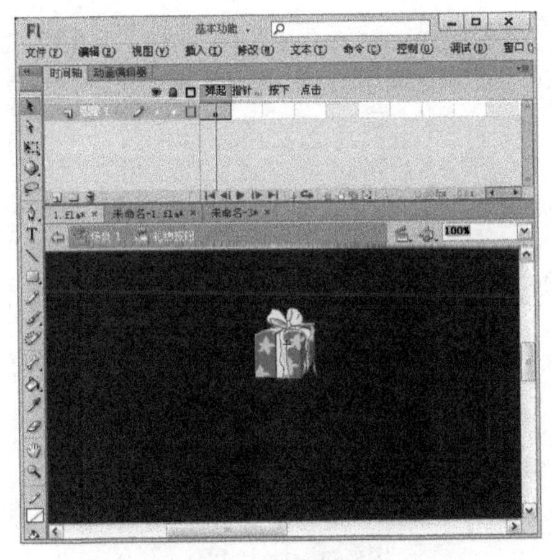

图5-49　导入图片

图5-50　放大图片

04 在“库”面板中双击“圣诞老人”影片剪辑元件，回到其编辑状态下，在“光圈”图层的第33帧处插入空白关键帧，然后选中该帧，从“库”面板中将礼物按钮拖入到圣诞老人的掌心中。最后在“光圈”图层的第34帧处插入空白关键帧，如图5-51所示。

图5-51　拖入按钮元件

05 新建“图层5”，并在该图层的第33帧处插入关键帧，然后在“动作”面板中添加如下代码，如图5-52所示。

```
stop();
//停止播放
```

图5-52　输入代码

06 新建一个图层，并把它命名为“文字”。在“文字”图层的第34帧处插入关键帧。使用文本工具T在工作区上输入“Merry Christmas”，字体选择Arial Baltic，字号为30，字体颜色为橙色（#FF9933），并且加粗显示。然后使用任意变形工具将输入的文字缩小到如图5-53所示的大小。

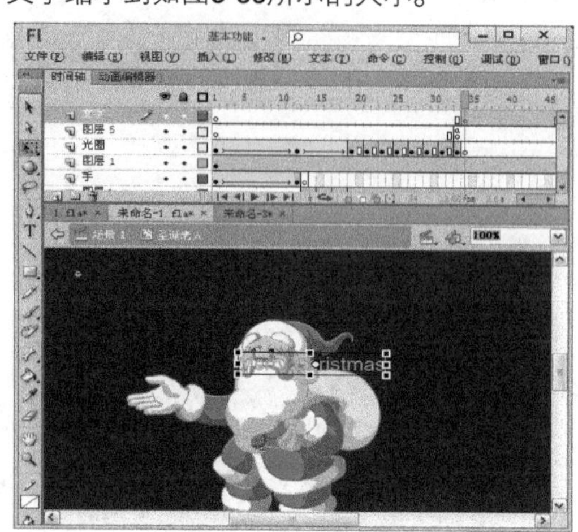

图5-53　缩小文字

07 在“文字”图层的第47帧处插入关键帧，并使用任意变形工具将该帧的文字放大，然后在“文字”图层的第34～47帧之间创建补间动画，如图5-54所示。

图5-54　放大文字

08 选中“光圈”图层第33帧中的“礼物按钮”，在“动作”面板中添加如下代码，如图5-55所示。

```
on (release) {
//按下时
    gotoAndPlay(34);
    //跳转到第34帧并进行播放
}
```

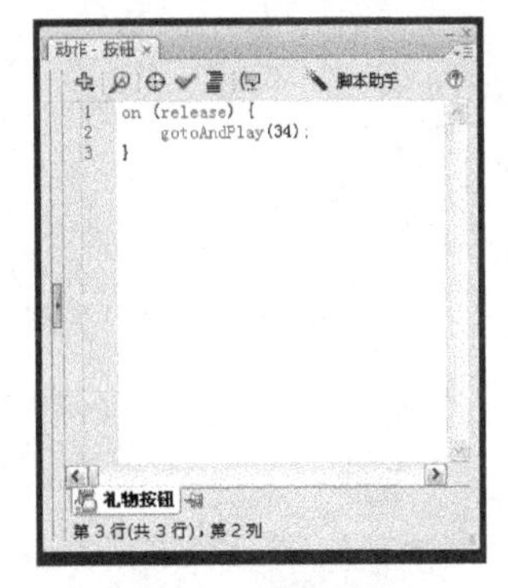

图5-55 输入代码

13.3.3 编辑场景

01 回到主场景，在“图层1”的第126帧处插入帧。然后在“老人1”图层的第45帧处插入空白关键帧，如图5-56所示。

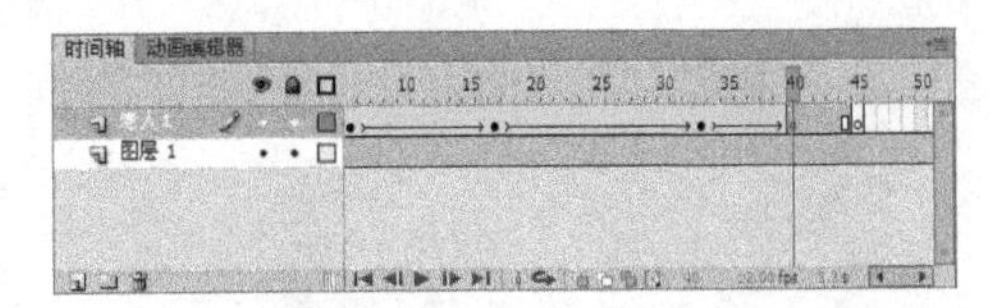

图5-56 插入空白关键帧

02 新建一个图层，并把它命名为“老人2”。在“老人2”图层的第45帧处插入关键帧。然后从“库”面板中将“圣诞老人”影片剪辑元件拖入到舞台中，并使其与“老人1”图层第40帧处的圣诞老人完全重合，如图5-57所示。

03 执行“文件→保存”命令保存文件，然后按Ctrl+Enter组合键来欣赏本例的最终效果，如图5-58所示。

图5-57 拖入影片剪辑元件

图5-58 最终效果

举一反三 | 瞄　准　器

打开光盘\源文件与素材\Chapter 5\Example 13\瞄准器.swf，欣赏动画最终完成效果，如图5-59所示。

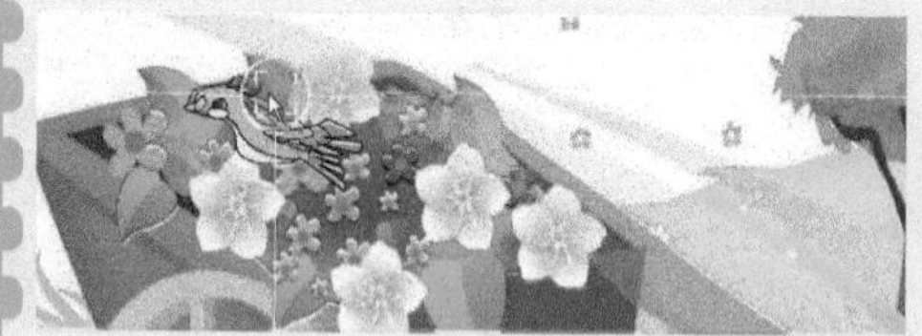

图5-59　完成效果

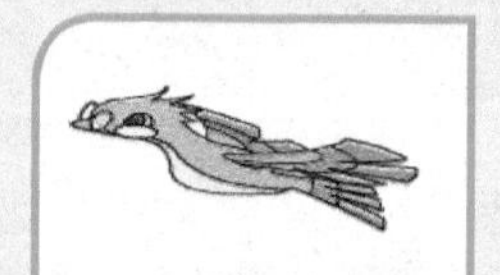

绘制小鸟

导入背景图片

制作引导动画

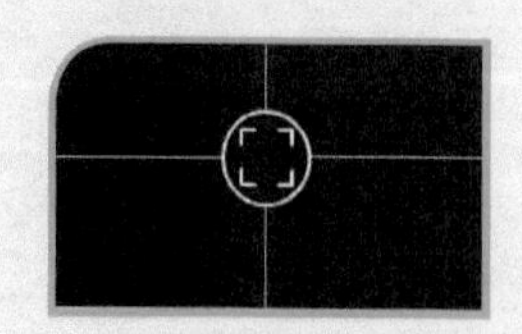

制作瞄准器

○ 关键技术要点 ○

01 新建一个Flash文档，将“尺寸”设置为650像素（宽度）×400像素（高度），“背景颜色”设置为黑色。

02 新建一个影片剪辑元件，导入一幅背景图片，然后制作一只小鸟飞行的动画。

03 新建一个影片剪辑元件，使用线条工具与椭圆工具编辑出瞄准器的准心。

04 返回场景，将小鸟飞行的影片剪辑拖入舞台。

05 新建一个图层，将瞄准器的准心拖入舞台。

06 新建一个图层，在第1帧处使用Action Script技术，编辑出瞄准器随着鼠标移动而移动的效果。

Example 14

心理小测试

本实例制作一个心理测试的动画效果。通过阅读舞台上的文字来选择自己满意的选项，并可得知对应的答案。

有一款新的扑克牌，除了有红心、方片、黑桃、梅花4种图案外，还有一种花样。假设你有机会决定这种花样，从第一眼看，你会选择下面哪一种图案作为第5种花样？

4.漏斗型

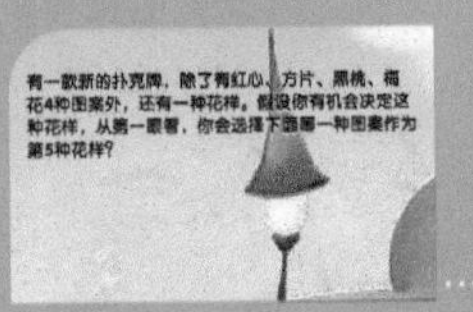

...选择页面

...导入小孩

...设置色调

14.1 效果展示

原始文件：Chapter 5\Example 14\心理小测试.fla

最终效果：Chapter 5\Example 14\心理小测试.swf

学习指数：★★★★

本实例将制作一个心理测试动画，通过单击文字按钮，选择所需的问题及答案。本实例主要使用了创建场景功能、创建按钮元件功能与Action Script技术来实现。

14.2 技术点睛

本实例中的心理测试动画，主要是使用创建场景功能、创建按钮元件功能与Action Script技术来编辑制作的。通过本实例的学习，将使读者掌握通过创建场景来制作动画的基本操作方法。

在制作本实例时，应注意以下几个操作环节。

（1）制作“开始”画面时，一定要在关键帧上添加“停止”代码，否则还没单击“开始”按钮时，动画就会播放下去。

（2）在场景2中的几个选择按钮上添加的代码一定要转换到对应答案场景的第1帧上，这样才不会发生选择与答案混乱的情况。

14.3 步骤详解

下面一起来完成本实例的制作。

14.3.1 制作开始画面

01 新建一个Flash空白文档。执行“修改→文档”命令，打开“文档设置”对话框，将“背景颜色”设置为粉红色（#FF9999），“帧频”设置为12，如图5-60所示。设置完成后单击 确定 按钮。

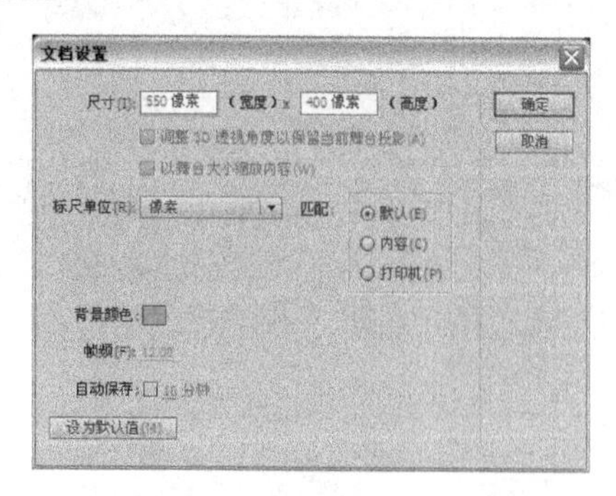

图5-60 “文档设置”对话框

03 新建“图层2”。使用文本工具T在舞台中输入“心理小测试”这几个字，字体选择“方正卡通简体”，字号为43，字体颜色为紫红色（#660000），如图5-62所示。

02 执行“文件→导入→导入到舞台”命令，将一幅背景图片导入到舞台中，如图5-61所示。

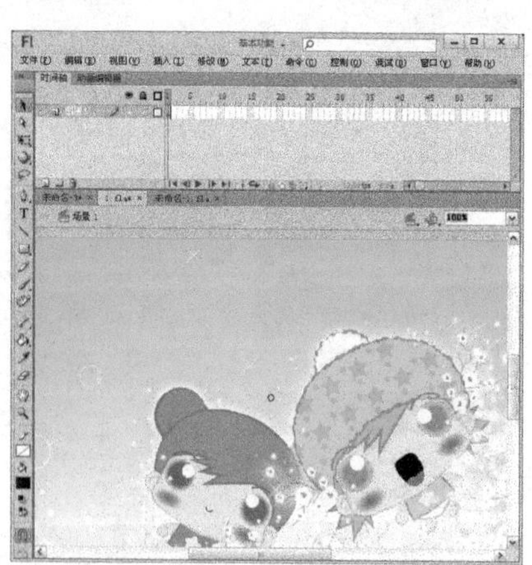

图5-61 导入背景图片

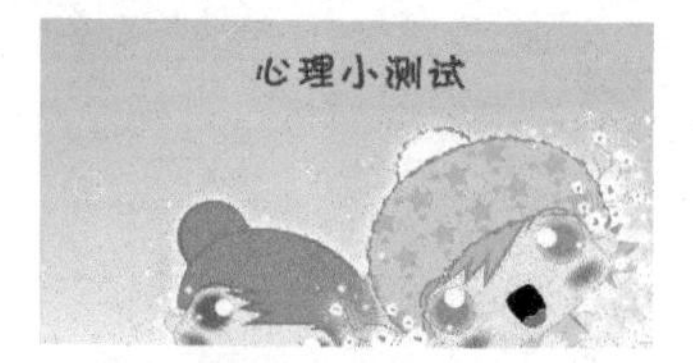

图5-62 输入文字

04 选中“图层2”的第1帧，在“动作”面板中添加如下代码，如图5-63所示。

```
stop();
//停止
```

图5-63　添加代码

05 执行“插入→新建元件”命令，打开“创建新元件”对话框，在“名称”文本框中输入元件的名称button1，在“类型”下拉列表框中选择“按钮”选项，如图5-64所示。

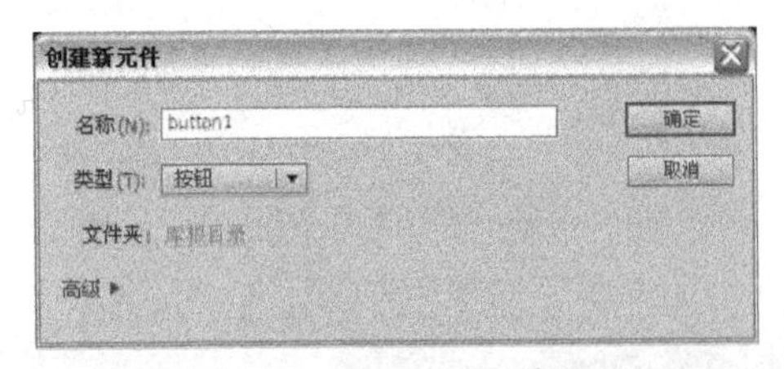

图5-64　“创建新元件”对话框

06 在button1按钮元件的编辑状态下，使用文本工具T在舞台中输入文本“开始”，字体选择“华文琥珀”，字号为30，字体颜色为黑色，如图5-65所示。

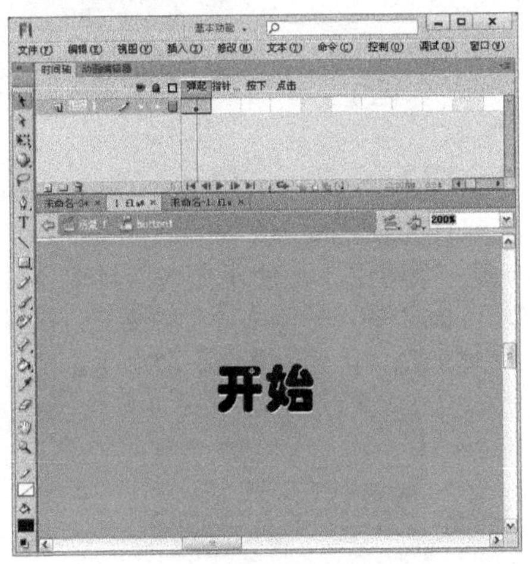

图5-65　输入文本

07 分别在“指针经过”与“按下”帧处插入关键帧。然后选中“指针经过”处的文本，使用任意变形工具将其放大一些，如图5-66所示。

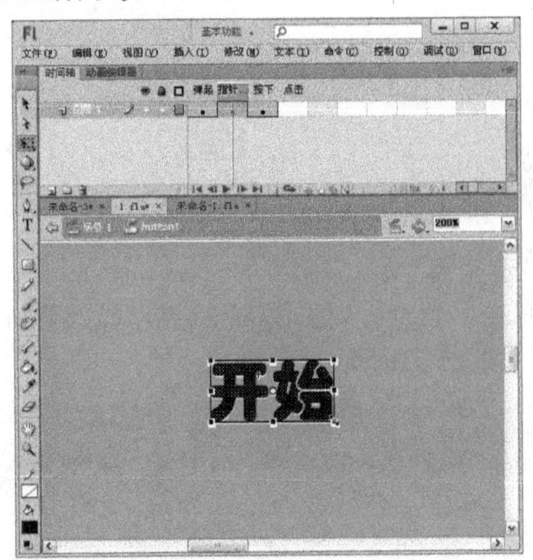

图5-66　放大文本

08 回到主场景，新建“图层3”。从“库”面板中将按钮元件拖入到舞台上，如图5-67所示。

09 选中按钮，在“动作”面板中添加如下代码，如图5-68所示。

```
on (release) {
//按下时
    gotoAndPlay("场景2", 1);
    //跳转到场景2的第1帧并进行播放
}
```

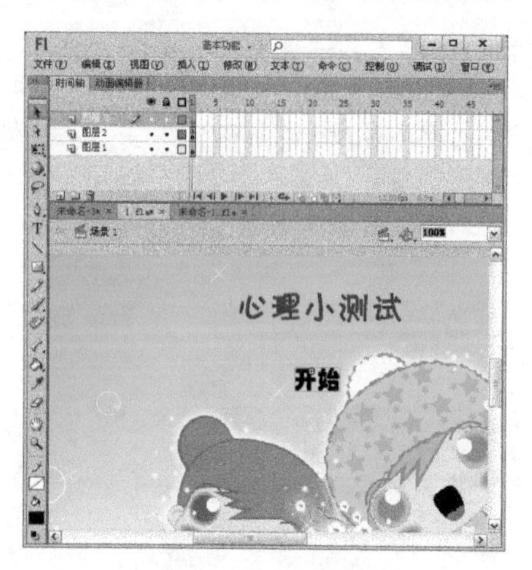

图5-67　拖入按钮

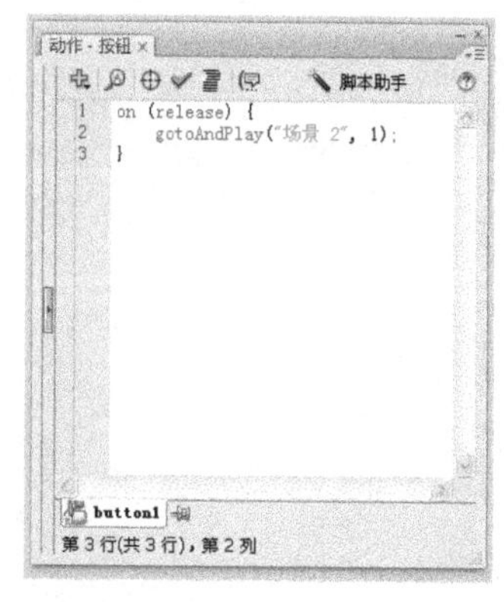

图5-68　添加“按下时”代码

14.3.2　制作场景2

01 执行“窗口→其他面板→场景”命令，打开“场景”面板。在“场景”面板中单击“添加场景”按钮，新增一个场景2，如图5-69所示。

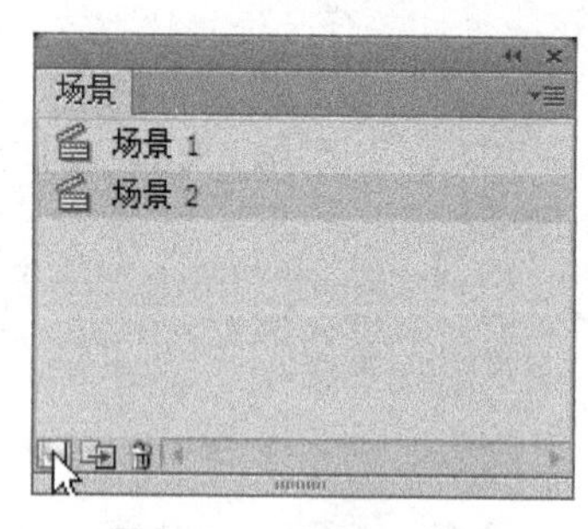

图5-69　“场景”面板

技巧点睛

按Shift+F2组合键，可以快速打开“场景”面板。

02 在场景2中，执行“文件→导入→导入到舞台”命令，将一幅背景图片导入到舞台中，如图5-70所示。

图5-70　导入背景图片

03 新建“图层2”，使用文本工具T在舞台上输入一段文字，字体选择“幼圆”，字号为23，字体颜色为黑色，如图5-71所示。

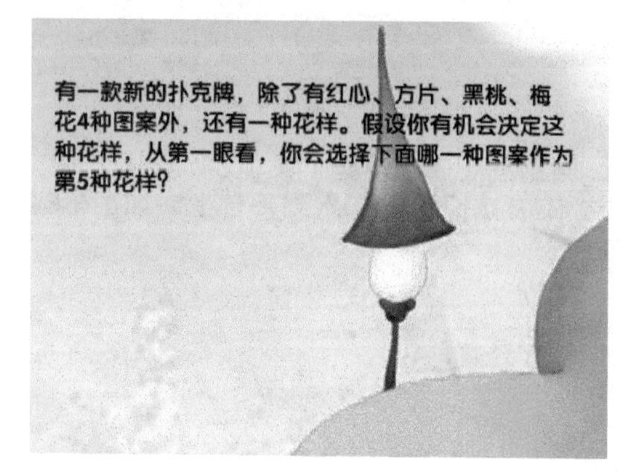

图5-71　输入一段文字

04 按Ctrl+F8组合键，新建一个按钮元件，在名称栏中输入“月亮型”。在“月亮型”按钮元件的编辑状态下，使用文本工具T在工作区中输入“1.月亮型”几个字，字体选择“方正粗倩简体”，字号为23，字体颜色为黑色，如图5-72所示。

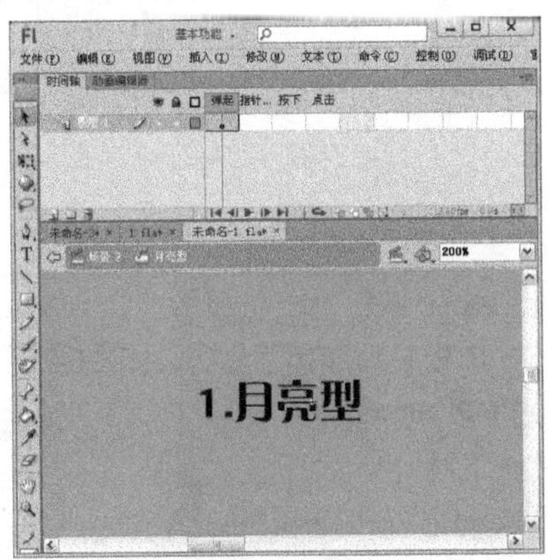

图5-72 输入文本

05 分别在“指针经过”和“按下”帧处插入关键帧。然后选中“指针经过”帧处的文字内容，使用任意变形工具将其放大一点，如图5-73所示。

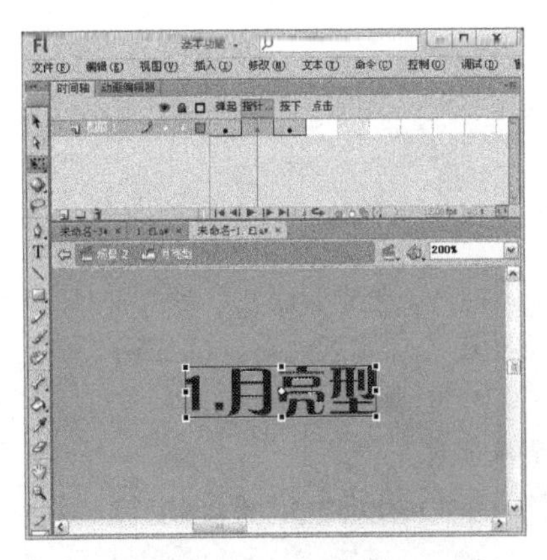

图5-73 放大文字

06 按照同样的方法，再新建3个按钮元件，名称分别为“象棋型”、“空心圆型”和“漏斗型”。回到场景2，新建“图层3”，从“库”面板中将“月亮型”、“象棋型”、“空心圆型”与“漏斗型”这4个按钮元件拖入到舞台上，如图5-74所示。

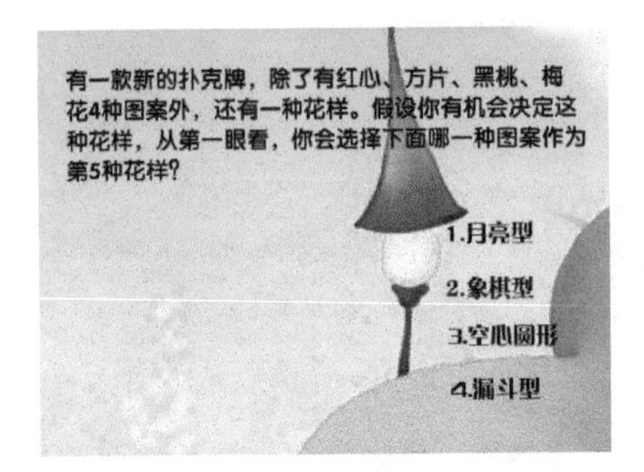

图5-74 拖入按钮元件

07 新建“图层4”，执行“文件→导入→导入到舞台”命令，将两幅图片导入到舞台中，如图5-75所示。

图5-75 导入图片

08 选中“图层4”中的第1帧，在“动作”面板中添加如下代码，如图5-76所示。

```
stop();
//停止
```

09 选中舞台上的“月亮型”按钮元件，在“动作”面板中添加如下代码，如图5-77所示。

```
on (release) {
//按下时
    gotoAndStop("场景3", 1);
    //跳转到场景3的第1帧并进行播放
}
```

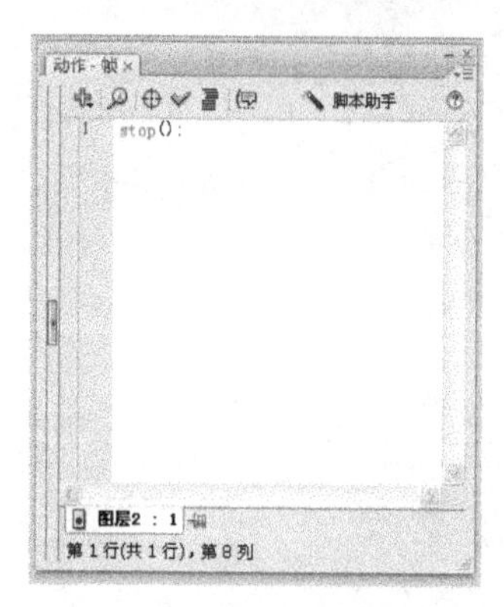

图5-76 添加代码（1）

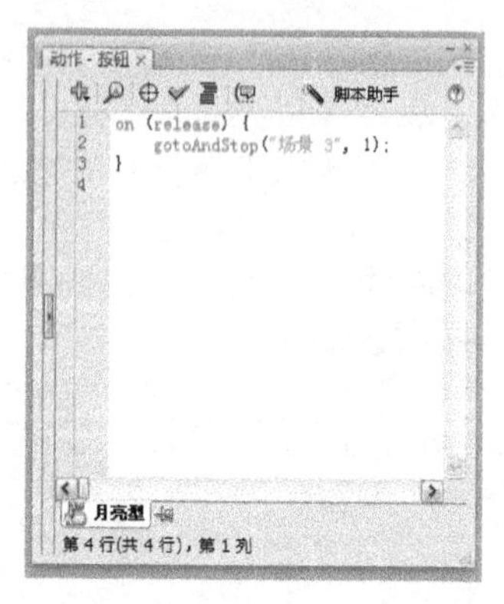

图5-77 添加代码（2）

10 选中舞台上的“象棋型”按钮元件，在“动作”面板中添加如下代码，如图5-78所示。

```
on (release) {
//按下时
    gotoAndStop("场景4", 1);
    //跳转到场景4的第1帧并停止播放
}
```

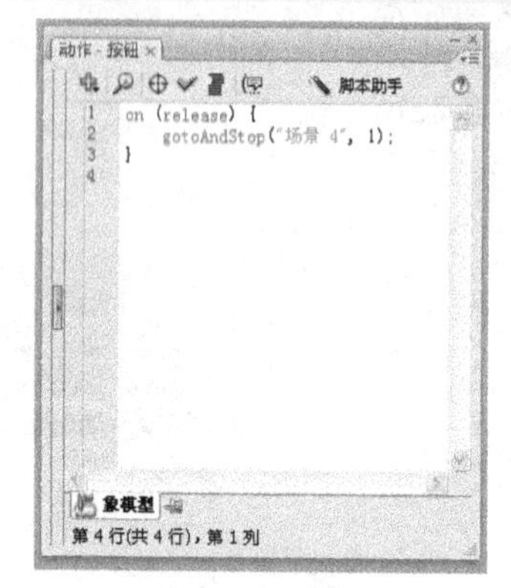

图5-78 添加代码（3）

11 选中舞台上的“空心圆型”按钮元件，在“动作”面板中添加如下代码，如图5-79所示。

```
on (release) {
//按下时
    gotoAndStop("场景5", 1);
    //跳转到场景5的第1帧并停止播放
}
```

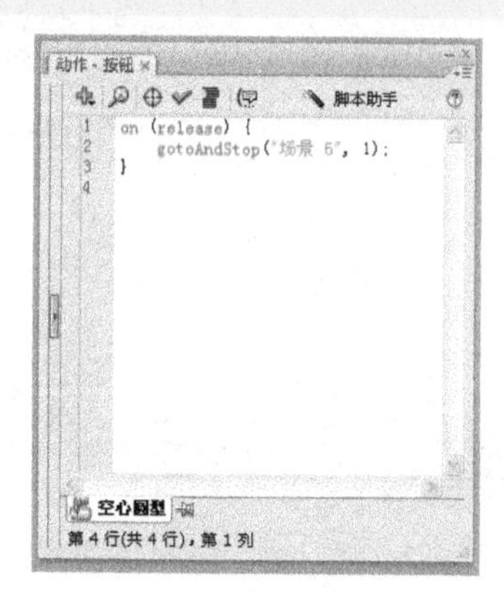

图5-79 添加代码（4）

12 选中舞台上的“漏斗型”按钮元件，在“动作”面板中添加如下代码，如图5-80所示。

```
on (release) {
//按下时
    gotoAndStop("场景6", 1);
    //跳转到场景6的第1帧并停止播放
}
```

图5-80 添加代码（5）

14.3.3　制作其他场景

01 按Shift+F2组合键，打开“场景”面板，单击“添加场景”按钮，新增一个场景3，如图5-81所示。

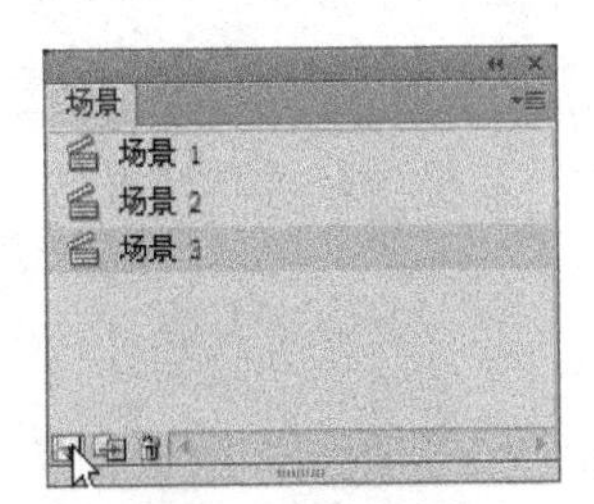

图5-81　新建场景

02 在场景3中执行“文件→导入→导入到舞台”命令，将一幅背景图片导入到舞台中，如图5-82所示。

图5-82　拖入图片

03 选中舞台上的图片，按F8键将其转换为图形元件，图形元件的名称保持默认。然后打开“属性”面板，在“样式”下拉列表框中选择“色调”选项，将图片的颜色设置为红色（#990000），并将颜色饱和度设置为57%，如图5-83所示。

图5-83　设置色调

04 新建“图层2”，使用文本工具T在舞台上输入一段文字，字体选择“方正粗倩简体”，字号为22，字体颜色为白色，如图5-84所示。

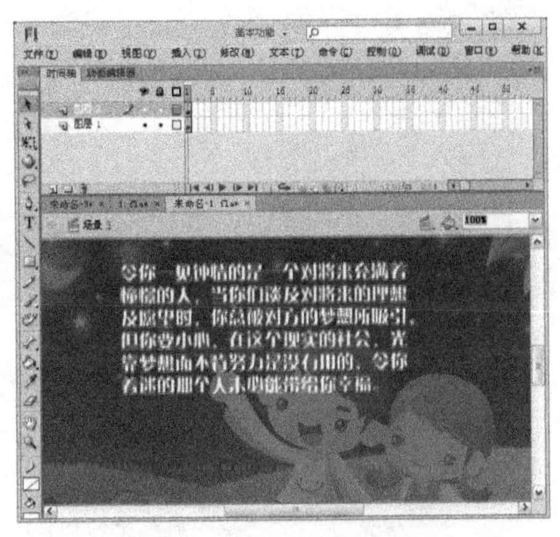

图5-84　输入一段文本

05 执行“插入→新建元件”命令，新建一个按钮元件，在名称栏中输入“返回”。在按钮元件“返回”的编辑状态下，使用文本工具T在工作区中输入“返回”两个字，字体选择“华文琥珀”，字号为26，字体颜色为白色，如图5-85所示。

06 分别在“指针经过”和“按下”帧处插入关键帧。然后选中“指针经过”帧处的文本内容，使用任意变形工具将其放大一些，如图5-86所示。

图5-85 输入文本

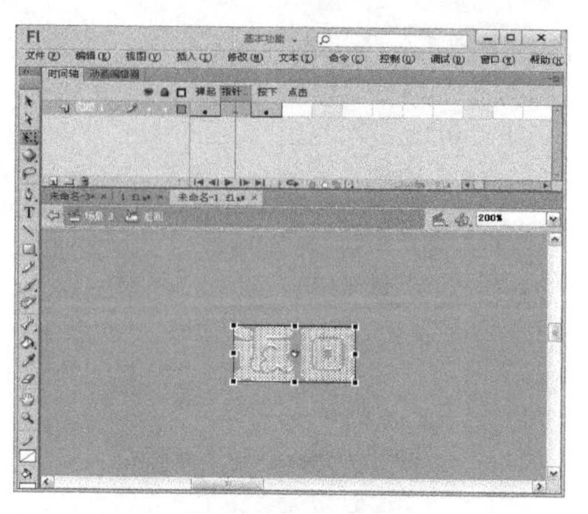

图5-86 放大文本

07 回到场景3，从“库”面板中将按钮元件“返回”拖入到舞台上文字的右下方，如图5-87所示。

08 选中“返回”按钮元件，单击鼠标右键打开“动作”面板，在“动作”面板中添加如右代码，如图5-88所示。

```
on (release) {
//按下时
    gotoAndPlay("场景2", 1);
    //跳转到场景2的第1帧并进行播放
}
```

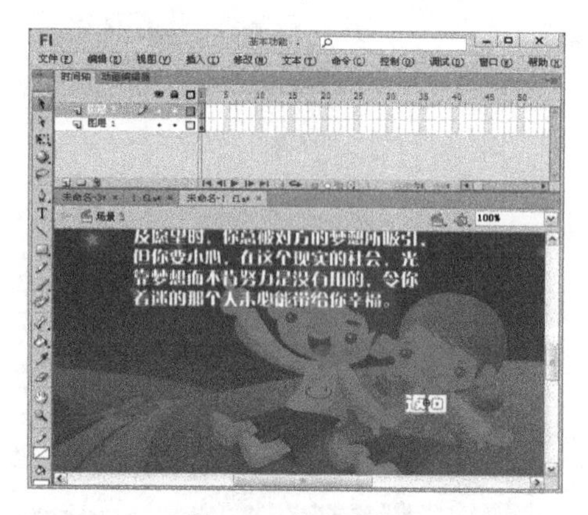

图5-87 拖入按钮

图5-88 添加代码

09 按照场景3的创建与编辑方法，再新建3个场景，即场景4、场景5和场景6。完成后保存文件并按Ctrl+Enter组合键欣赏最终效果，如图5-89所示。

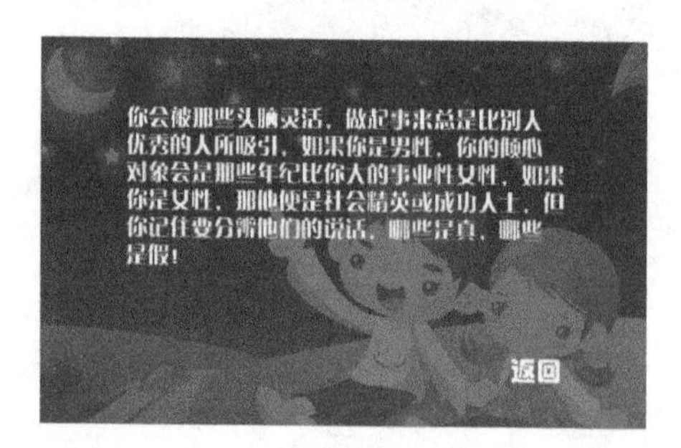

图5-89 最终效果

举一反三｜爱情跷跷板

打开光盘\源文件与素材\Chapter 5\Example 14\爱情跷跷板.swf，欣赏动画最终完成效果，如图5-90所示。

(11)我想要對方了解我，包括我的思想恐懼或希望

Yes No

图5-90　动画完成效果

制作按钮

制作按钮

制作跷跷板动画

制作文字

关键技术要点

01 新建3个按钮元件，即“开始”按钮、Yes按钮与No按钮。

02 新建一个图形元件，在图形元件可编辑状态下，制作一个跷跷板的图形。

03 新建一个影片剪辑元件，在其可编辑状态下，分别制作一个男孩与女孩的图形，并将跷跷板元件拖入，最后创建男孩与女孩骑在跷跷板上的补间动画。

04 新建一个图形元件，在图形元件可编辑状态下输入文字并打散。

05 回到主场景，将跷跷板动画与“开始”按钮元件以及文字图形元件拖入场景中，并在“开始”按钮上添加代码。

06 分别制作问答的场景，并将Yes按钮与No按钮拖入，然后在Yes按钮与No按钮上添加代码。

读书笔记

第6章

The 6th Chapter

制作贺卡

贺卡是人与人之间进行感情交流的一种方式。随着科技的发展和网络的日益普及，贺卡也由传统的静态纸卡发展到可以播放出音乐的动态电子卡。随着Flash动画风靡网络，一种全新的节日问候方式诞生了——这就是Flash贺卡。与传统的电子贺卡相比，它不但经济环保，还可以通过网络传输。使用Flash制作贺卡能够表现出Flash独特的特点，实现很多传统贺卡很难表现的效果，本章将介绍贺卡的制作方法。

● 制作贺卡

Work1 要点导读

传统的贺卡以平面纸质为主，随着Flash动画风靡网络，一种全新的贺卡——动画贺卡应运而生。在制作动画贺卡时，需要根据不同的形式添加不同的动画效果。有关动画贺卡制作的相关知识做如下介绍。

1. Flash贺卡的特点

使用**Flash**制作的动画贺卡，一般具备以下特点。

（1）表现形式多样

由于**Flash**自身灵活多变的特点，**Flash**贺卡也具有丰富多彩的表现形式，可以制作供人欣赏的美丽贺卡，还可以制作出人机交互的互动**Flash**贺卡；既可以选择卡通风格，也可以选择写实风格；还可以是静态的卡片。在网络上找到合适的贺卡送给亲人或朋友并不难。当然自己动手制作一个更能表现我们自己的个性和特点的动画贺卡，可能更有意义。

（2）制作简单快捷

Flash的自身特点决定了**Flash**贺卡制作的简单和快捷，贺卡只要能表现出作者的祝福内容即可。在制作**Flash**贺卡时，首先想到的应该是创意，只要创意足够充分，制作起来就会显得相对简单，只要有简单的文字、声音、图片等和较完美的创意，并且在作品中融入自己的感情，即可制作出让人感动的贺卡。

（3）适合传播

由于使用**Flash**生成的**swf**文件比较小，所以它更适合在网络上传播。

2. Flash贺卡的制作流程

（1）前期构思

在制作**Flash**贺卡之前，首先要对贺卡进行构思，如何才能更好地表达自己的感情？有没有什么好的创意？当有了好的创意或者构思时，最好及时记录下来，以便于后面的创作。

（2）收集或制作素材

有了好的创意之后，就要着手准备素材了。根据自己构思的内容，需要什么样的图片或者音乐，可以在网络中寻找，也可以自己编辑制作。

（3）编辑动画

素材准备好之后，就可以进行主要场景的制作了，包括如何在场景中安排各种素材以及添加声音等。

（4）测试与发布

在完成动画的编辑制作后，可对动画进行测试及调试，对不满意的地方进行修改，直至最后的创作完成。然后再对贺卡的发布进行相关的设置，如对发布的格式以及图像和声音的压缩品质等进行调整，最后发布贺卡。

Work2 案例解析

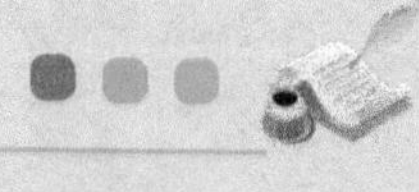

在对Flash动画贺卡制作有了一定的了解后，下面通过实例进一步学习贺卡的制作方法和技巧。

Example 15

中秋贺卡

本实例制作一个中秋贺卡的动画效果。星辰、桂花树、水中的圆月倒影以及一首“中秋月”的古诗，营造出一种浓厚的节日氛围。

...制作花蕊

...制作叶子

...制作桂花

15.1 效果展示

原始文件：Chapter 6\Example 15\中秋贺卡.fla

最终效果：Chapter 6\Example 15\中秋贺卡.swf

学习指数：★★★★

本实例制作的是一个中秋节的动画贺卡，在画面中除了图形的动画效果外，还添加了文字。本实例主要通过创建元件功能、创建引导动画功能和创建遮罩动画功能来编辑制作。

15.2 技术点睛

本实例中的中秋贺卡动画，主要使用创建元件功能、创建引导动画功能和创建遮罩动画功能来编辑制作。通过本实例的学习，将使读者掌握通过Flash CS6制作贺卡动画的基本操作方法。

在制作中秋贺卡动画时，应注意以下几个操作环节。

（1）在制作动画时，要注意只有将文字打散，才能为文字填充渐变色。

（2）在进行Flash影片的制作时，对图形相似的元件，通常采取在“库”面板中复制后再修改的方法得到新元件，这样可以节省重复制作的时间，提高了Flash动画制作的效率。

15.3 步骤详解

下面来完成本实例的制作。

15.3.1 制作桂花

01 启动Flash CS6，新建一个Flash空白文档。执行“修改→文档”命令，打开“文档设置”对话框，将“尺寸”设置为500像素（宽度）×600像素（高度），将“背景颜色”设置为黑色，“帧频”设置为12，如图6-1所示。设置完成后单击[确定]按钮。

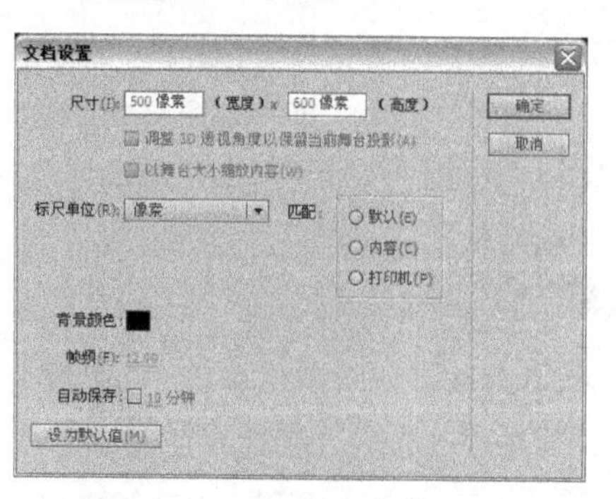

图6-1 “文档设置”对话框

02 执行“插入→新建元件”命令，弹出“创建新元件”对话框，在“名称”文本框中输入“桂花”，在“类型”下拉列表框中选择“图形”选项，如图6-2所示。完成后单击[确定]按钮进入元件编辑区。

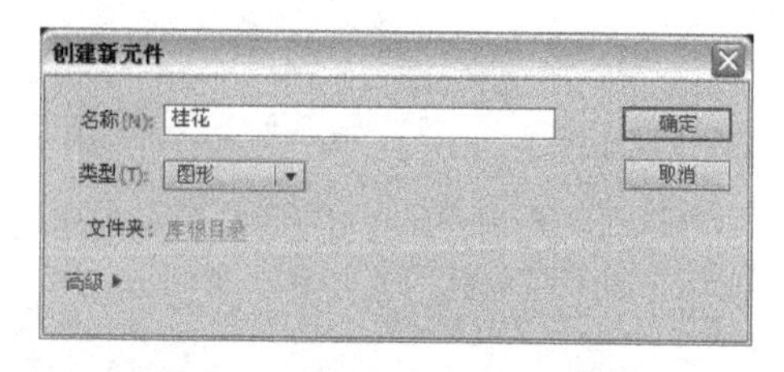

图6-2 “创建新元件”对话框

03 在工具箱中选择多角星形工具，执行“窗口→颜色”命令，打开“颜色”面板，设置填充样式为“径向渐变”，填充颜色为由#F3E7FF到#FFFFFF，如图6-3所示。

04 在多角星形工具的“属性”面板中设置笔触颜色为#EDDDFF，笔触高度为2，如图6-4所示。

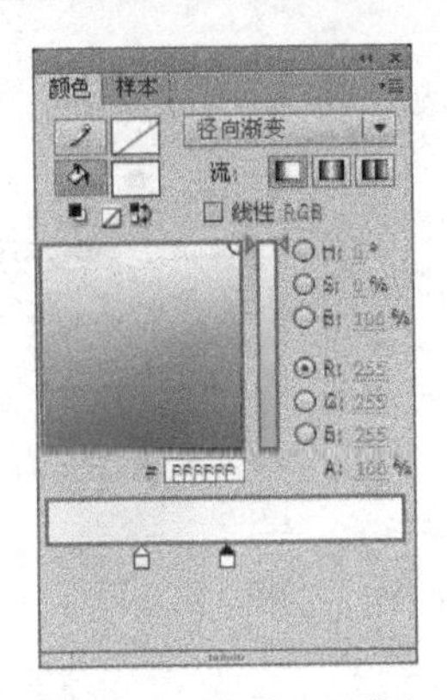

图6-3 “颜色”面板

图6-4 “属性”面板

05 单击 按钮，在弹出的“工具设置”对话框中设置“样式”为“星形”，“边数”为5，“星形顶点大小”为0.60，如图6-5所示。完成后单击 按钮。

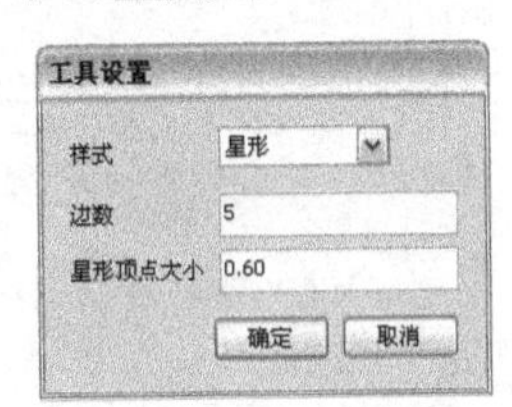

图6-5 “工具设置”对话框

06 在工作区中拖动鼠标绘制出一个五角星，如图6-6所示。

图6-6 绘制五角星

07 使用选择工具对绘制的五角星边框进行调整，如图6-7所示。

图6-7 调整五角星边框

08 在“时间轴”面板中单击按钮新建“图层2”，使用钢笔工具勾勒出几个形状并填充颜色为#FF9900和#FFFF33，如图6-8所示。

图6-8 勾勒形状

知识点

钢笔工具用于绘制精确、平滑的路径，如绘制心形等较为复杂的图案时可以使用钢笔工具。钢笔工具又称贝塞尔曲线工具，是在许多绘图软件中广泛使用的一种重要工具，有很强的绘图功能。

钢笔工具的“属性”面板如图6-9所示。在面板中有一个“填充色”选项，该选项和工具箱中的颜料桶工具完全相同，用来设置闭合曲线的填充颜色。当选择此选项时，会弹出一个“颜色样本”面板，如图6-10所示。可以在此面板中直接选取任意颜色作为填充色，也可以在上面的文本框中输入相应的十六进制颜色代码来设置填充色。面板的最下方预设了一些渐变填充色，可以直接进行渐变填充。

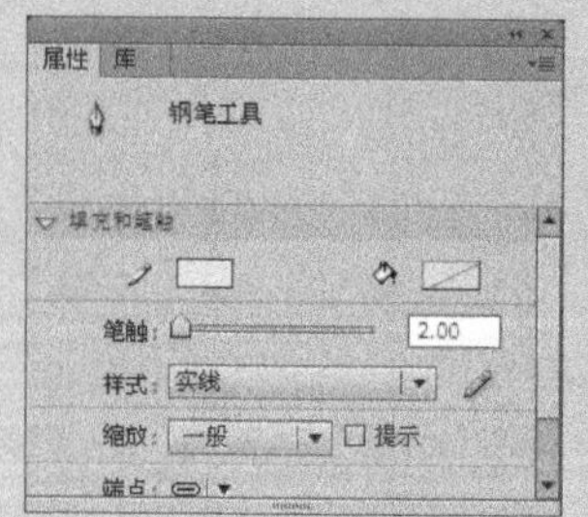

图6-9 “属性”面板

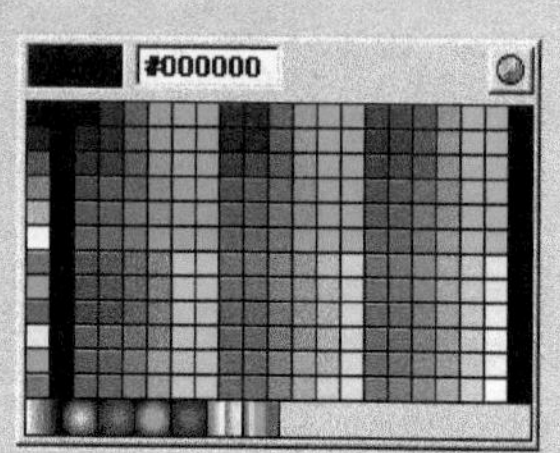

图6-10 “颜色样本”面板

下面介绍钢笔工具的使用方法。

（1）绘制直线

使用钢笔工具绘画时，单击可以在直线段上创建点，单击和拖动可以在曲线段上创建点，如图6-11所示。也可以通过调整线条上的点来调整直线段和曲线段。

在绘制直线的同时，按住Shift键以45°角的方式绘制出如图6-12所示的折线。

（2）绘制曲线

绘制曲线时，先定义起始点，在定义终止点时按住鼠标左键不放，会出现一条线，移动鼠标改变曲线的斜率，释放鼠标后，曲线的形状便确定了，如图6-13所示。

使用钢笔工具还可以对存在的图形轮廓进行修改，当使用钢笔单击某个矢量图的轮廓线时，轮廓的所有节点会自动显现，然后就可以进行调整了。可以调整直线段以更改线段的角度或长度，或者调整曲线以更改曲线的斜率和方向。移动曲线点上的切线手柄可以调整该点两侧的曲线。移动转角点上的切线手柄，只能调整该点的切线手柄所在的那一侧的曲线。原始的矢量图如图6-14所示，如图6-15所示为使用钢笔工具选取轮廓后的效果。

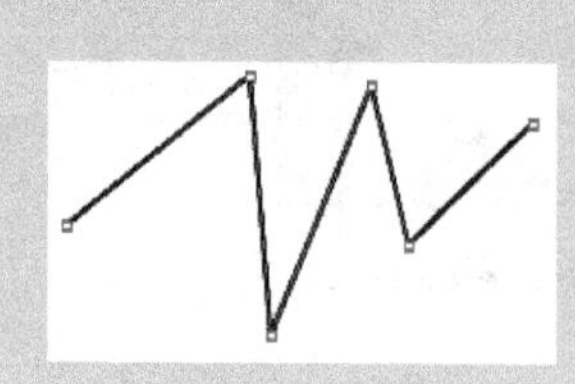
图6-11 绘制直线

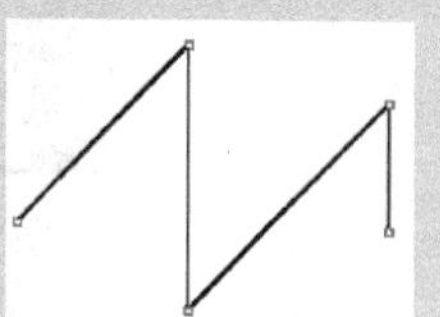
图6-12 绘制45°折线

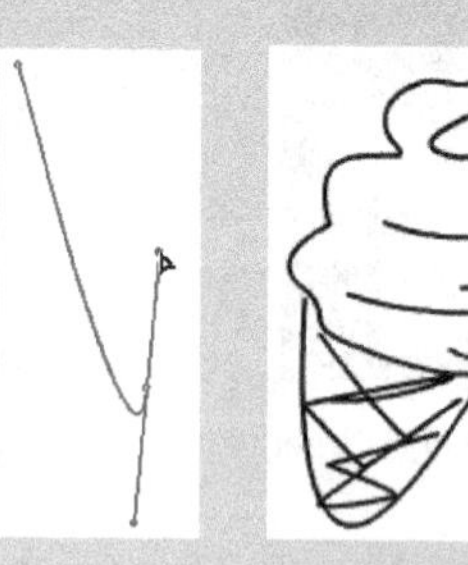
图6-13 绘制曲线 图6-14 原始的矢量图

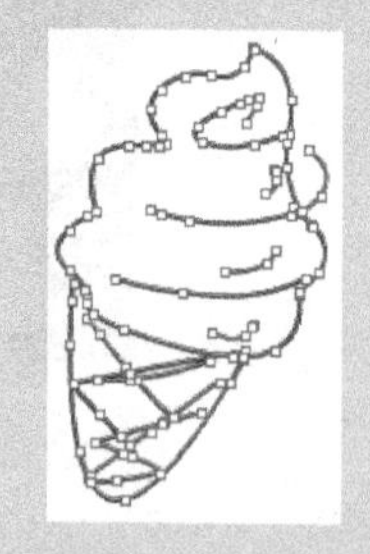
图6-15 使用钢选取轮廓笔工具

09 执行“插入→新建元件”命令，弹出“创建新元件”对话框，在“名称”文本框中输入“叶子”，在“类型”下拉列表框中选择“图形”选项，如图6-16所示。完成后单击 确定 按钮进入元件编辑区。

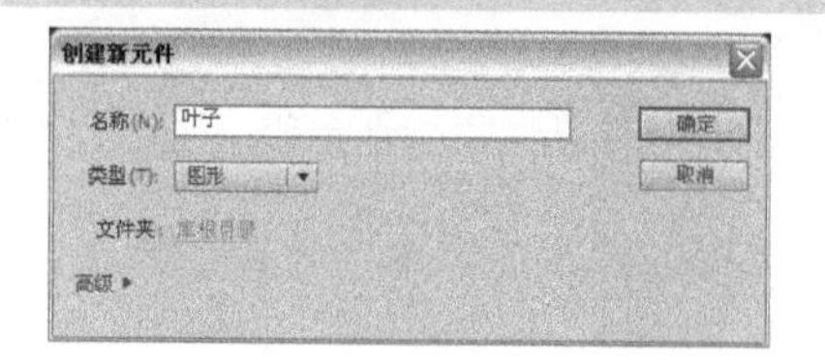

图6-16 “创建新元件”对话框

10 使用线条工具和钢笔工具绘制叶子轮廓，并使用选择工具进行调整，然后分别填充颜色，最后将路径删除，如图6-17～图6-19所示。

11 新建“叶子2”图形元件，使用线条工具和钢笔工具绘制叶子的另外一种状态轮廓，并使用选择工具进行调整，然后分别填充颜色，最后将路径删除，如图6-20～图6-22所示。

12 按照同样的方法，分别创建“叶子3”和“叶子4”图形元件，并分别绘制叶子的其他两种状态，如图6-23和图6-24所示。

图6-17 绘制叶子轮廓

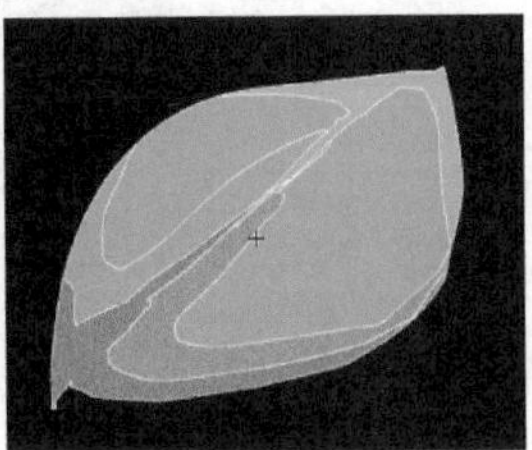

图6-18 填充颜色

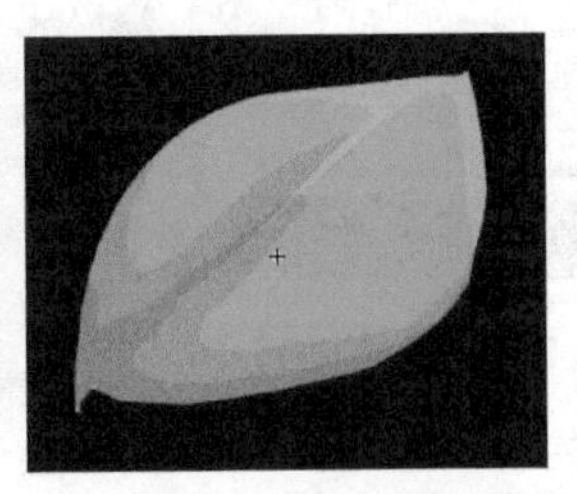

图6-19 删除路径

图6-20 绘制轮廓

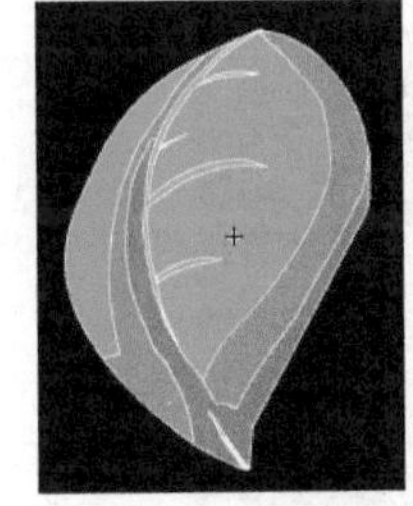

图6-21 填充颜色

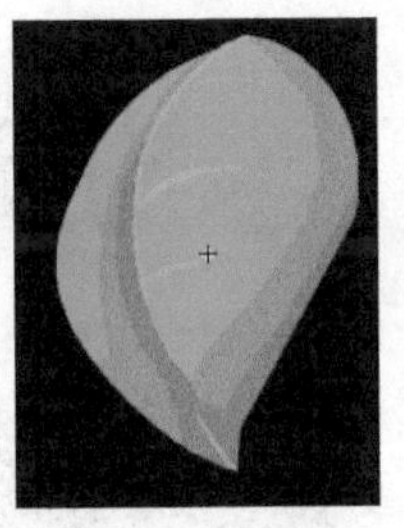

图6-22 删除路径

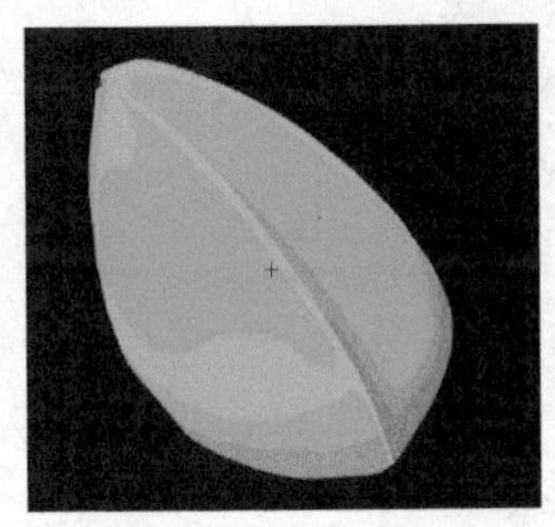

图6-23 “叶子3”图形元件

图6-24 “叶子4”图形元件

13 新建“桂花背景”图形元件，使用直线工具和钢笔工具绘制一个封闭路径，设置笔触颜色为#697567，笔触宽度为10，填充颜色为#1C4D1A，如图6-25所示。

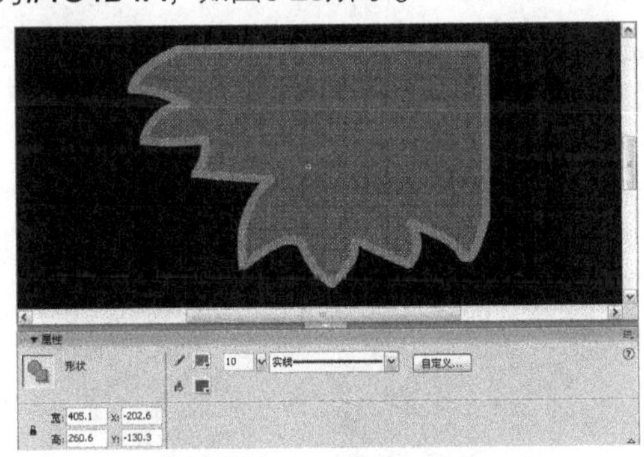

图6-25 绘制路径

14 新建“图层2”，使用直线工具和钢笔工具绘制一个封闭路径，设置笔触颜色为#697567，笔触宽度为10，填充颜色为#000000，如图6-26所示。

图6-26 再次绘制路径

15 新建“桂花和叶子”图形元件，打开“库”面板，将“桂花”图形元件拖入到编辑区中，并在“属性”面板中调整其宽度为81.00，高度为75.70，如图6-27所示。

图6-27 拖入“桂花”图形元件

16 再次拖入“桂花”图形元件到编辑区，在“属性”面板中设置其宽度和高度分别为69.85和65.10，如图6-28所示。

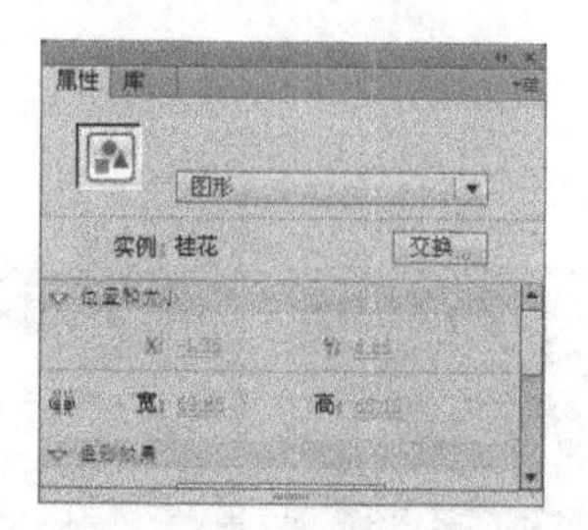

图6-28 “属性”面板

17 在“样式”下拉列表框中选择“高级”选项，参数设置如图6-29所示。

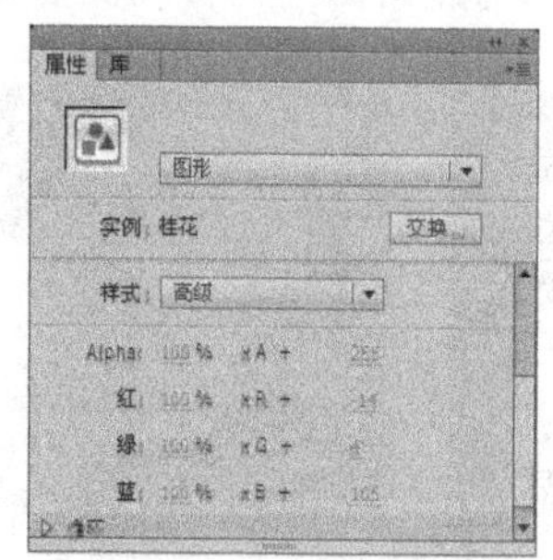

图6-29 设置高级选项

18 选择任意变形工具，对图形进行旋转变形，如图6-30所示。

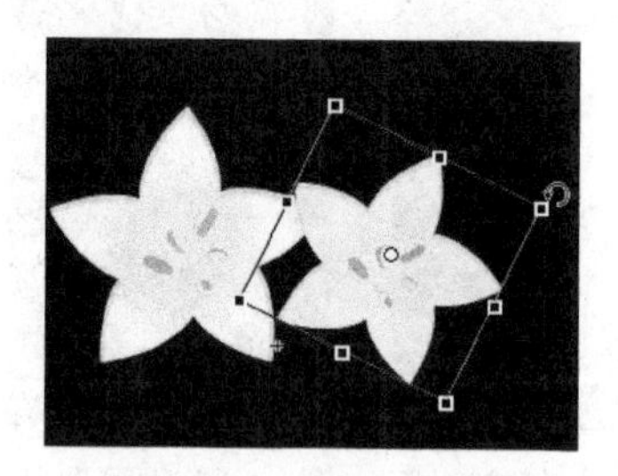

图6-30 旋转图形

19 复制这个图形实例，并进行粘贴，在“属性”面板中调整其宽度为98.30，高度为99.50，如图6-31所示。

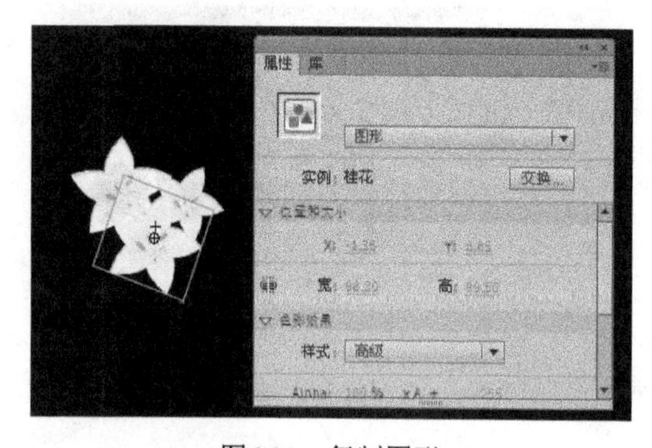

图6-31 复制图形

20 在“时间轴”面板中单击按钮新建“图层2”，并锁定“图层1”，分别将“库”面板中创建的叶子图形元件拖入到编辑区中，并依次进行变形排列，如图6-32所示。

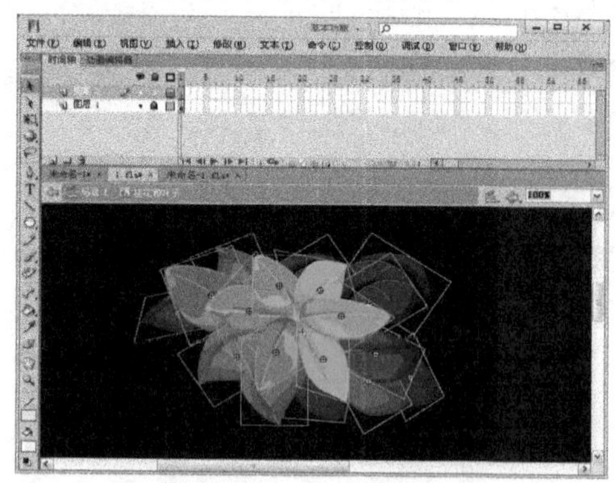

图6-32 拖入图形

21 在“时间轴”面板中将“图层2”拖动到“图层1”的下方，将桂花显示出来，然后单击按钮新建“图层3”，如图6-33所示。

22 在“库”面板中将“桂花背景”图形元件拖动到编辑区中，并调整其位置，然后将“图层3”拖动到“图层2”的下方，如图6-34所示。

图6-33 拖动图层

图6-34 再次拖入图形

15.3.2 创建文字

01 执行“插入→新建元件”命令，弹出“创建新元件”对话框，在“名称”文本框中输入“你想家了吧”，在“类型”下拉列表框中选择“图形”选项，如图6-35所示。完成后单击 确定 按钮进入元件编辑区。

图6-35 “创建新元件”对话框

02 选择文本工具T，在其“属性”面板中设置字体为“华文中宋”，字号为35，文本填充颜色为白色，并单击*I*按钮。然后在工作区中输入文本“今夜，你想家了吧！”，如图6-36所示。

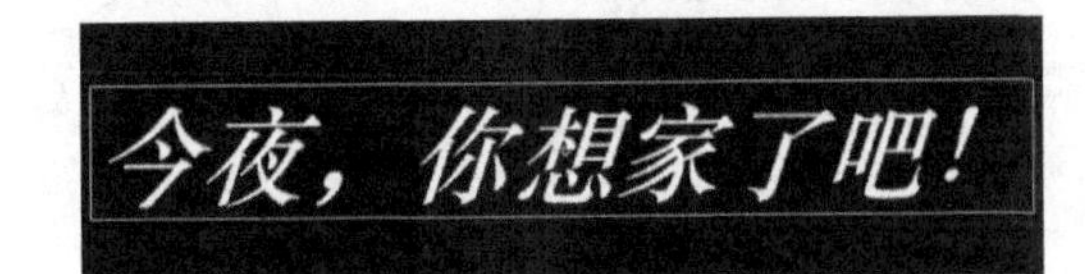

图6-36 输入文本

03 选择输入的文本，按两次Ctrl+B组合键将文字打散，打开“颜色”面板，选择红色（#FF0000）到淡黄色（#FFFFCC）的线性渐变填充样式，如图6-37所示。

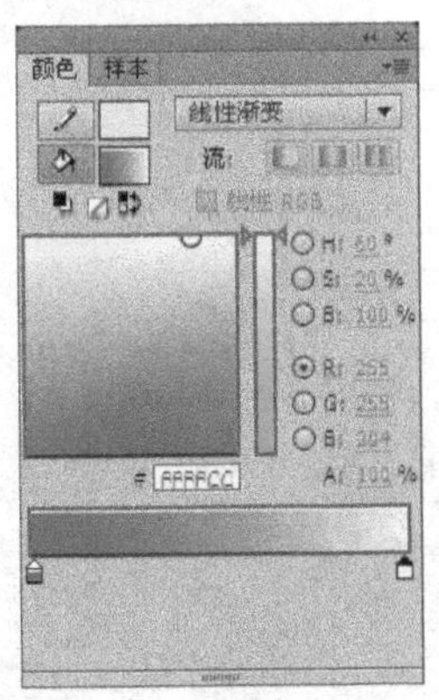

图6-37 “颜色”面板

04 对文本进行填充，并使用填充变形工具将文本向右旋转一定角度，如图6-38所示。

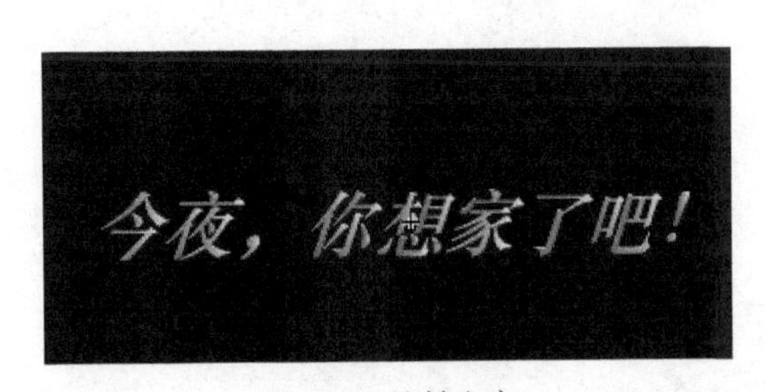

图6-38 旋转文字

05 在“图层1”的第1帧处单击鼠标右键，在弹出的快捷菜单中选择“复制帧”命令，在“时间轴”面板中单击按钮新建“图层2”，在“图层2”的第1帧处单击鼠标右键，在弹出的快捷菜单中选择“粘贴帧”命令。锁定“图层1”，选择粘贴到“图层2”中的文字图形，执行“修改→形状→柔化填充边缘”命令，在弹出的对话框中进行如图6-39所示的设置，单击确定按钮。

提示：也可以直接粘贴图层。Flash CS6还支持在多个文件和项目间复制图层时，保留重要的文档结构。

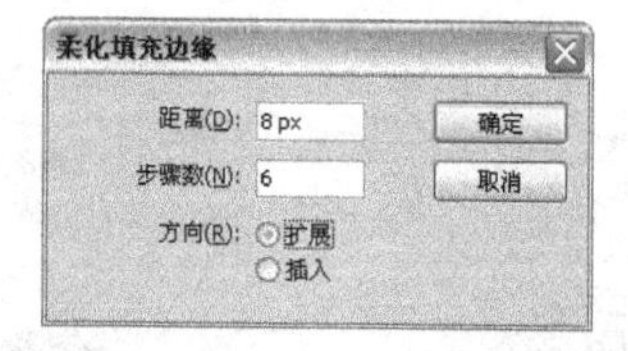

图6-39 “柔化填充边缘”对话框

06 设置完成后，单击确定按钮。将文字填充颜色设置为白色，如图6-40所示。

图6-40 设置文字颜色

07 将“图层2”拖动到“图层1”的下方，效果如图6-41所示。

图6-41 文字效果

15.3.3 创建月亮倒影

01 执行“插入→新建元件”命令，弹出“创建新元件”对话框，在“名称”文本框中输入“月亮倒影”，在“类型”下拉列表框中选择“图形”选项，如图6-42所示。完成后单击确定按钮进入元件编辑区。

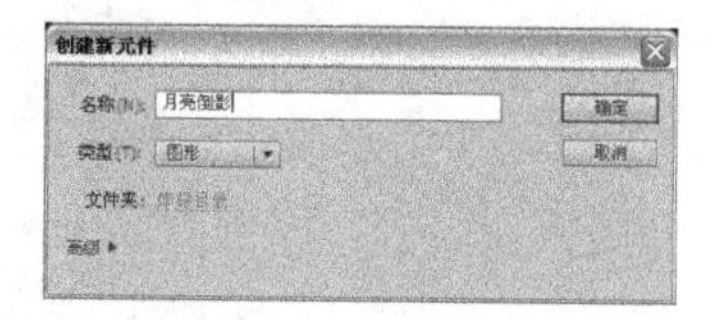

图6-42 “创建新元件”对话框

02 选择椭圆工具并打开“颜色”面板，在“类型”下拉列表框中选择“径向渐变”选项，将填充颜色依次设置为#FFFF00、#FFFF00和#FFFF00，透明度Alpha值依次为100%、100%和0，如图6-43所示。

图6-43 “颜色”面板

03 在椭圆工具的“属性”面板中设置笔触颜色为“无”，在工作区中拖动鼠标绘制一个椭圆，如图6-44所示。

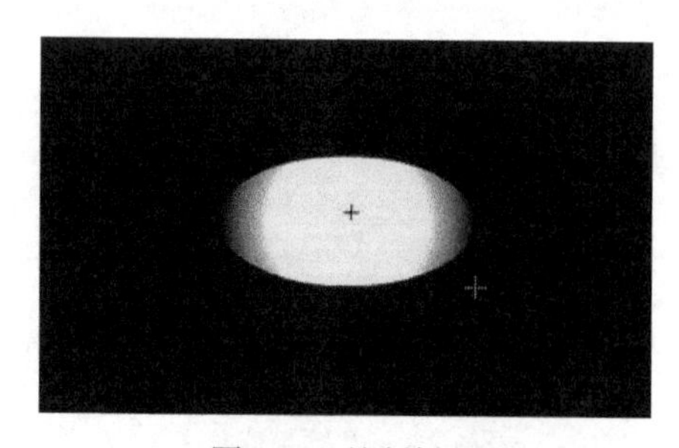

图6-44 绘制椭圆

04 在工具箱中选择填充变形工具，调整椭圆的渐变角度，如图6-45所示。

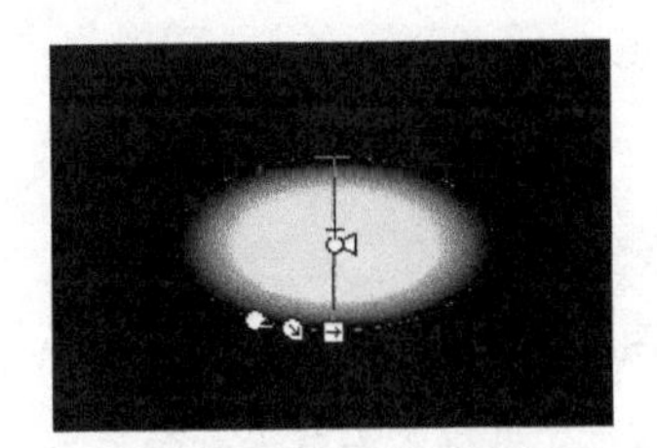

图6-45 调整椭圆的渐变角度

05 在“时间轴”面板中单击按钮新建“图层2”，锁定“图层1”，在工具箱中选择铅笔工具，在工作区中绘制两个如图6-46所示的闭合路径。

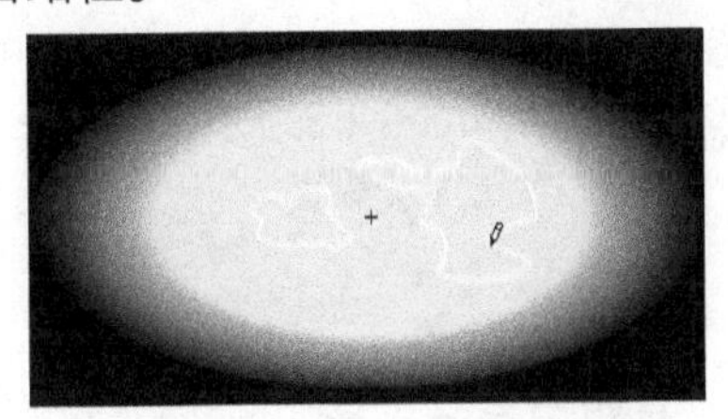

图6-46 绘制两个闭合路径

06 选择颜料桶工具，在其“属性”面板中设置填充颜色为#F2F200，将所绘制的封闭路径进行填充，并删除笔触线条，如图6-47所示。

图6-47 填充颜色

07 在“时间轴”面板中锁定“图层2”，单击按钮新建“图层3”，在椭圆图形的上下方分别创建如图6-48所示形状的图形，填充颜色为#FBFB00。

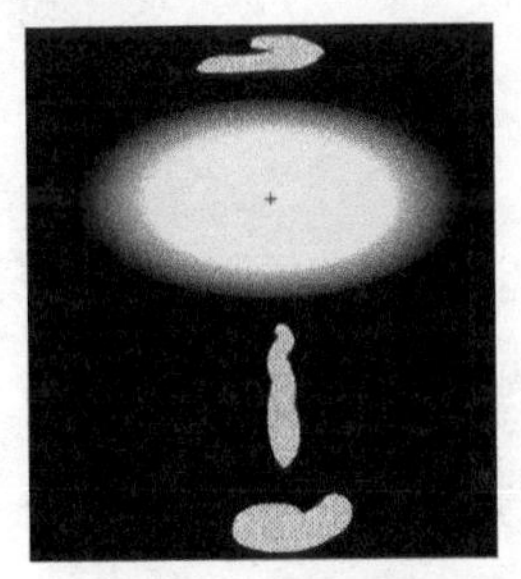

图6-48 绘制图形

08 在“时间轴”面板中锁定“图层3”，新建“图层4”，使用铅笔工具在工作区中绘制一个星星形状，如图6-49所示。

图6-49 绘制星星形状

09 打开“颜色”面板，将填充颜色设置为透明度为70%的黄色（#FFFF00），并填充星星形状，然后删除笔触线条，如图6-50所示。

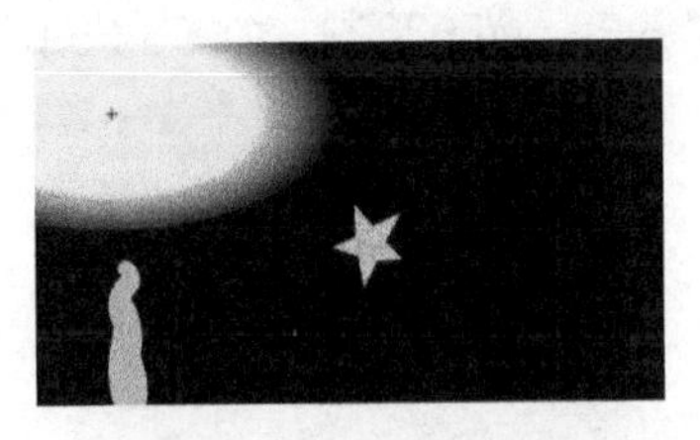

图6-50 填充星星形状

10 复制几个创建的星星图形，分别对其进行变形和缩放，使其随机分布在工作区各处，如图6-51所示。

图6-51 复制星星形状

15.3.4 创建背景图形

01 执行“插入→新建元件”命令，弹出“创建新元件”对话框，在“名称”文本框中输入“背景”，在“类型”下拉列表框中选择“图形”选项，如图6-52所示。完成后单击 确定 按钮进入元件编辑区。

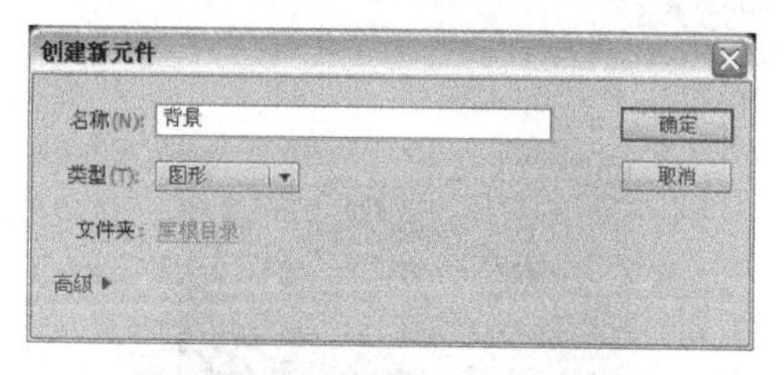

图6-52 “创建新元件”对话框

02 在工具箱中选择矩形工具，打开“颜色”面板，设置填充样式为“线性渐变”，填充颜色依次为#000099、#4E9DE7、#4BA3E4、#4092D9和#003399，如图6-53所示。

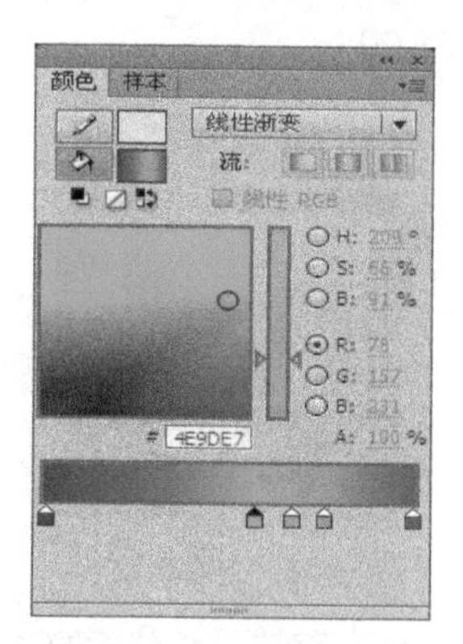

图6-53 “颜色”面板

03 在“属性”面板中设置笔触颜色为“无”，在工作区中拖动鼠标绘制一个矩形，执行“窗口→信息”命令，打开“信息”面板，设置矩形的宽度为500.00，高度为600.00，X坐标值为-250.00，Y坐标值为-300.00，如图6-54所示。

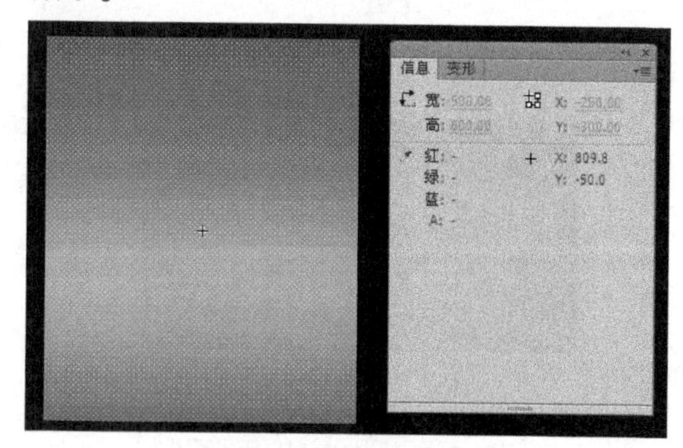

图6-54 绘制矩形

04 在“时间轴”面板中新建“图层2”，锁定“图层1”，选择矩形工具，在“颜色”面板中设置填充样式为“线性渐变”，填充颜色由#0099FF到#003399，如图6-55所示。

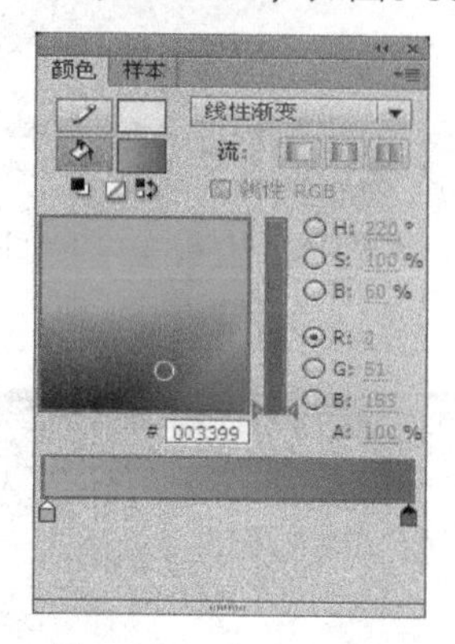

图6-55 “颜色”面板

05 在编辑区中拖动鼠标绘制一个矩形，在“信息”面板中设置矩形的宽度为500.0，高度为250.0，X坐标值为-250.0，Y坐标值为50.0，如图6-56所示。

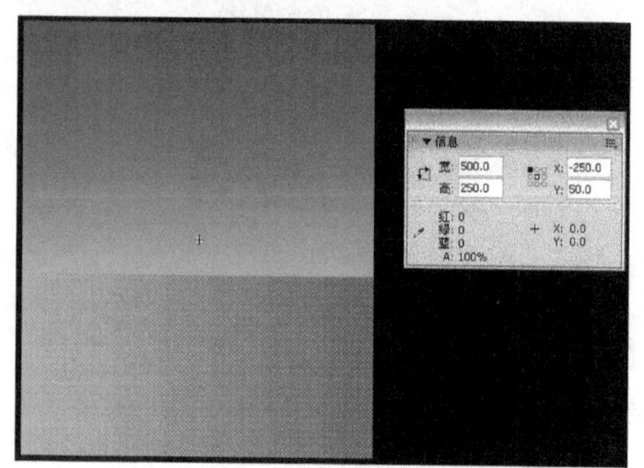

图6-56 绘制矩形

06 在“时间轴”面板中新建“图层3”，锁定“图层2”，使用铅笔工具在编辑区中勾勒出一个如图6-57所示的轮廓。

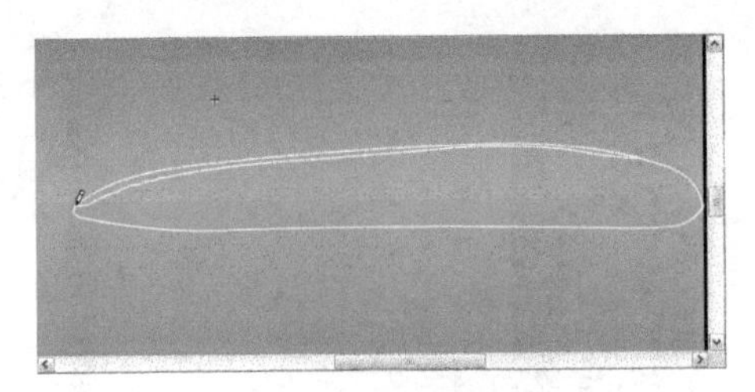

图6-57　勾勒轮廓

07 使用颜料桶工具对轮廓进行填充，填充颜色分别为#D3D301和#001A02，删除线条，并组合该图形，如图6-58所示。

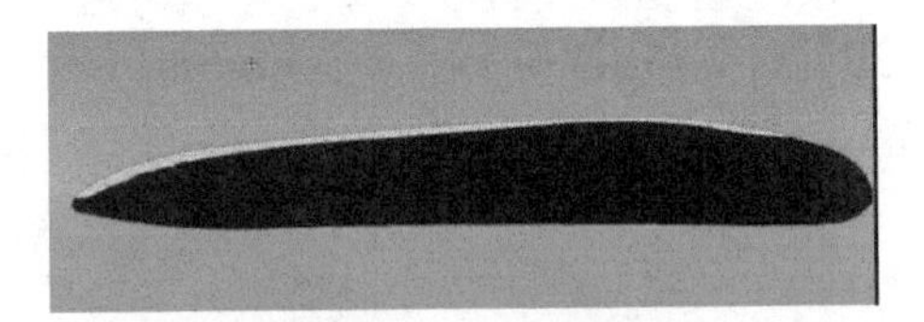

图6-58　填充轮廓

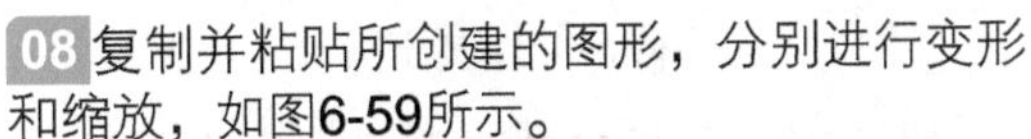

08 复制并粘贴所创建的图形，分别进行变形和缩放，如图6-59所示。

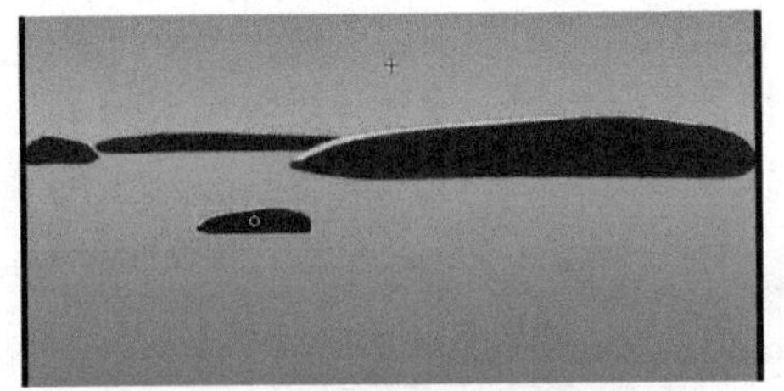

图6-59　复制图形

15.3.5　创建萤火虫动画

01 执行“插入→新建元件”命令，弹出“创建新元件”对话框，在“名称”文本框中输入“萤火”，在“类型”下拉列表框中选择“图形”选项，如图6-60所示。完成后单击 确定 按钮进入元件编辑区。

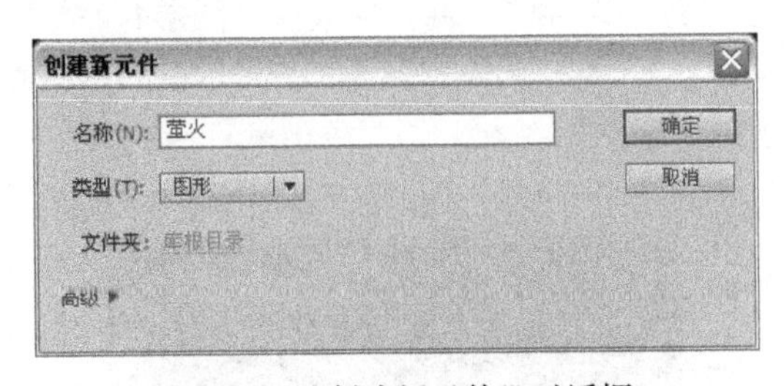

图6-60　“创建新元件”对话框

02 在工具箱中选择椭圆工具，打开“颜色”面板，设置填充样式为“径向渐变”，填充颜色为由#99CC00到#CCFF00，透明度由100%到0，如图6-61所示。

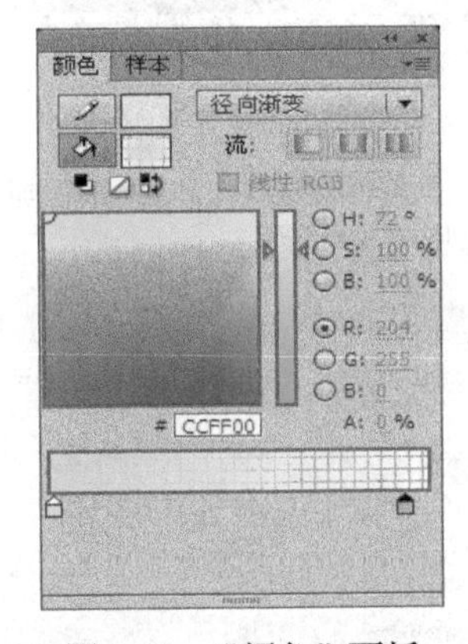

图6-61　“颜色”面板

03 在舞台中按住Shift键拖动鼠标绘制出一个正圆，在“属性”面板中设置圆的宽度和高度都为30.00，如图6-62所示。

04 执行“插入→新建元件”命令，弹出“创建新元件”对话框，在“名称”文本框中输入“萤火虫动画”，在“类型”下拉列表框中选择“影片剪辑”选项，如图6-63所示。完成后单击 确定 按钮进入元件编辑区。

图6-62　绘制正圆

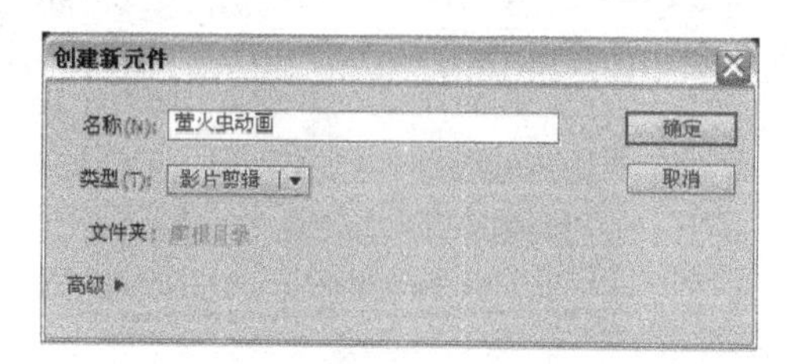

图6-63　“创建新元件”对话框

05 将“库”面板中的“萤火”图形元件拖入到编辑区域中，右击“图层1”，在弹出的快捷菜单中选择“添加传统运动引导层”命令，如图6-64所示。

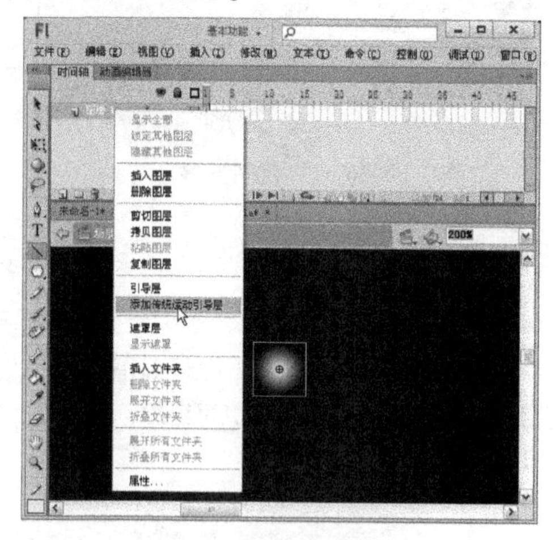

图6-64　拖入图形元件

06 在工具箱中选择铅笔工具，随意绘制一条不闭合的路径，单击“图层1”的第200帧，按F6键插入关键帧，单击“引导层”的第200帧，按F5键插入帧，如图6-65所示。

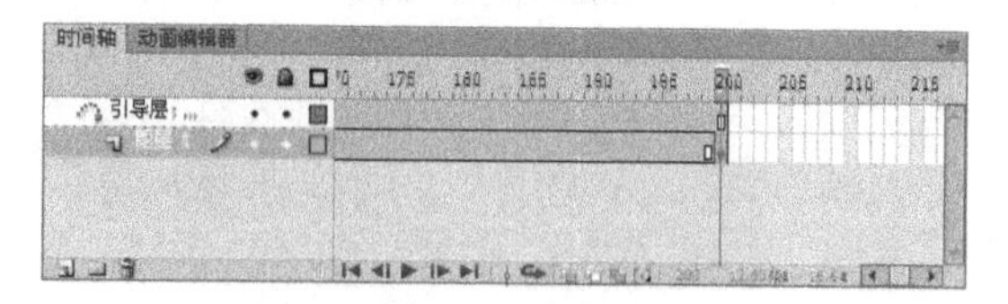

图6-65　插入关键帧与帧

07 在“图层1”的第1～200帧之间创建补间动画，如图6-66所示。

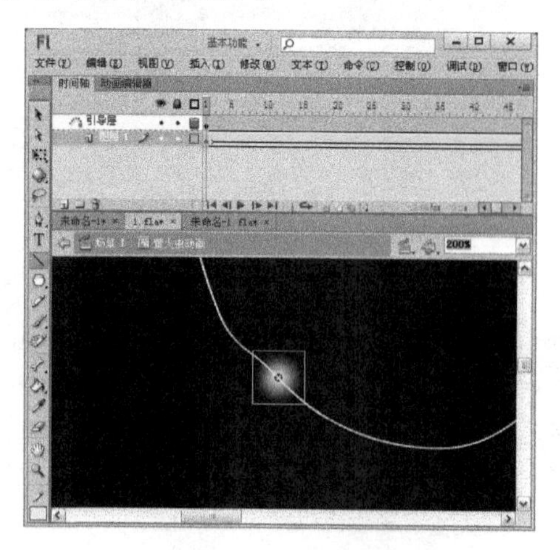

图6-66　创建补间动画

08 选择“图层1”的第1帧，将元件实例拖动对齐到路径的一端，再选择“图层1”的第200帧，将元件实例拖动对齐到路径的另一端，如图6-67所示。引导层动画创建完毕。

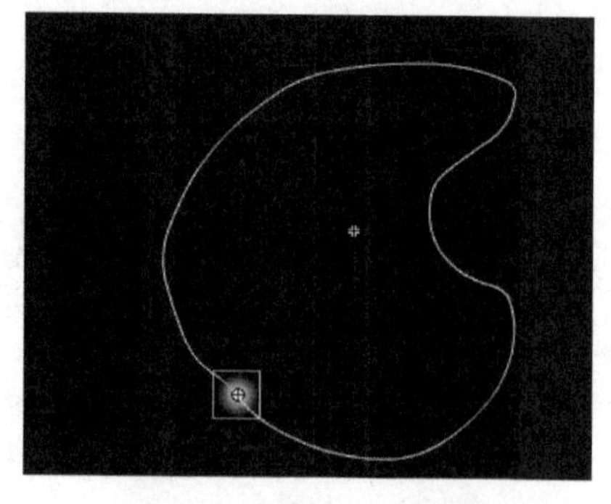

图6-67　创建引导层动画

15.3.6 创建中秋快乐影片

01 执行“插入→新建元件”命令，弹出“创建新元件”对话框，在“名称”文本框中输入“中秋快乐1”，在“类型”下拉列表框中选择“图形”选项，如图6-68所示。完成后单击[确定]按钮进入元件编辑区。

图6-68 “创建新元件”对话框

02 在工具箱中选择文本工具T，在其“属性”面板中设置字体为“华文行楷”，字号为50.0，文本填充颜色为#FFFF00，如图6-69所示。

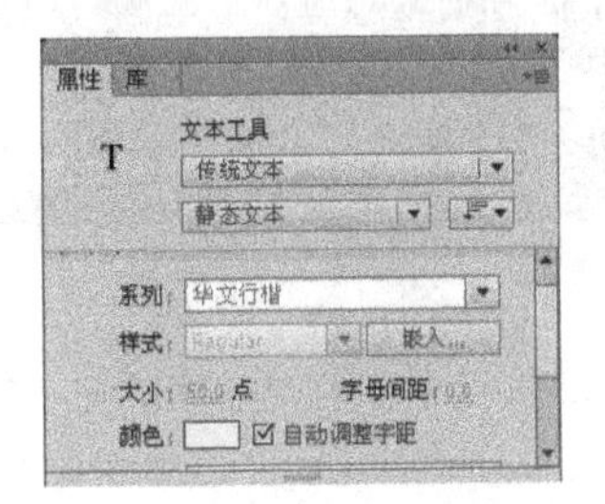

图6-69 “属性”面板

03 在舞台中输入文本“中秋快乐”，选择输入的文本，分别执行“修改→分离”命令两次，将文本打散，如图6-70所示。

图6-70 打散文本

04 打开“库”面板，在“中秋快乐1”图形元件上单击鼠标右键，在弹出的快捷菜单中选择“直接复制”命令，如图6-71所示。

图6-71 “库”面板

05 打开“直接复制元件”对话框，在“名称”文本框中输入“中秋快乐 2”，在“类型”下拉列表框中选择“图形”选项，如图6-72所示，完成后单击[确定]按钮。

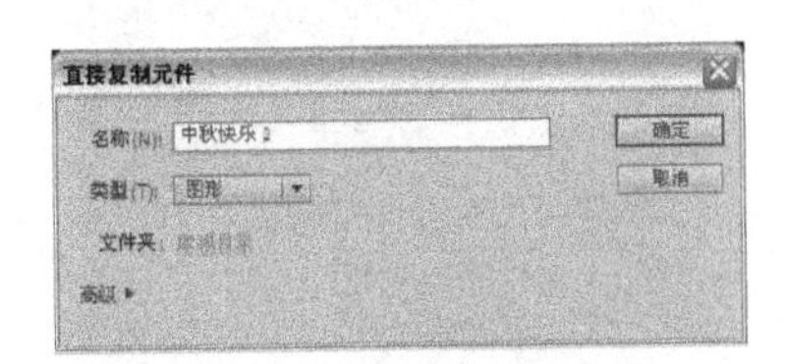

图6-72 “直接复制元件”对话框

06 在“库”面板中双击“中秋快乐2”图形元件进入图形编辑区，选择所有被打散的文本，选择颜料桶工具，在其“属性”面板中设置填充颜色为#FFCC00并填充文本，如图6-73所示。

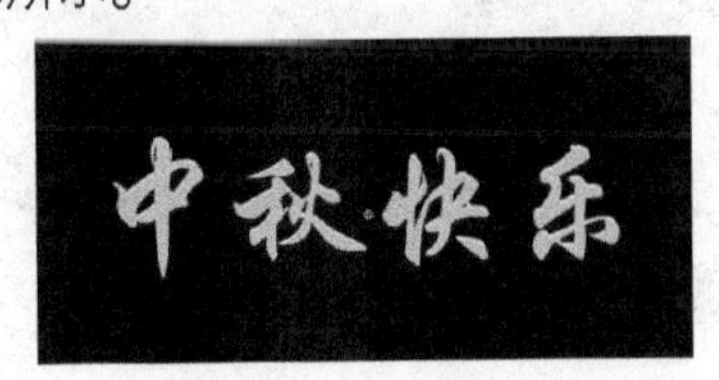

图6-73 填充文本

07 执行“修改→形状→扩展填充”命令，弹出“扩展填充”对话框，在“距离”文本框中输入“3px”，在“方向”栏中选中“扩展”单选按钮，如图6-74所示，完成后单击[确定]按钮。

08 设置完成后的文本效果如图6-75所示。

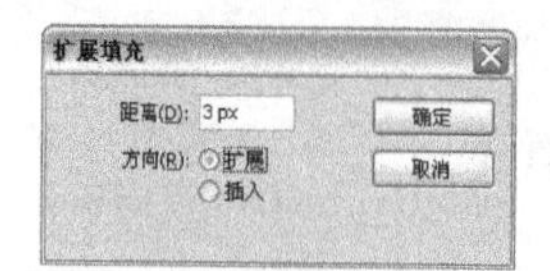

图6-74 “扩展填充”对话框

图6-75 文本效果

09 执行“修改→形状→柔化填充边缘”命令，弹出“柔化填充边缘”对话框，在“距离”文本框中输入“8px”，在“步骤数”文本框中输入“6”，在“方向”栏中选中“扩展”单选按钮，如图6-76所示，完成后单击 确定 按钮。

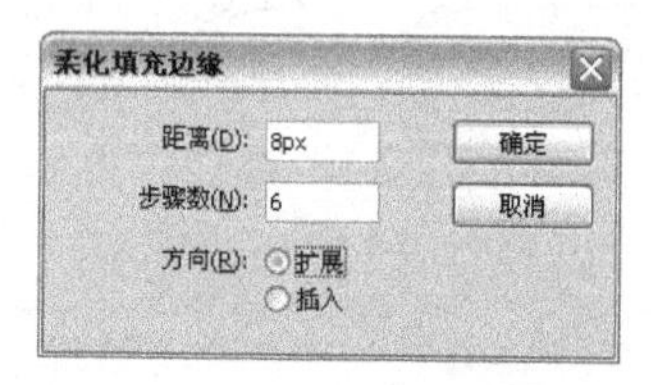

图6-76 “柔化填充边缘”对话框

10 设置完成后的文本效果如图6-77所示。

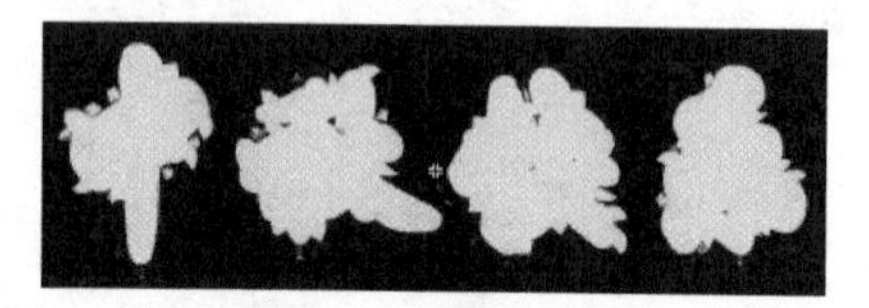
图6-77 文本效果

11 执行“插入→新建元件”命令，弹出“创建新元件”对话框，在“名称”文本框中输入文本“中秋快乐”，在“类型”下拉列表框中选择“影片剪辑”选项，如图6-78所示，完成后单击 确定 按钮。

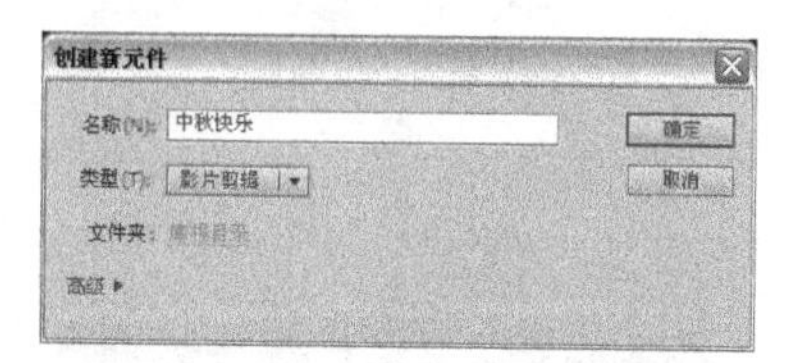

图6-78 “创建新元件”对话框

12 在“库”面板中将“中秋快乐2”图形元件拖入到编辑区中，分别在时间轴的第6帧和第10帧处按F6键创建动作补间动画，如图6-79所示。

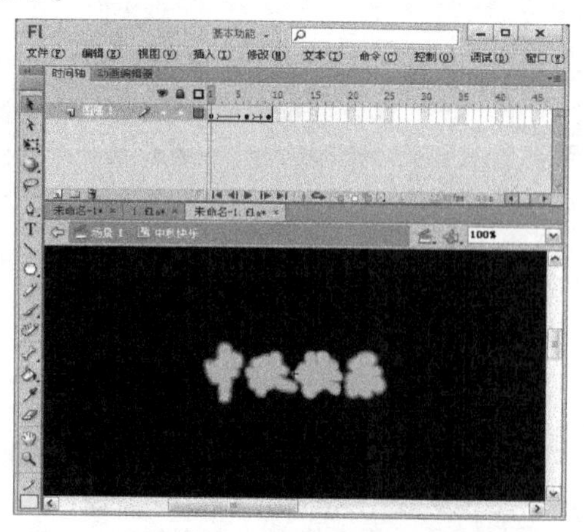
图6-79 创建补间动画

13 选择第1帧下的图形实例，在“属性”面板的“样式”下拉列表框中选择Alpha，并将其值设置为0，如图6-80所示。

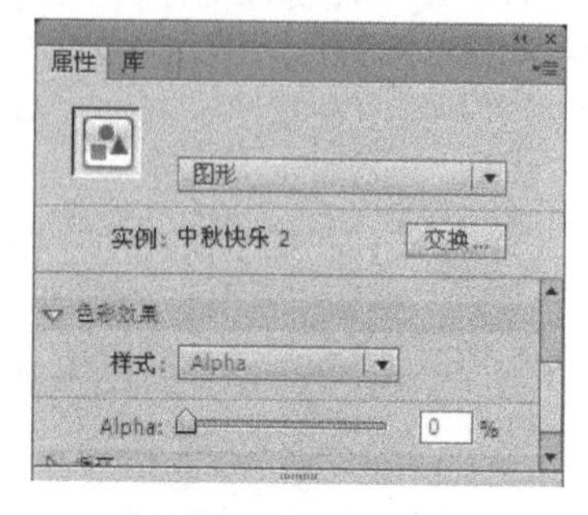

图6-80 设置Alpha值

14 选择第6帧下的图形元件，在“属性”面板的“样式”下拉列表框中选择“高级”选项，设置“绿”值为255，如图6-81所示。

15 选择第10帧下的图形元件，在“属性”面板的“样式”下拉列表框中选择“高级”选项，设置“绿”值为20，如图6-82所示。

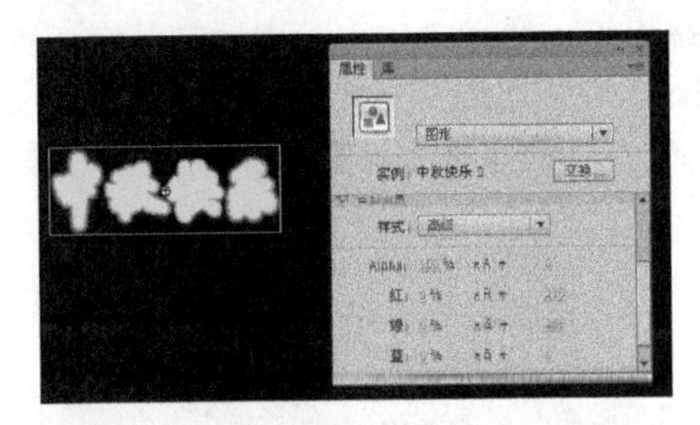

图6-81 在“属性”面板中设置第6帧

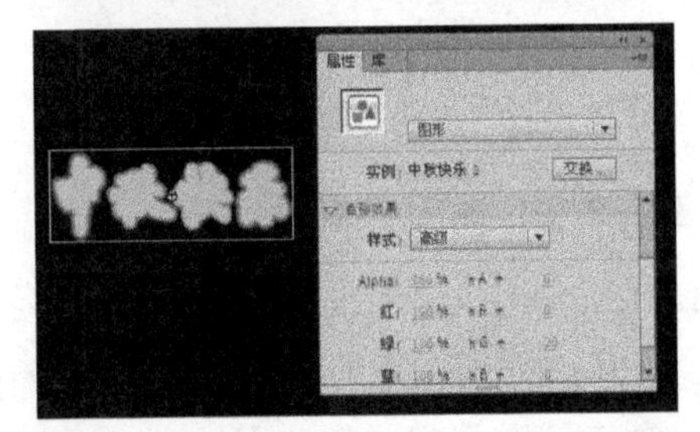

图6-82 在“属性”面板中设置第10帧

16 新建“图层2”，单击“图层2”的第6帧，按F6键插入关键帧，从“库”面板中将“中秋快乐1”图形元件拖入到编辑区中，在“属性”面板中调整其Alpha值为0，如图6-83所示。

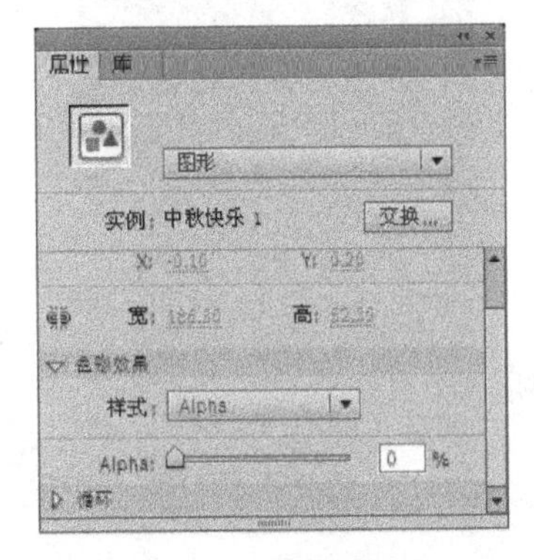

图6-83 设置Alpha值

17 单击“图层2”的第10帧，按F6键插入关键帧，打开“动作”面板，输入以下代码，如图6-84所示。

```
gotoAndPlay(6);
```

图6-84 添加代码

18 选择编辑区中的元件实例，在“属性”面板中设置其颜色为无，并在“图层2”的第6～10帧之间创建补间动画，如图6-85所示。

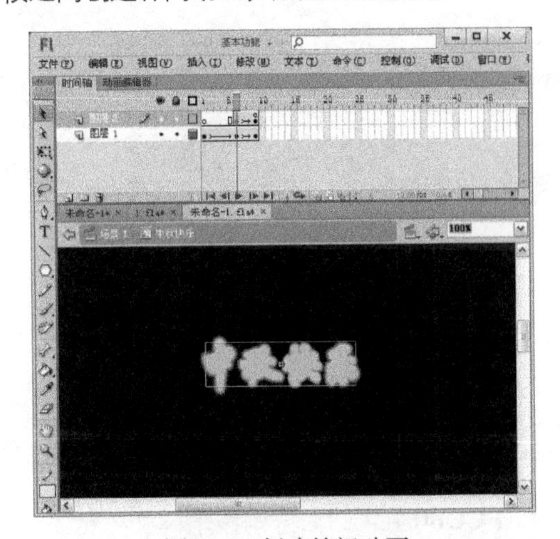

图6-85 创建补间动画

15.3.7 创建中秋月影片

01 执行“插入→新建元件”命令，弹出“创建新元件”对话框，在“名称”文本框中输入文本“中秋月”，在“类型”下拉列表框中选择“影片剪辑”选项，如图6-86所示。完成后单击 确定 按钮进入元件编辑区。

图6-86 “创建新元件”对话框

02 在工具箱中选择文本工具T，在编辑区中输入文字，然后在“属性”面板中设置字体为“方正粗倩简体”，字号为26，文本填充颜色为白色，如图6-87所示。

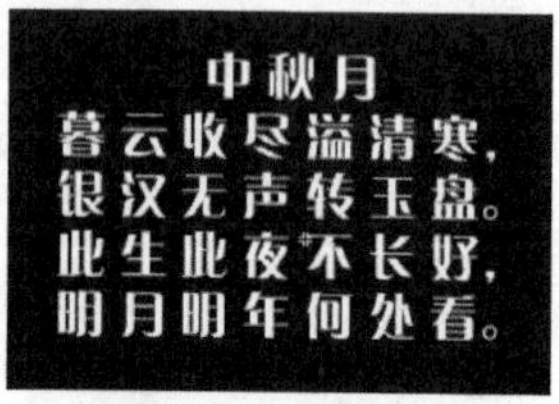

图6-87　输入文本

03 选中输入的文字，在“属性”面板中单击¶按钮，在弹出的“格式选项”对话框中设置“行距”为“12点”，如图6-88所示。

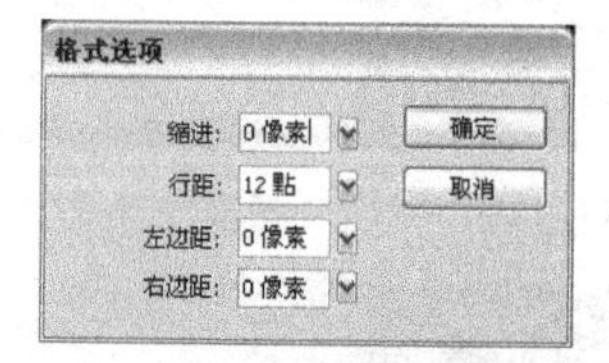

图6-88　“格式选项”对话框

04 设置完成后单击 确定 按钮，文字效果如图6-89所示。

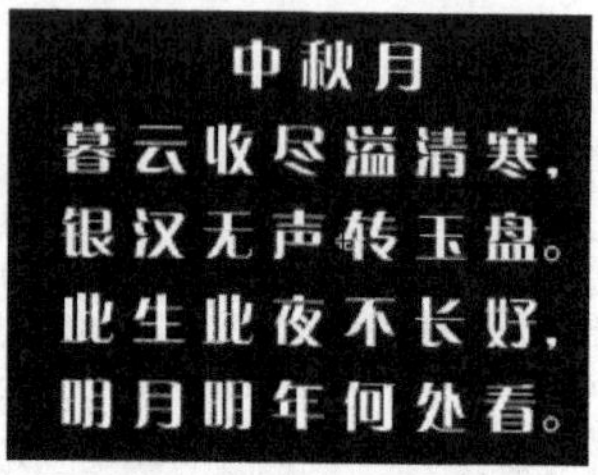

图6-89　文本效果

05 选中文字，执行“修改→分离”命令两次，将文字打散，在“时间轴”面板中用鼠标右键单击“图层1”的第1帧，在弹出的快捷菜单中选择“复制帧”命令。新建“图层2”，锁定“图层1”，在“图层2”的第1帧处单击鼠标右键，在弹出的快捷菜单中选择“粘贴帧”命令，如图6-90所示。

图6-90　选择“粘贴帧”命令

06 选择“图层2”中被打散的文字，在“属性”面板中将填充颜色设置为黄色（#FFCC00），然后分别按↑键和←键各一次，如图6-91所示。

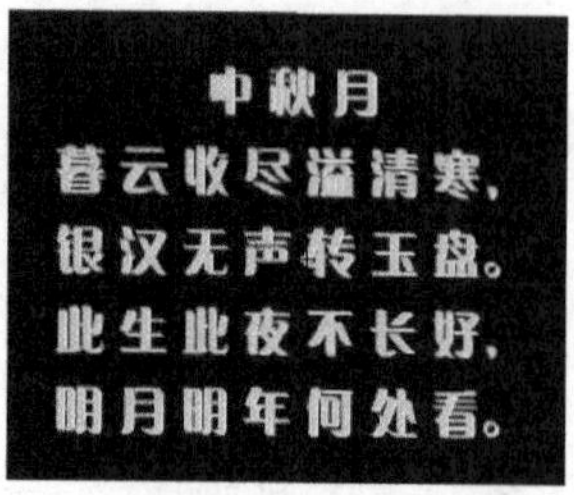

图6-91　填充颜色

07 拖动“图层2”到“图层1”的下方，新建“图层3”，并且锁定“图层1”和“图层2”。选择矩形工具，在其“属性”面板中设置笔触颜色为“无”，任意填充颜色，在文字的正上方绘制一个矩形，如图6-92所示。

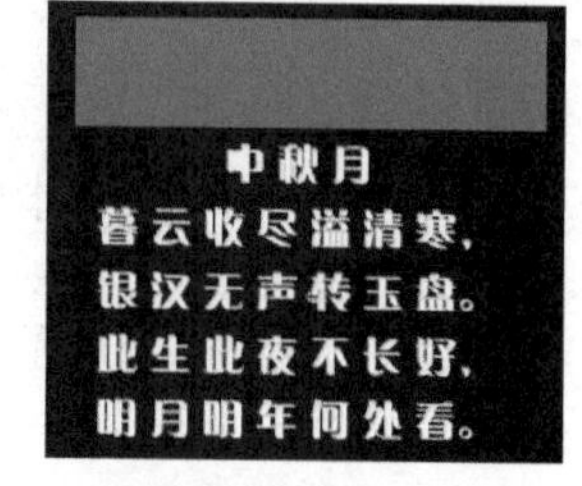

图6-92　绘制矩形

08 分别在“图层3”的第15、35、45、65、75、95、105、125、135、155帧处按F6键插入关键帧，然后分别在“图层1”和“图层2”的第155帧处按F5键插入帧，如图6-93所示。

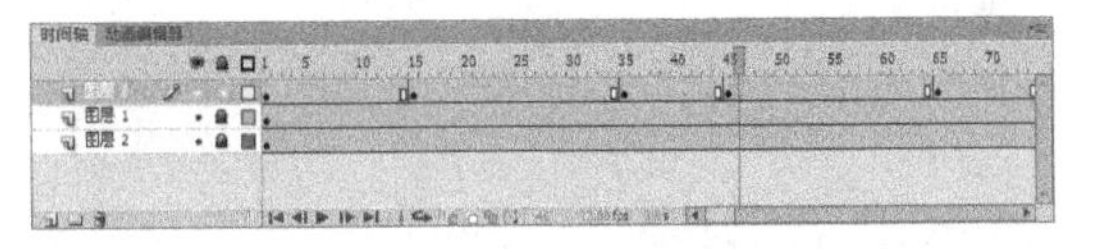

图6-93　插入关键帧与帧

09 选择“图层3”的第35帧，选择任意变形工具，单击编辑区中的矩形并垂直拖动，使之遮住文字的第一行，如图6-94所示。

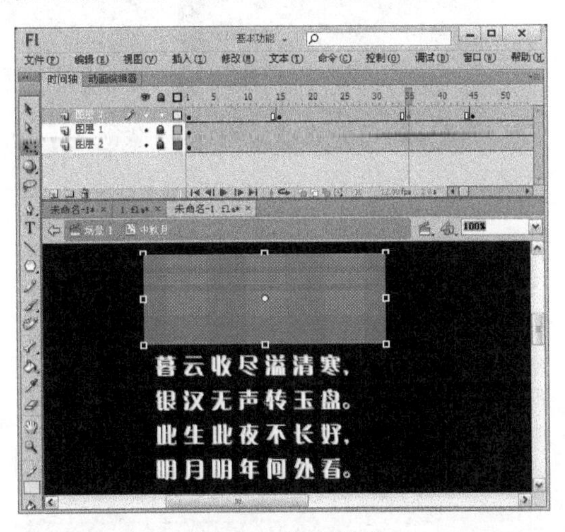

图6-94　拖动矩形

10 在“图层3”的第15~35帧之间选择任意1帧，单击鼠标右键，在弹出的快捷菜单中选择“创建补间形状”命令，如图6-95所示。这样就在第15~35帧之间创建了补间形状动画。

11 选中“图层3”的第65帧，选择任意变形工具，单击编辑区中的矩形并垂直拖动，使之遮住文字的第二行，在“图层3”的第45~65帧之间单击任意1帧，单击鼠标右键，在弹出的快捷菜单中选择“创建补间形状”命令，如图6-96所示。

图6-95　在第15～35帧之间创建补间形状动画

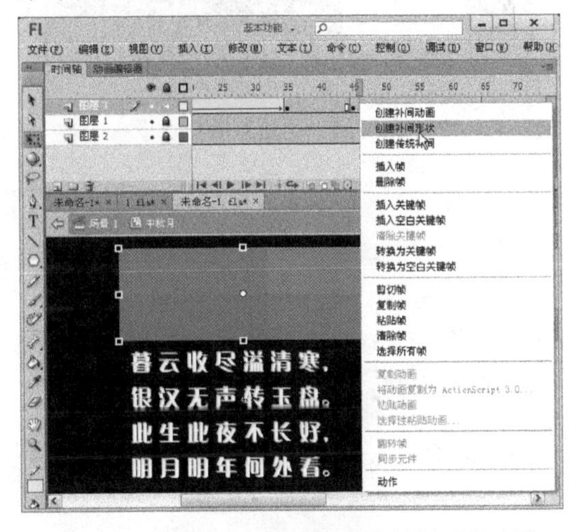

图6-96　在第45～65帧之间创建补间形状动画

12 按照同样的方法，分别在“图层3”的第95、125、155帧处将矩形垂直拖动，分别遮住文字的第3~5行，如图6-97所示。

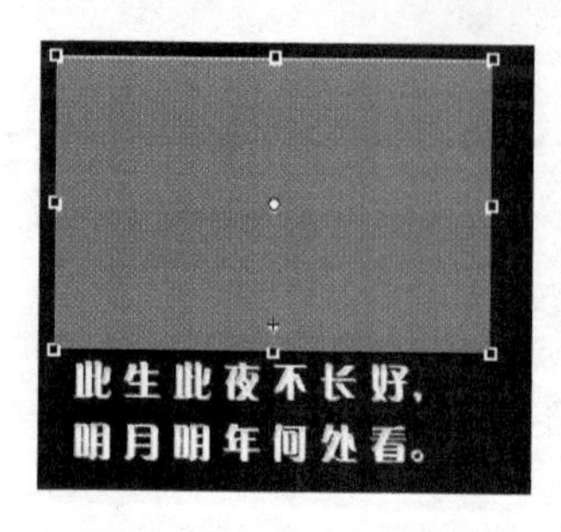

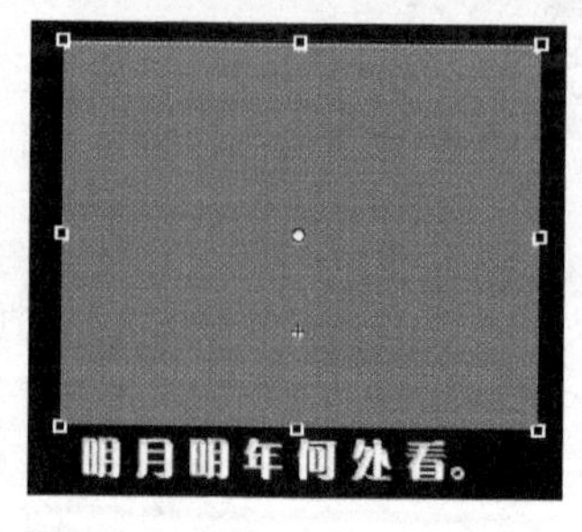

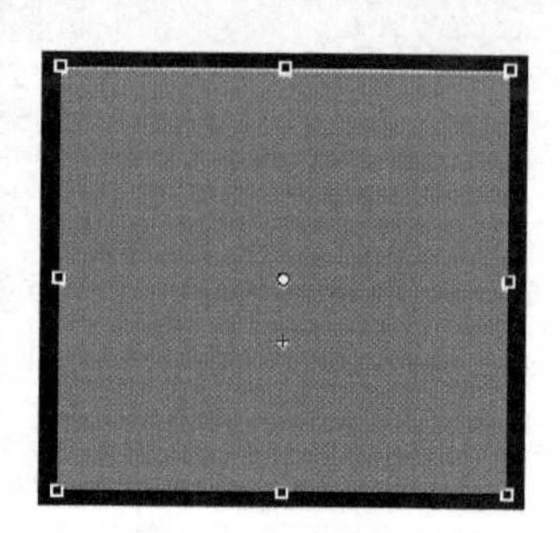

图6-97 拖动矩形遮住文字

13 分别在“图层3”的第75～95帧、第105～125帧、第135～155帧之间创建补间形状动画。然后在“图层3”上单击鼠标右键，在弹出的快捷菜单中选择“遮罩层”命令，如图6-98所示。

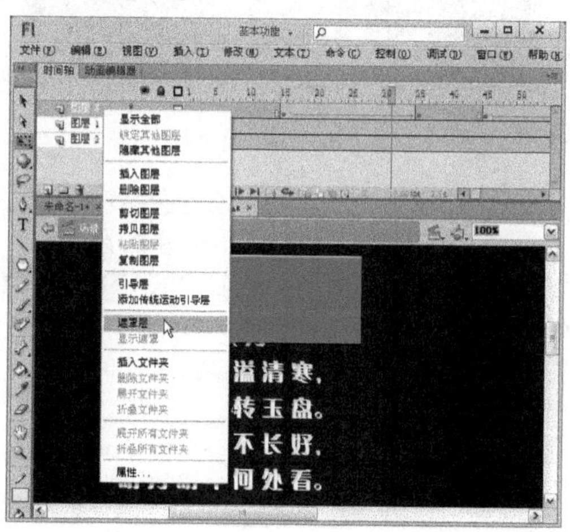

图6-98 选择“遮罩层”命令

> **技巧点睛**
>
> 在Flash中，使用遮罩层可以制作出特殊的动画效果。如果将遮罩层比作聚光灯，当遮罩层移动时，它下面被遮罩的对象就像被灯光扫过一样，被灯光扫过的地方清晰可见，没有被扫过的地方将不可见。另外，一个遮罩层可以同时遮罩几个图层，从而产生各种特殊的效果。

16 选择“图层4”的第170帧，打开“库”面板，将元件“你想家了吧！”拖入编辑区中，如图6-101所示。

14 在“图层2”上单击鼠标右键，在弹出的快捷菜单中选择“属性”命令，打开“图层属性”对话框，在“类型”栏选中“被遮罩”单选按钮，如图6-99所示，完成后单击 确定 按钮。

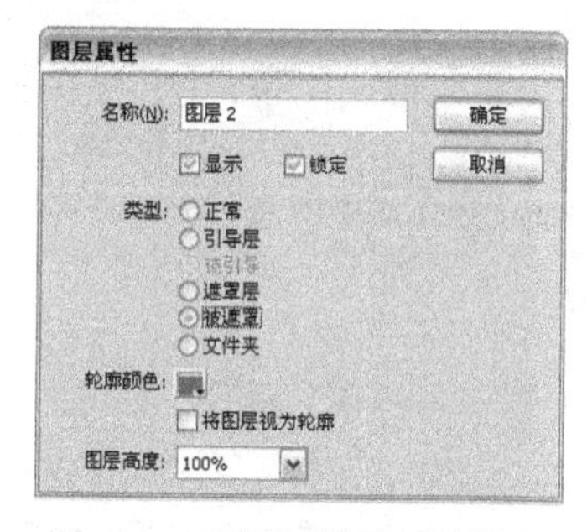

图6-99 “图层属性”对话框

15 新建“图层4”，并使之位于“图层3”的上方，选择“图层4”的第170帧，按F6键插入关键帧，分别选择“图层1”、“图层2”、“图层3”的第190帧，并按F5键插入帧，如图6-100所示。

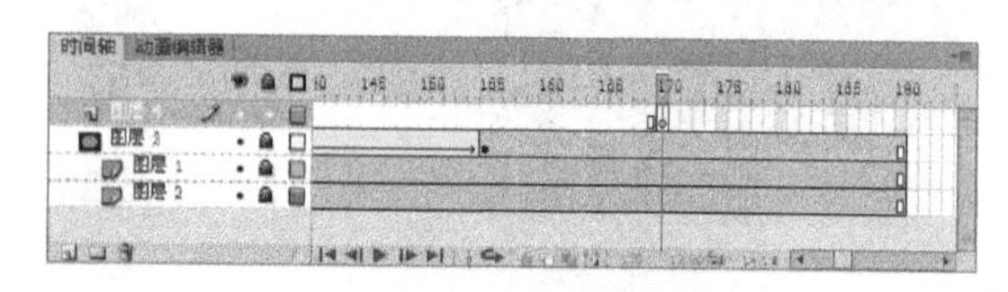

图6-100 插入关键帧与帧

17 在“图层4”的第190帧处插入关键帧，选择“图层4”的第170帧处的元件，在“属性”面板中将其Alpha值设置为0，如图6-102所示。

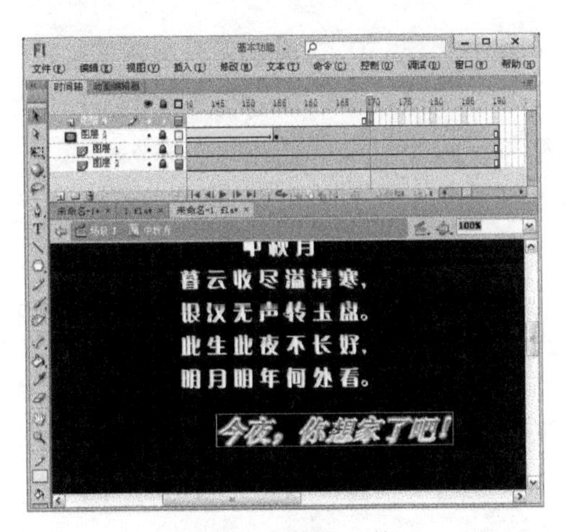

图6-101 拖入元件

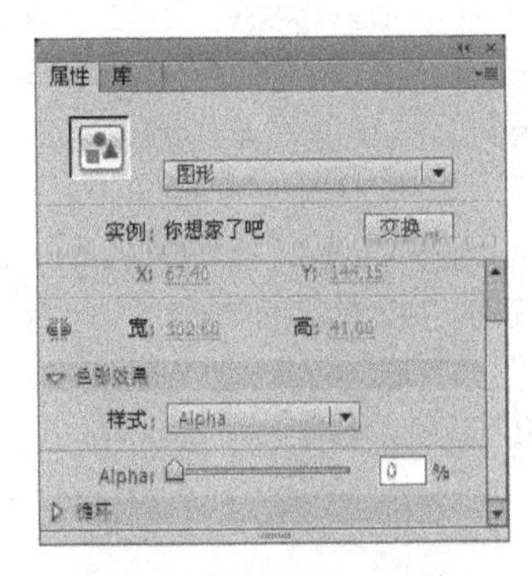

图6-102 设置Alpha值

18 在“图层4”的第170～190帧之间创建补间动画，然后选择“图层4”的第190帧，打开“动作”面板输入以下代码，如图6-103所示。

```
stop();
```

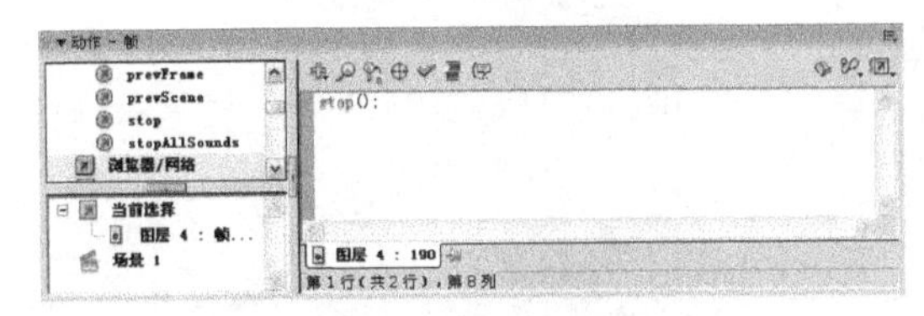

图6-103 输入代码

15.3.8 创建水波影片

01 执行“插入→新建元件”命令，弹出“创建新元件”对话框，在“名称”文本框中输入“水波纹”，在“类型”下拉列表框中选择“图形”选项，如图6-104所示。完成后单击 确定 按钮进入元件编辑区。

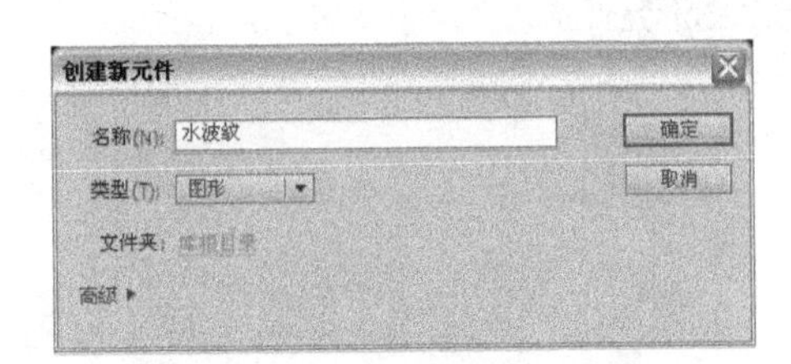

图6-104 “创建新元件”对话框

02 在工具箱中选择钢笔工具，在其“属性”面板中设置笔触颜色为白色，笔触高度为8，如图6-105所示。

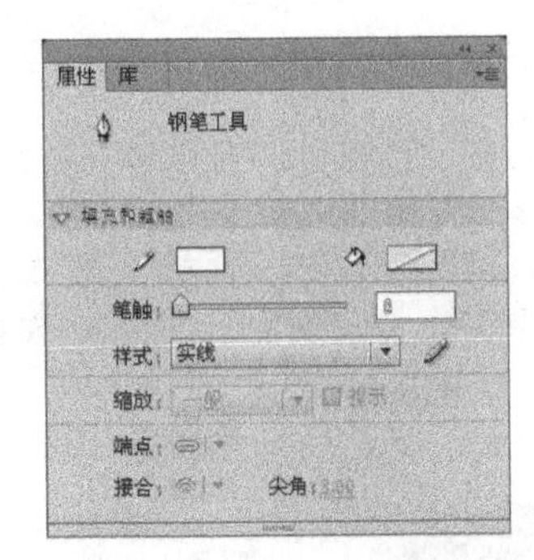

图6-105 “属性”面板

03 在编辑区中绘制一段弧线，如图6-106所示。

04 复制并粘贴绘制的弧线若干次，如图6-107所示。选择所有的弧线，执行“修改→形状→将线条转换为填充”命令，将线条转换为填充。

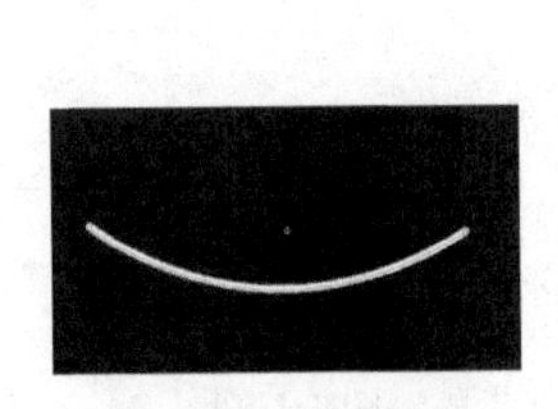

图6-106 绘制弧线

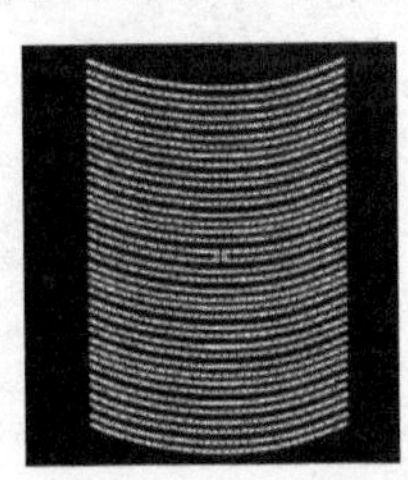

图6-107 复制并粘贴弧线

05 执行“插入→新建元件”命令，弹出“创建新元件”对话框，在“名称”文本框中输入“水波”，在“类型”下拉列表框中选择“影片剪辑”选项，如图6-108所示。完成后单击 确定 按钮进入元件编辑区。

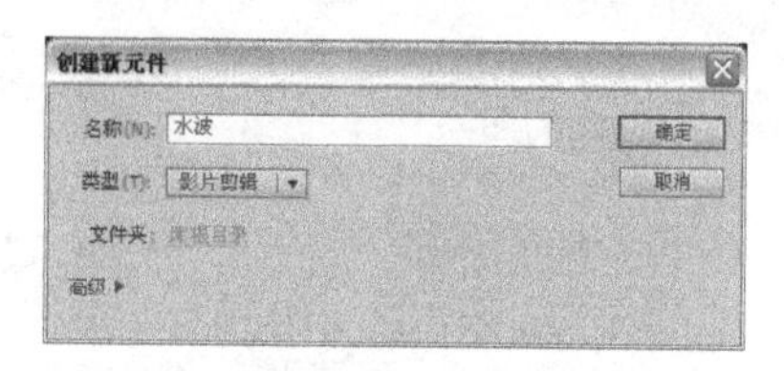

图6-108 “创建新元件”对话框

06 打开“库”面板，将“水波纹”图形元件拖入编辑区中，执行“窗口→信息”命令，打开“信息”面板，设置Y值为-620.00，如图6-109所示。

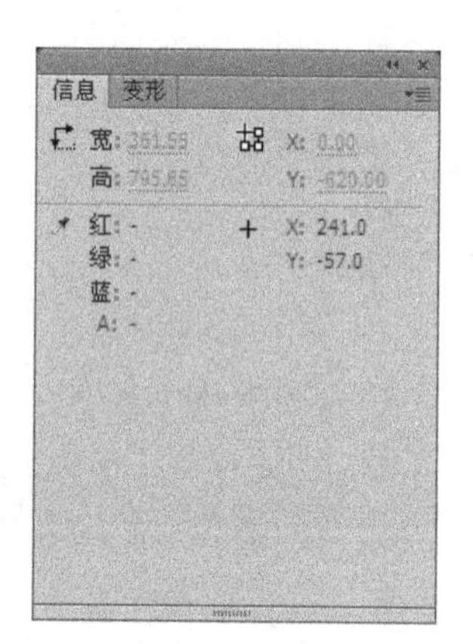

图6-109 “信息”面板

07 在“时间轴”面板中单击“图层1”的第250帧，按F6键插入关键帧，选择编辑区中的元件实例，在“信息”面板中将Y值调整为-45.0，然后在第1～250帧之间创建补间动画，如图6-110所示。

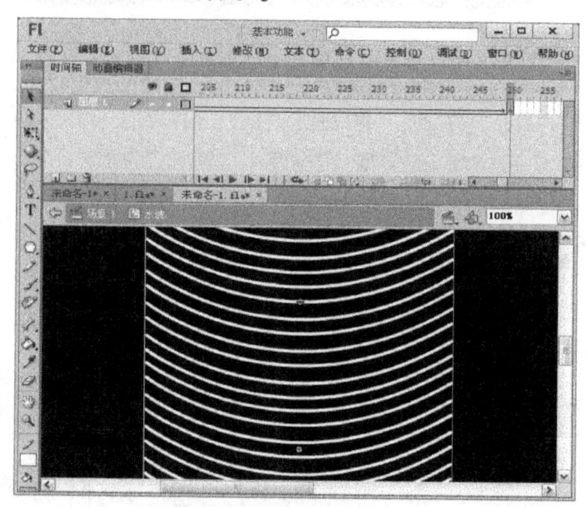

图6-110 创建补间动画

15.3.9 编辑场景

01 返回到主场景中，打开“库”面板。将“背景”图形元件拖入到场景中，选择“背景”图形元件，打开“对齐”面板，依次单击、和按钮，使元件水平居中对齐和垂直居中对齐，如图6-111所示。

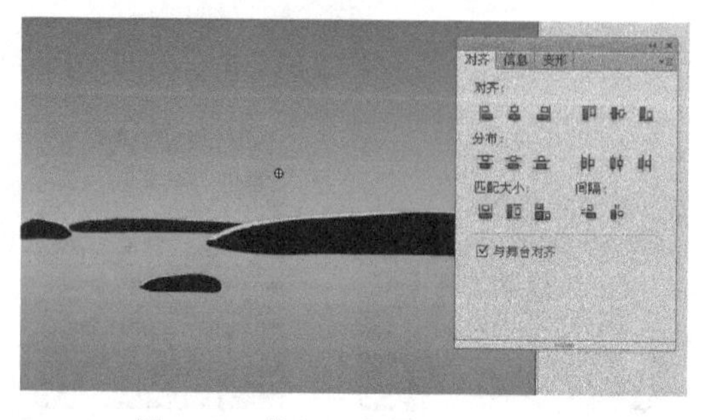

图6-111 拖入“背景”图形元件

02 新建“图层2”，从“库”面板中将“月亮倒影”图形元件拖入舞台中，如图6-112所示。

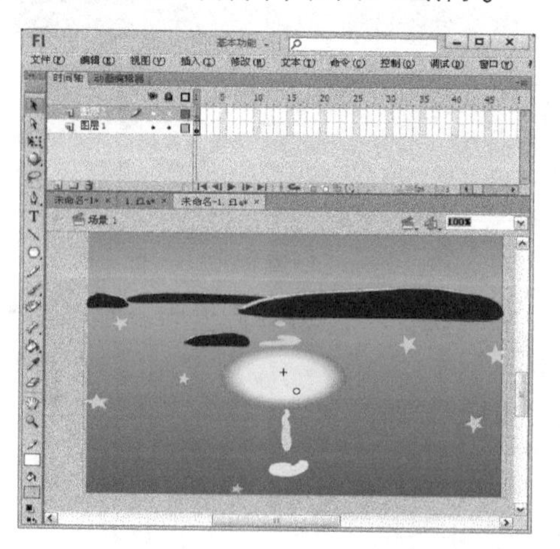

图6-112 拖入“月亮倒影”图形元件

03 新建“图层3”，从“库”面板中再一次将“月亮倒影”图形元件拖入到舞台中，调整位置与“图层2”中元件相同，然后打开“变形”面板，设置宽度为103%，如图6-113所示。

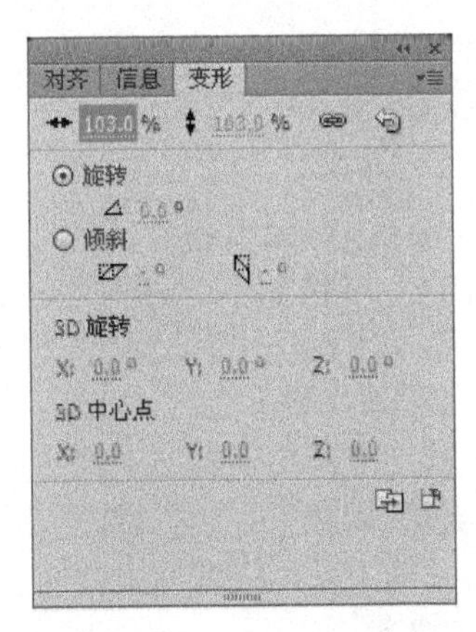

图6-113 “变形”面板

04 新建“图层4”，从“库”面板中将“水波”影片剪辑元件拖入到舞台中，然后在“图层4”上单击鼠标右键，在弹出的快捷菜单中选择“遮罩层”命令，如图6-114所示。

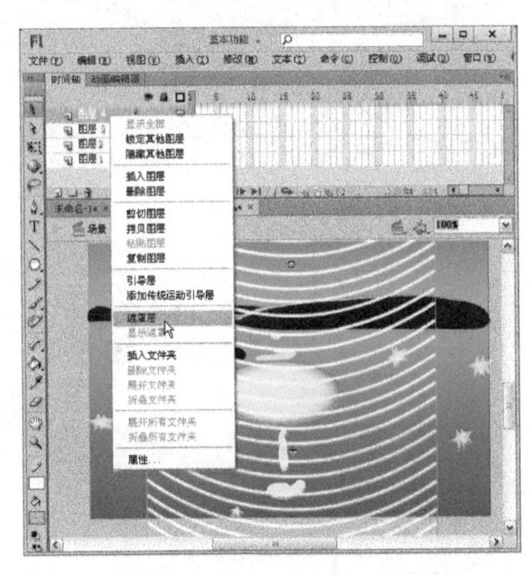

图6-114 选择“遮罩层”命令

05 新建“图层5”，从“库”面板中将“桂花和叶子”图形元件拖入到舞台上，如图6-115所示。

图6-115 拖入图形元件

06 新建“图层6”，将“库”面板中的“萤火虫动画”影片剪辑元件分别拖动4次到舞台上，分别对其进行缩放变形后，放置在不同的位置，如图6-116所示。

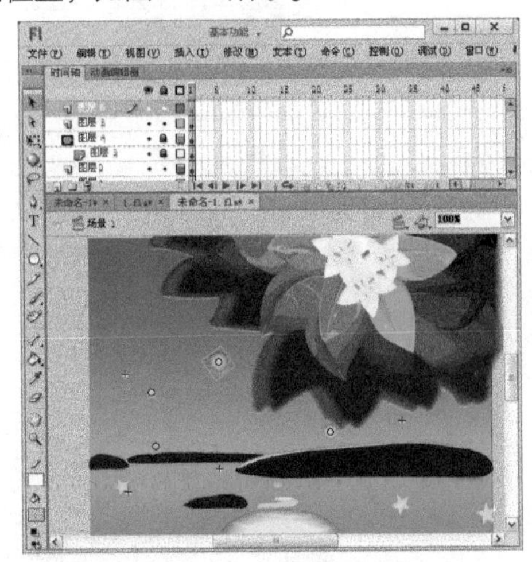

图6-116 拖入影片剪辑元件

07 新建“图层7”，将“库”面板中的“中秋月”影片剪辑元件拖入到舞台上，并在“属性”面板中设置其X坐标值为155.00，Y坐标值为285.00，如图6-117所示。

08 从“库”面板中将“中秋快乐”影片剪辑元件拖入到舞台上，在“属性”面板中设置其X坐标值为391.50，Y坐标值为556.00，如图6-118所示。

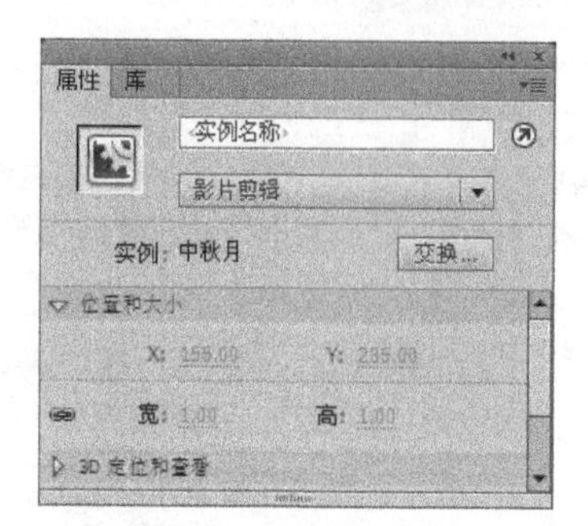

图6-117　设置坐标值

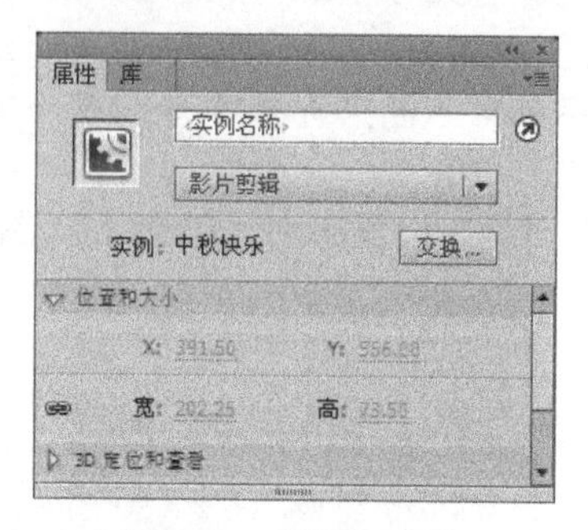

图6-118　设置坐标值

09 新建“图层8”，执行“文件→导入→导入到库”命令，在弹出的“导入到库”对话框中选择一个音乐文件，如图6-119所示。完成后单击打开(O)按钮。

图6-119　“导入到库”对话框

10 选中“图层8”的第1帧，在“属性”面板的“名称”下拉列表框中选择“背景音乐.mp3”，其同步选项设置为“事件－重复－1“，如图6-120所示。

图6-120　选择声音并设置同步选项

11 执行“文件→保存”命令保存文件，然后按Ctrl+Enter组合键欣赏本例的最终效果，如图6-121所示。

图6-121　最终效果

举一反三 | 新年贺卡

打开光盘\源文件与素材\Chapter 6\Example 15\新年贺卡.swf，欣赏动画最终完成效果，如图6-122所示。

图6-122　动画完成效果

制作文字动画

制作鞭炮

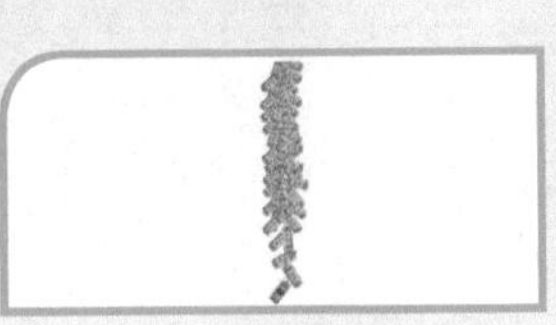

制作一串鞭炮

制作鞭炮点燃后的情景

制作牡丹花

制作灯笼

◎ 关键技术要点 ◎

01 新建一个Flash文档，创建一个影片剪辑元件，设置“图层1”的第1帧为关键帧，输入文字，在第30帧处插入关键帧；增加“图层2”，设置第1帧为关键帧，复制“图层1”的第1帧并粘贴到此处，在第30帧处插入关键帧并将其放大，设置Alpha值为0，制作文字动画。

02 新建“鞭炮”图形元件，在元件编辑区中制作鞭炮形状。新建“一串鞭炮”影片剪辑元件，将库中的“鞭炮”图形元件拖入到工作区，重制若干个排列成一串鞭炮，并选中最下面的3只鞭炮制作其移动的动画。

03 新建“爆炸的炮仗”影片剪辑元件，在元件编辑区中制作鞭炮点燃后的情景。

04 新建“牡丹花”图形元件，在元件编辑区中绘制一朵牡丹花。新建“灯笼”影片剪辑元件，在元件编辑区中绘制一个灯笼形状。

05 回到主场景，从“库”面板中将制作的影片剪辑元件全部拖入，并调整好位置即可。

读书笔记

第7章

The 7th Chapter

制作彩铃

彩铃作为手机的增值业务，在中国兴起的短短几年中，用户量的增长势如破竹。彩铃的使用率会有如此高的增长趋势，正是因为它有着数量庞大的受众群，无论男女老幼，都能找到适合自己使用的彩铃。本章将介绍彩铃的制作方法。

- 制作彩铃

Work1 要点导读

制作彩铃动漫至关重要的是策划，一个好的彩铃动漫的诞生，首先是它必须要有一个好的创意。关于彩铃动漫的创意，有以下几点需要注意。

（1）紧跟流行。如今彩铃的最大受众群是年轻人，追求流行本身又是年轻人的特质，所以把握流行元素非常重要。

（2）套用经典。经典就是经典，无论它出现在电影、电视，还是书本、报纸上，只要人们认同它并经久不衰地传播它，它就成为了经典。如果能够在经典上做文章，使之更有新意，那么做出的东西往往能事半功倍。

（3）整合自己的资源特点求创新。充分发挥个人的优势，擅长什么就要利用什么，如模仿力、幽默感、独特的声线、丰富的阅历，这都是自己的资源。

（4）避免空洞，要有血有肉。彩铃最初出现，很多原创类的内容都只是，“接电话，不接电话”几个词翻来覆去。如今人们更喜欢，也更需要有实质内容的彩铃。如图**7-1**所示的彩铃动画就做得很好。

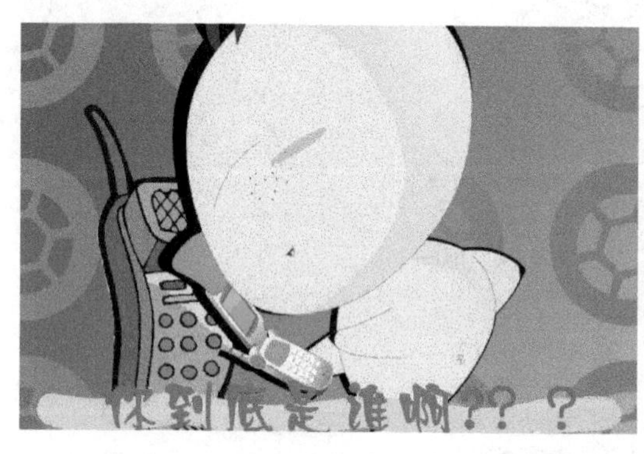

图7-1　彩铃动画

（5）抓受众群的心理，产品内容要贴切。年轻人喜爱流行、另类、搞笑；上年纪的人喜欢实用、安静。在做彩铃之前一定要弄清楚是为哪部分人而做，明确了受众群以后，自己的策划就会切实有效。

（6）彩铃的名字要吸引人。一条原创类彩铃，人们往往是从名字来认识它的，名字吸引人它就成功了一半。所以好彩铃要有好名字才算是成功。

Work2 案例解析

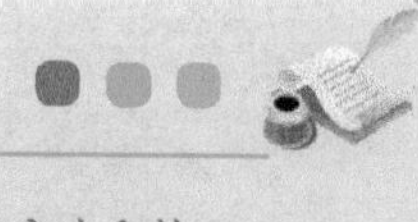

对彩铃动漫制作有了一定的了解后，下面通过实例进一步学习彩铃动漫的制作方法和技巧。

Example 16

彩铃动漫

本实例制作一个彩铃的动画效果，可打开本书配套光盘中的文件，查看完成后的动画效果。

...导入图片

...影片剪辑

...影片剪辑

...场景动画

16.1 效果展示

原始文件： Chapter 7\Example 16\彩铃动漫.fla

最终效果： Chapter 7\Example 16\彩铃动漫.swf

学习指数： ★★★★

本实例制作的是一个彩铃动漫效果，整个动画通过几幅素材图像作为主要元素，分别为图像添加动画效果，最后再添加文字。通过本实例的学习，可以使读者掌握制作彩铃动漫的基本操作方法。

16.2 技术点睛

本实例中的彩铃动漫，主要使用了创建影片剪辑元件功能与创建补间动画功能以及转换元件功能来编辑制作。通过本实例的学习，读者能够掌握Flash CS6制作彩铃动漫的基本操作方法。

在制作彩铃动漫时，应注意以下几个操作环节。

（1）在制作骏马奔驰的动画时，要注意每匹马在动画中的位置必须一致，这可以通过“对齐”面板来设置。

（2）在添加彩铃动漫歌词时，要一边按Enter键播放动画，一边添加歌词，这样铃声的播放才能与歌词相对应。

16.3 步骤详解

下面来完成本实例的制作。

16.3.1 制作白马动画

01 新建一个Flash空白文档。执行“修改→文档”命令，打开“文档设置”对话框，将“尺寸”设置为720像素（宽度）×480像素（高度），“帧频”设置为12，如图7-2所示。

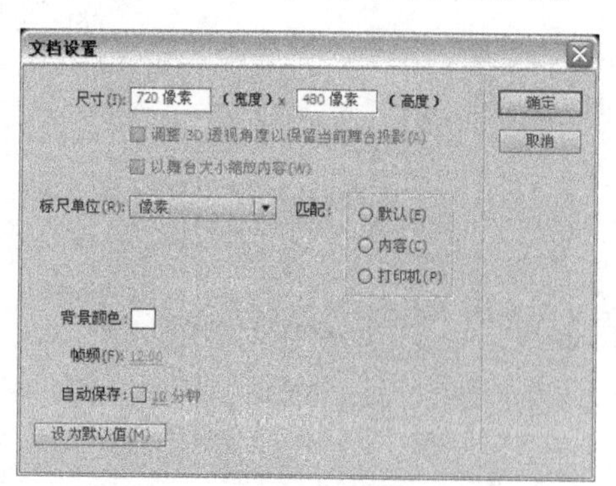

图7-2 “文档设置”对话框

02 执行“插入→导入→导入到舞台”命令，将一幅图像导入到舞台上，如图7-3所示。

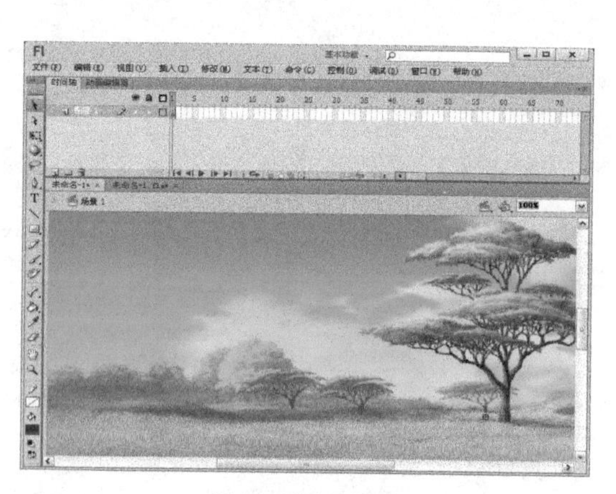

图7-3 导入图像

03 在第59帧处插入关键帧，然后将图片向左移动，最后在第1～59帧之间创建补间动画，如图7-4所示。

04 执行“插入→新建元件”命令，弹出“创建新元件”对话框，在“名称”文本框中输入“白马”，在“类型”下拉列表框中选择“影片剪辑”选项，如图7-5所示。完成后单击 确定 按钮进入元件编辑区。

图7-4 创建补间动画

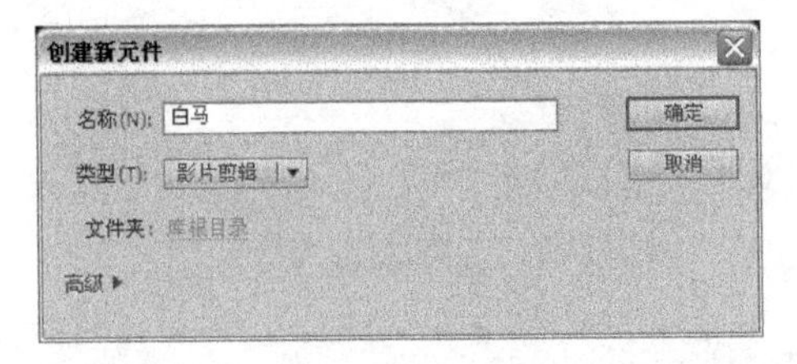

图7-5 “创建新元件”对话框

05 执行“文件→导入→导入到库”命令，将8幅图片导入到“库”面板中，如图7-6所示。

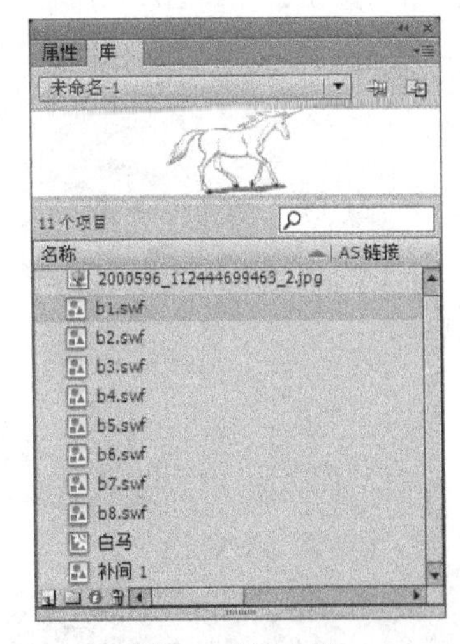

图7-6 导入图像

06 选择时间轴上的第1～8帧，按F6键插入关键帧，如图7-7所示。

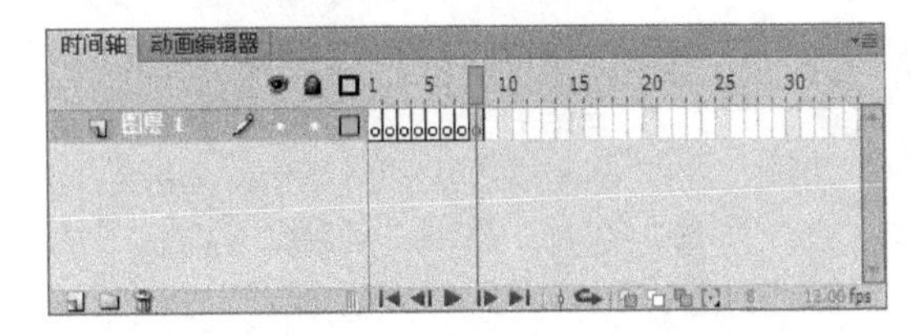

图7-7 插入关键帧

07 选中时间轴上的第1帧，从“库”面板中将一幅图片拖入到舞台中，按Ctrl+K组合键打开“对齐”面板，单击“水平中齐”按钮与“垂直居中分布”按钮，如图7-8所示。

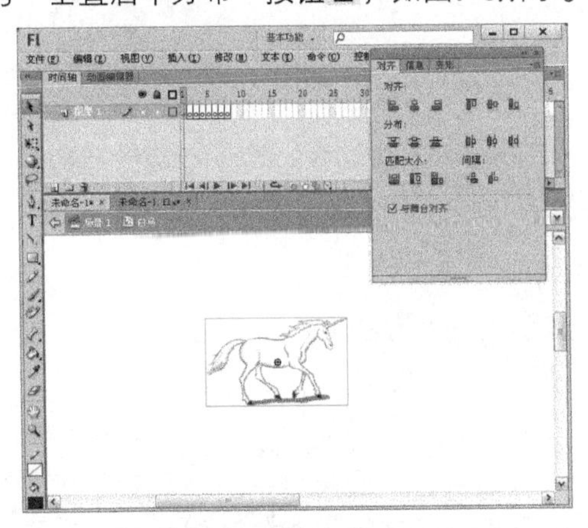

图7-8 拖入第1幅图片

08 选中时间轴上的第2帧，从“库”面板中将一幅图片拖入到舞台中，然后在“对齐”面板中单击“水平中齐”按钮与“垂直居中分布”按钮，如图7-9所示。

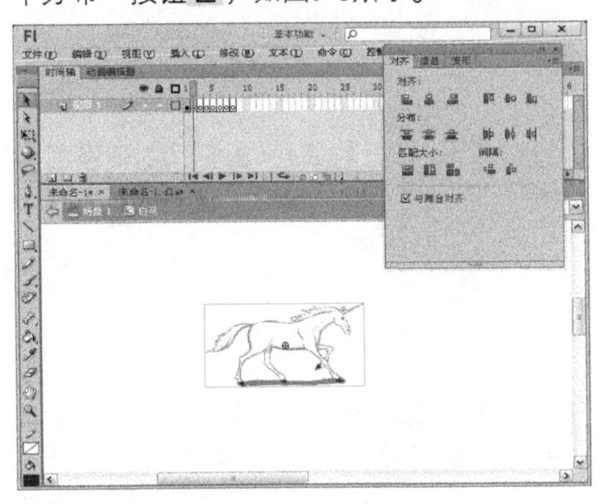

图7-9 拖入第2幅图片

09 按照同样的方法，分别选中第3帧、第4帧……第8帧，从“库”面板中将图片拖入到舞台中。并且分别按Ctrl+K组合键打开“对齐”面板，单击“水平中齐”按钮与“垂直居中分布”按钮，如图7-10所示。

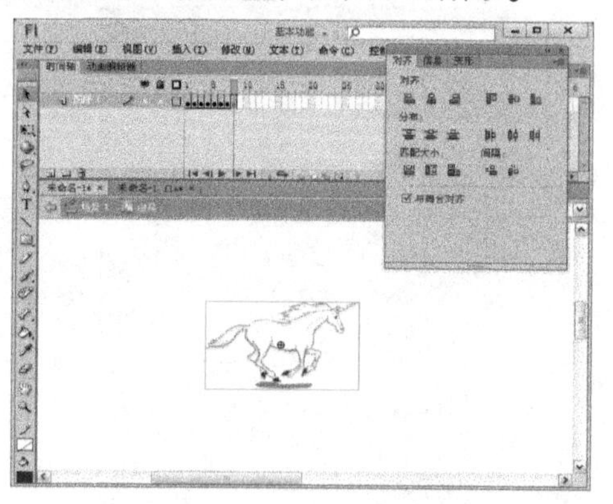

图7-10　拖入其他图片

10 回到主场景中，新建“图层2”。从“库”面板中拖入4个“白马”影片剪辑元件到舞台上，如图7-11所示。

图7-11　拖入影片剪辑元件

16.3.2　创建黑马动画

01 执行“插入→新建元件”命令，弹出“创建新元件”对话框，在“名称”文本框中输入“黑马”，在“类型”下拉列表框中选择“影片剪辑”选项，如图7-12所示。完成后单击 确定 按钮进入元件编辑区。

02 执行“文件→导入→导入到库”命令，将8幅图片导入到“库”面板中，如图7-13所示。

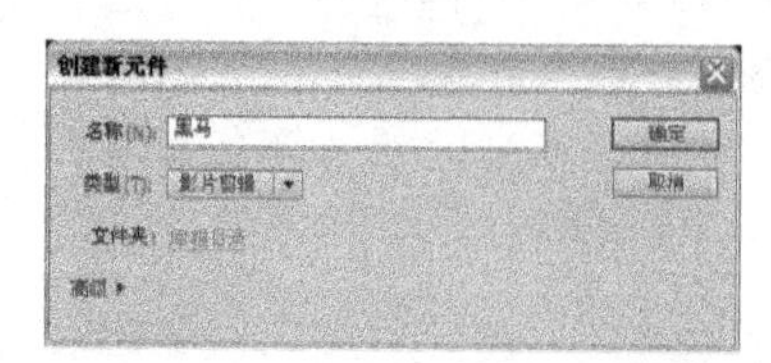

图7-12　“创建新元件”对话框

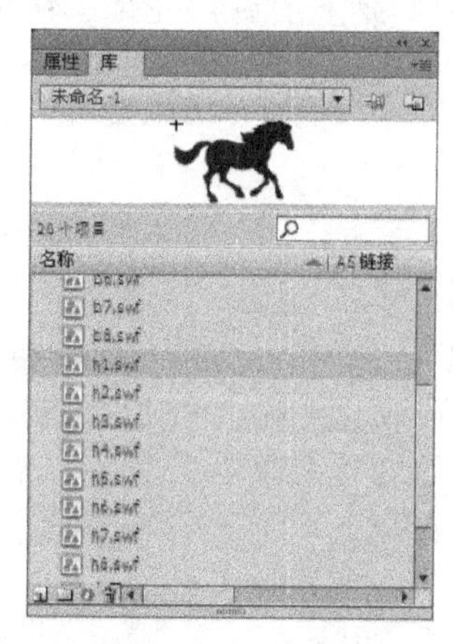

图7-13　导入图像

03 选择时间轴上的第1～8帧，按F6键插入关键帧，如图7-14所示。

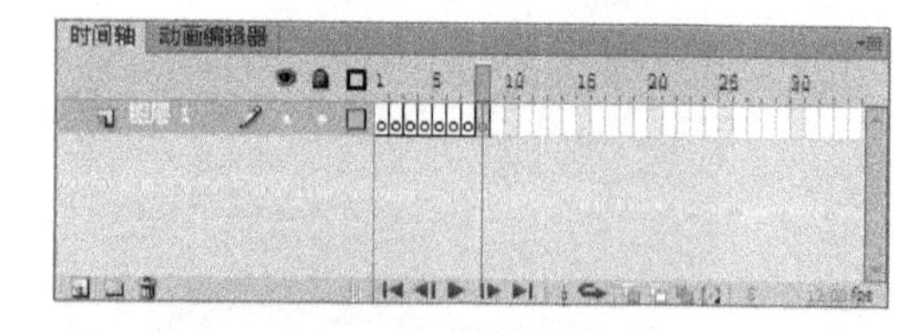

图7-14　插入关键帧

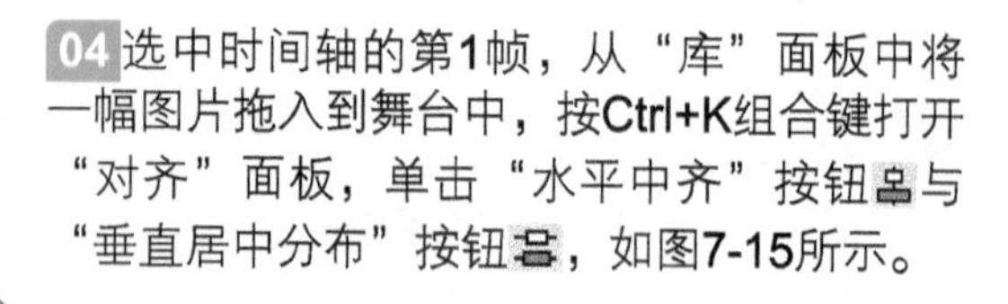

04 选中时间轴的第1帧，从“库”面板中将一幅图片拖入到舞台中，按Ctrl+K组合键打开“对齐”面板，单击“水平中齐”按钮与“垂直居中分布”按钮，如图7-15所示。

05 选中时间轴上的第2帧，从“库”面板中将一幅图片拖入到舞台中，然后在“对齐”面板中单击“水平中齐”按钮与“垂直居中分布”按钮，如图7-16所示。

图7-15 拖入第1幅图片

图7-16 拖入第2幅图片

06 按照同样的方法，分别选中第3帧、第4帧……第8帧，从“库”面板中将图片拖入到舞台中。并且分别按Ctrl+K组合键打开“对齐”面板，单击“水平中齐”按钮与“垂直居中分布”按钮，如图7-17所示。

图7-17 拖入其他图片

07 回到主场景，新建“图层3”，在第60帧处插入关键帧，执行“插入→导入→导入到舞台”命令，将一幅图像导入到舞台上，如图7-18所示。

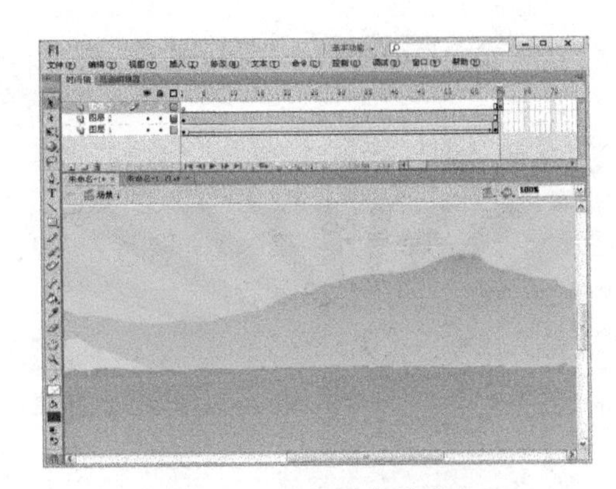

图7-18 导入图片到舞台

08 在“图层3”的第130帧处插入关键帧，将图片向左移动，然后在第60~130帧之间创建补间动画，最后在第140帧处插入帧，如图7-19所示。

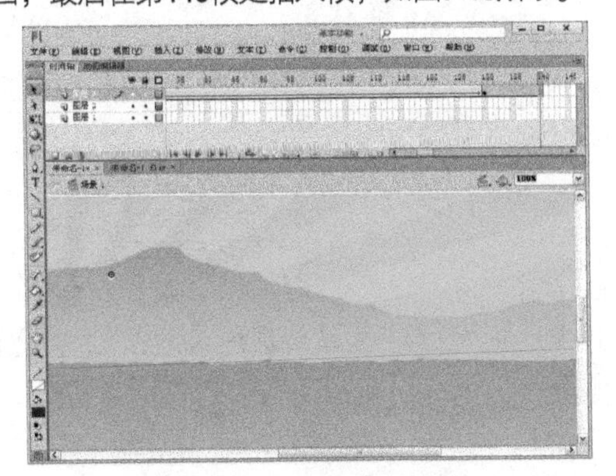

图7-19 插入帧

09 新建“图层4”，在第60帧处插入关键帧，从“库”面板中拖入3个“黑马”影片剪辑元件到舞台上，如图7-20所示。

图7-20 拖入影片剪辑元件

10 新建“图层5”，在第120帧处插入关键帧，执行“插入→导入→导入到舞台”命令，将一幅图像导入到舞台上，并将其移动到舞台的左侧，如图7-21所示。

图7-21　导入另一幅图片到舞台

11 在“图层5”的第130帧处插入关键帧，将图片向右移动，然后在第120～130帧之间创建补间动画，如图7-22所示。

图7-22　创建补间动画

16.3.3　创建骏马动画

01 新建“图层6”，在其第141帧处插入关键帧，执行“插入→导入→导入到舞台”命令，将一幅图像导入到舞台上，然后在第165帧处插入帧，如图7-23所示。

图7-23　导入图像（1）

02 新建“图层7”，在其第141帧处插入关键帧，执行“插入→导入→导入到舞台”命令，将3幅图像导入到舞台上，如图7-24所示。

图7-24　导入图像（2）

03 新建“图层8”，在其第141帧处插入关键帧，执行“插入→导入→导入到舞台”命令，将一幅图像导入到舞台上，如图7-25所示。

04 在“图层8”的第149帧处插入空白关键帧，执行“插入→导入→导入到舞台”命令，将一幅图像导入到舞台上，如图7-26所示。

图7-25 导入图像（3）

图7-26 导入图像（4）

16.3.4 创建男人与女人动画

01 执行“插入→新建元件”命令，弹出“创建新元件”对话框，在“名称”文本框中输入“骑马”，在“类型”下拉列表框中选择“影片剪辑”选项，如图7-27所示。完成后单击 确定 按钮进入元件编辑区。

图7-27 “创建新元件”对话框

02 在第5帧处插入关键帧，然后分别导入两幅图像到第5帧与第9帧中，最后在第10帧处插入帧，如图7-28所示。

图7-28 导入图像

03 回到主场景，新建“图层9”，在其第166帧处插入关键帧，执行“插入→导入→导入到舞台”命令，将一幅图像导入到舞台上，如图7-29所示。

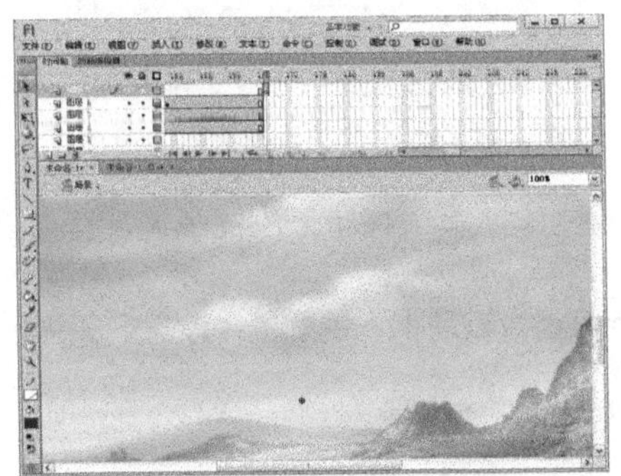

图7-29 导入一幅图像

04 在“图层9”的第206帧处插入关键帧，将图片向上移动，然后在第166~206帧之间创建补间动画，最后在第270帧处插入帧，如图7-30所示。

图7-30 创建补间动画

05 新建“图层10”，在第166帧处插入关键帧，从“库”面板中拖入“骑马”影片剪辑元件到舞台上，如图7-31所示。

图7-31 拖入影片剪辑元件

06 在“图层10”的第206帧处插入关键帧，将“骑马”影片剪辑元件向上移动，然后在第166～206帧之间创建补间动画，如图7-32所示。

图7-32 创建补间动画

16.3.5 添加声音及歌词

01 执行“文件→导入→导入到库”命令，打开“导入到库”对话框，选中声音文件“铃声.mp3”，如图7-33所示，单击 打开(O) 按钮，将声音文件导入到库中。

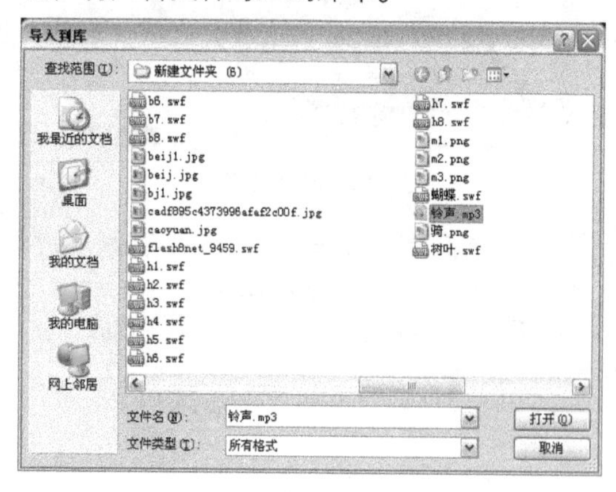

图7-33 “导入到库”对话框

02 新建“铃声”图层，选中该图层上的第1帧，在“属性”面板的“名称”下拉列表框中选择“铃声.mp3”，其“同步”选项设置为“数据流－重复－1”，如图7-34所示。

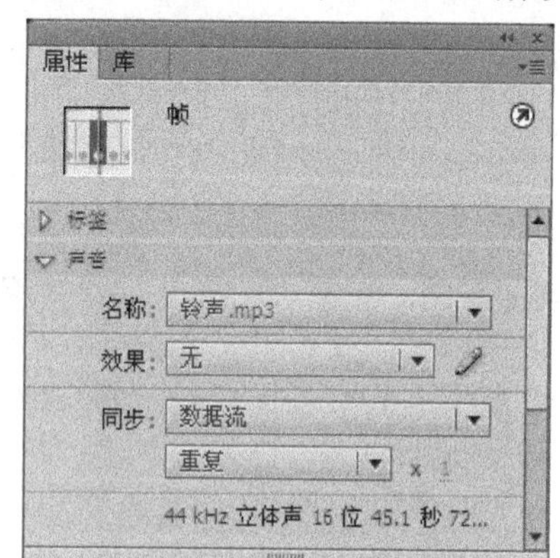

图7-34 选择声音并设置同步选项

03 新建一个图层并命名为“歌词”，在此图层中使用文本工具根据音乐的播放速度同步在舞台下方输入歌词，如图7-35所示。

04 执行“文件→保存”命令保存文件，然后按Ctrl+Enter组合键欣赏本例的最终效果，如图7-36所示。

图7-35 输入歌词

图7-36 最终效果

举一反三 | 英文彩铃

打开光盘\源文件与素材\Chapter 7\Example 16\英文彩铃.swf，欣赏动画最终完成效果，如图7-37所示。

图7-37　动画完成效果

制作老奶奶动画

制作老爷爷动画

导入图片

制作长椅

拖入老奶奶动画

拖入老爷爷动画

◎ 关键技术要点 ◎

01 新建一个Flash文档，将“背景颜色”设置为深绿色（#669900）。

02 新建一个Flash文档，创建一个图形元件，制作一个老奶奶点头的动画。

03 新建“老爷爷”图形元件，制作一个老爷爷点头的动画。

04 新建一个影片剪辑元件，在元件编辑区中导入图片，并制作椅子。

05 将“老奶奶”与“老爷爷”图形元件拖入到椅子中。

06 回到主场景，从“库”面板中将制作的影片剪辑元件拖入，然后创建影片剪辑由大到小的动画效果。

07 新建图层，导入音乐文件并添加歌词。

第8章

The 8th Chapter

制作MTV

随着人们在日常生活和工作中对网络的应用越来越多，Flash动画的应用范围也变得更加广泛。其中Flash MTV已成为一种新的文化潮流，在网络中渐渐流行起来。本章就讲述使用Flash CS6制作MTV动画的操作方法。

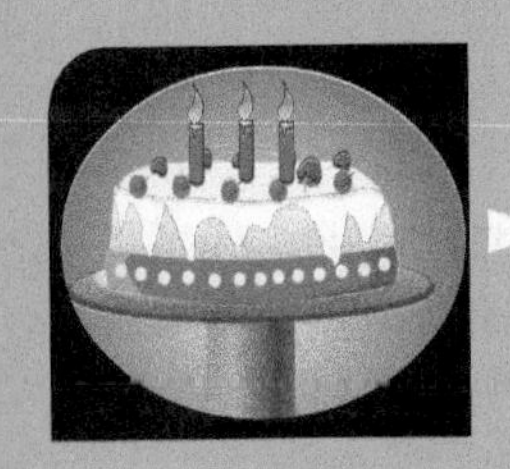
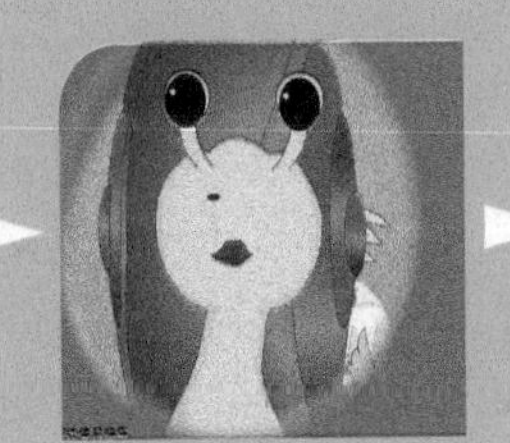

● 制作生日快乐MTV

Work1 要点导读

随着信息技术的不断发展和人们生活水平的不断提高，Flash动画的应用领域也不断拓展。其中制作Flash MTV动画逐步发展成为一种文化潮流，正丰富着人们的日常文化精神生活。关于制作MTV动画的相关知识，主要从以下几个方面进行介绍。

1. Flash MTV简介

Flash MTV的兴起与网络的力量是分不开的，在以往的传统媒体中，电视和广播等占据着极其重要的地位。在网络技术不断进步、网络文化不断发展的今天，网络的力量已不可忽视，Flash MTV就是在这样一种背景下产生的，如今它不但是闪客们展现技术的舞台，也已经成为很多网络音乐人的宣传途径。在各动画网站中不断涌现出很多优秀的作品。

2. Flash MTV的特点

Flash MTV不同于传统媒体的特点，主要包括以下几点。

（1）适合网络传播

如今，网络的发展使信息传播速度加快，在网络中Flash以其小巧的身材保持了其传播的快速性，而Flash MTV也具备这样的特点，由于其矢量图的特点和对MP3格式声音文件的支持，使得Flash MTV非常适合网络的传播。

（2）表现方式多样

使用Flash制作MTV可以根据音乐的不同风格来制作不同表现方法的动画影片，并可根据节奏的韵律来制作有规律的视觉效果，给人以全新的视觉感受，其表现风格很多，如卡通风格、写实手法等。

（3）制作费用低廉

相对于电视MTV昂贵的制作费用，使用Flash制作则便宜很多，如今只要有一部电脑、几款软件即可制作出相当不错的动画MTV。Flash就是这样一种软件，不但功能强大而且操作简洁，越来越多的人使用Flash来制作MTV。

（4）适合个人创作

电视MTV的制作往往需要多人及各种设备来共同合作完成MTV的制作，其巨大的工作量是难以估计的，耗费巨大人力物力和漫长的时间，但使用Flash来制作就显得简单得多，只要能熟练操作Flash软件，即使读者没有经过专业的美术培训，只要具备一定的审美能力即可制作出令人满意的Flash动画MTV。

3. Flash MTV的制作流程

合理的制作步骤不但可以节省很多宝贵的时间，而且能为动画的品质提供保障。Flash MTV制作的基本流程如下。

（1）前期的策划和构思

在制作影片之前，首先要对所选音乐的内容、特点、风格有一个整体的理解，并对将要

制作的MTV进行构思和创意，在构思时要设想所制作的影片的风格以及用何种表现方法来表达歌曲或自己的感情，用何种场景或造型来表现，建议在构思时，使用绘制草图的方法来进行创意，以便在以后的制作过程中保持一个清醒的头脑。

（2）搜集和制作素材

构思结束之后，要根据所构思的内容来搜集和制作素材，包括各种图片以及声音，制作在影片中会使用到的场景以及各种造型等。

（3）编辑影片

在素材准备的比较充分之后，即可动手按照构思好的方法来制作主影片，将各种素材进行有机的组合，并使用各种表现手法，将音乐的节奏和动画融合起来，制作出完整的影片。

（4）测试发布

在主影片制作结束后，再对影片进行测试，修改其中不满意的地方，调整结束后即可设置Flash的发布设置，完成后即可将影片发布。

需要注意的是，在Flash中可直接引用的音频格式有WAV、MP3、AIFF和AU共4种，但AIFF和AU格式的音频素材使用频率很低，最常用的是WAV和MP3音频格式。

4. MTV镜头应用

Flash MTV实际上就是一部简化并浓缩了的动画电影，所以可以借鉴和参考电影中的镜头应用技巧，对于MTV情节的表现以及加强动画的画面表现力都有极大的帮助。下面对Flash MTV中的常见的镜头应用进行简单的介绍。

- 跟随：是指将镜头沿动画主体的运动轨迹进行跟踪，即模拟动画主体的主视点。该镜头通常用在表现主体运动过程或者运动速度时采用（注意在表现跟随时，主体本身的大小是不变的），这类镜头可以带给观众一种跟随动画主体一起运动的感觉。
- 推：是指将动画镜头不断地向前推进，使镜头的视野逐渐缩小，从而将镜头对准的动画主体放大。使用推动镜头通常可以给观众两种感觉：一种是感觉自己不断向前，而主体不动；另一种是感觉自己不动，而主体布点向自己接近的感觉。
- 移：是指将镜头位置固定不动，而将动画主体在场景中作上下或左右的运动。这种镜头表现方式一般给人以动画主体在运动的感觉。
- 拉：是指将镜头不断地向后拉动，使镜头视野扩大，并同时将动画主体缩小。使用拉动镜头可以给观众两种感觉：一种是感觉自己不断向后，而主体不动；另一种是感觉自己不动，而主体不断离去。
- 摇：是指镜头位置固定不动，而将画面作上下左右的摇动或旋转。“摇”经由一般在场景中做大幅度的移动，给人以环视四周的感觉。
- 切换：是指在动画播放过程中将一种镜头方式转换为另一种镜头方式（也可引申为从一个场景切换到另一个场景）。在动画MTV制作中，切换镜头应用方式是最常用的，适当地切换镜头能使动画影片不至于很快变得单调乏味。

Work2 案例解析

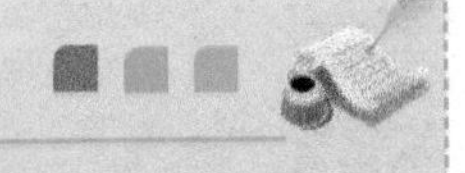

对MTV动画制作有了一定的了解后，下面通过实例来进一步学习MTV的制作方法和技巧。

Adobe Flash CS6

Example 17

生日快乐MTV

本实例制作一个生日快乐MTV动画效果，可打开本书配套光盘中的文件，查看完成后的动画效果。

...制作蛋形

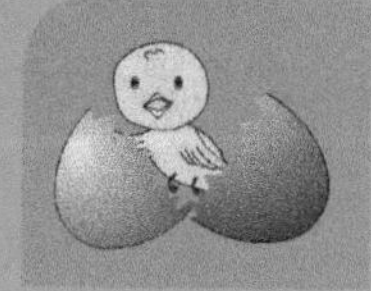
...小鸟出生

...蜡烛动画

... 唱歌图形

...制作蜗牛

...制作小鸟

17.1 效果展示

原始文件：Chapter 8\Example 17\MTV动画.fla
最终效果：Chapter 8\Example 17\MTV动画.swf
学习指数：★★★★★

本实例制作的是一个生日快乐MTV动画，在画面中制作了多个图形，分别为这些图形制作动画效果，制作出具有卡通动感的MTV效果。

17.2 技术点睛

本实例中的生日快乐MTV动画，主要使用了创建元件功能与创建逐帧动画功能以及创建遮罩动画功能来编辑制作。通过本实例的学习，可使读者掌握Flash CS6制作MTV动画的基本操作方法。

在制作MTV动画时，应注意以下几个操作环节。

（1）遮罩层一般只遮罩下面的一个图层，如果需要将下面的多个图层同时遮罩，可将下面图层的图层属性都设置为被遮罩。

（2）制作MTV动画时，一般都是新建两个图层分别放置音乐与歌词，这样做的好处是图层编辑区中显得很有条理，在编辑动画时不容易混淆。

17.3 步骤详解

下面一起来完成本实例的制作。

17.3.1 制作小鸟出生动画

01 新建一个Flash空白文档。执行"修改→文档"命令，打开"文档设置"对话框，将"尺寸"设置为720像素（宽度）×576像素（高度），"帧频"设置为12，如图8-1所示。

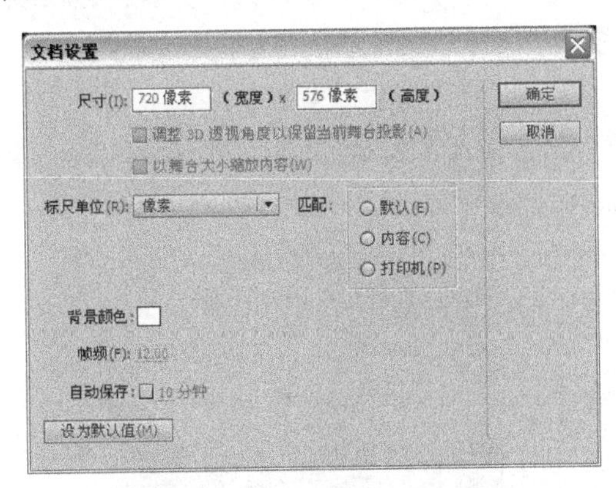

图8-1 "文档设置"对话框

02 使用矩形工具在舞台上绘制一个宽度和高度分别为720像素与576像素、边框为无、填充色为绿色（#339999）的矩形，并使其刚好把舞台遮住，如图8-2所示。

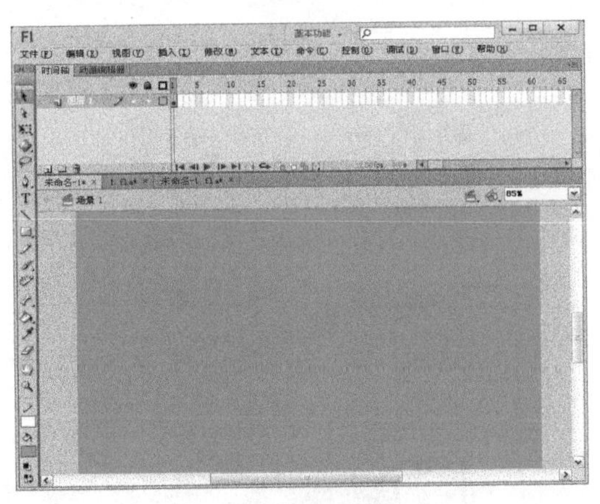

图8-2 绘制矩形

03 执行"窗口→颜色"命令，打开"颜色"面板，设置填充样式为"径向渐变"，填充颜色为由#FFEAD5到#4F4031，如图8-3所示。

04 新建"图层2"，使用椭圆工具在舞台上绘制一个蛋形，如图8-4所示。

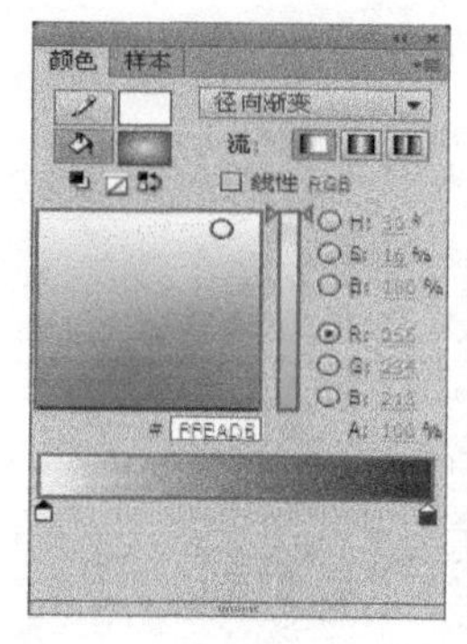

图8-3　“颜色”面板

图8-4　绘制蛋形

05 再次使用椭圆工具在蛋形的下方绘制蛋形的阴影形状，选中阴影，按F8键，在弹出的“转换为元件”对话框中将其转换为图形元件，如图8-5所示。完成后单击确定按钮。

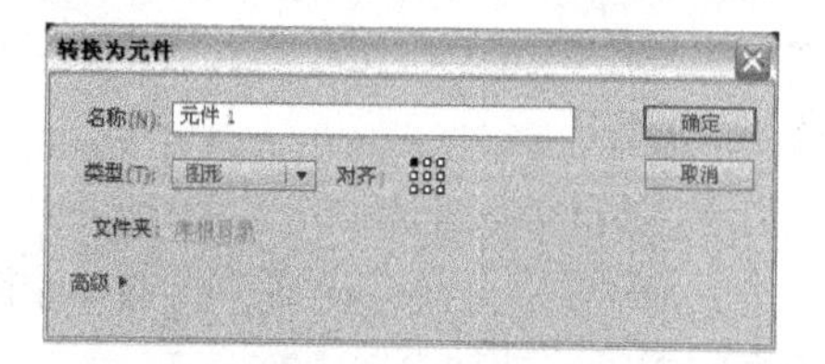

图8-5　“转换为元件”对话框

06 选中蛋形阴影，在“属性”面板中将其Alpha值设置为27%，如图8-6所示。

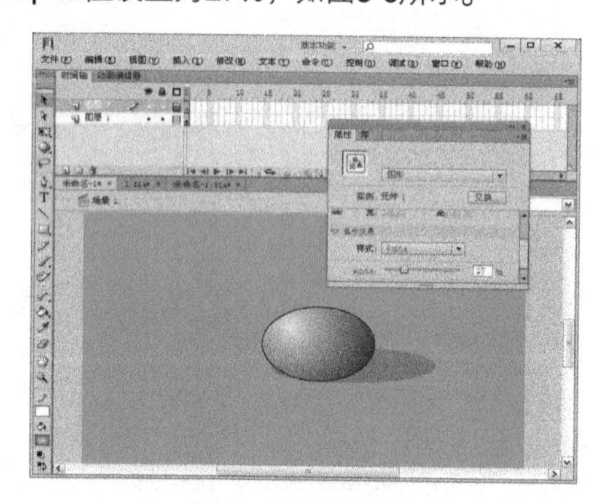

图8-6　设置Alpha值

07 分别在“图层1”与“图层2”的第90帧处插入帧。然后在“图层2”的第4帧处插入关键帧，使用任意变形工具旋转蛋形和阴影，并调整阴影的大小，如图8-7所示。

图8-7　调整蛋形和阴影

08 分别在“图层2”的第6、8、10、12帧处插入关键帧，然后使用任意变形工具分别调整这几个关键帧中的蛋形和阴影，如图8-8～图8-11所示。

图8-8　第6帧

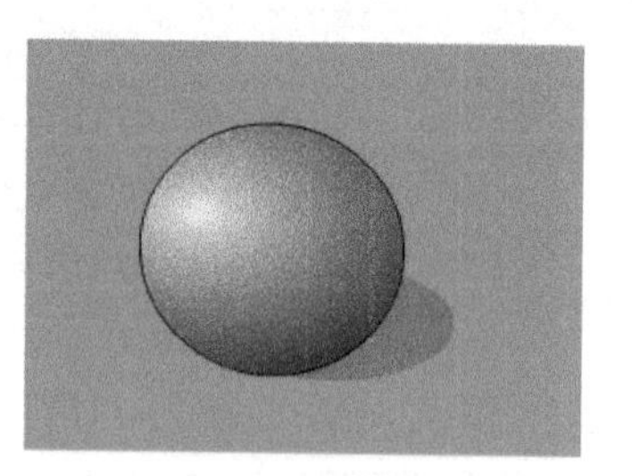

图8-9　第8帧

图8-10　第10帧

图8-11　第12帧

09 在“图层2”的第14帧处插入空白关键帧，使用铅笔工具和钢笔工具绘制一个碎成两半的蛋形壳，如图8-12所示。

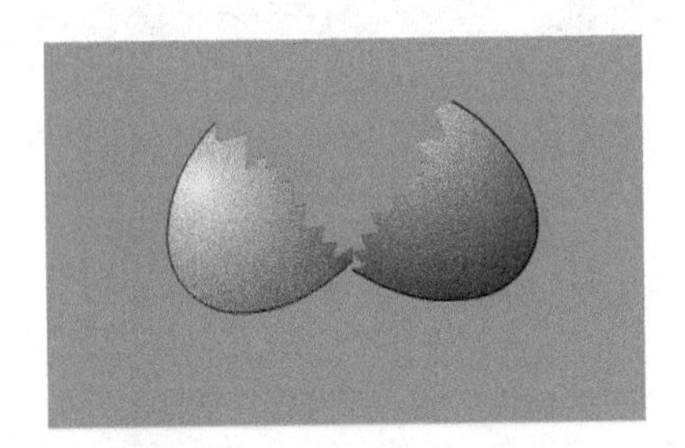

图8-12 绘制碎掉的蛋形壳

10 新建“图层3”，并将其拖动到“图层2”的下方，然后在“图层3”的第14帧处插入关键帧，综合使用各种绘图工具绘制出一只闭着眼的小鸟，如图8-13所示。

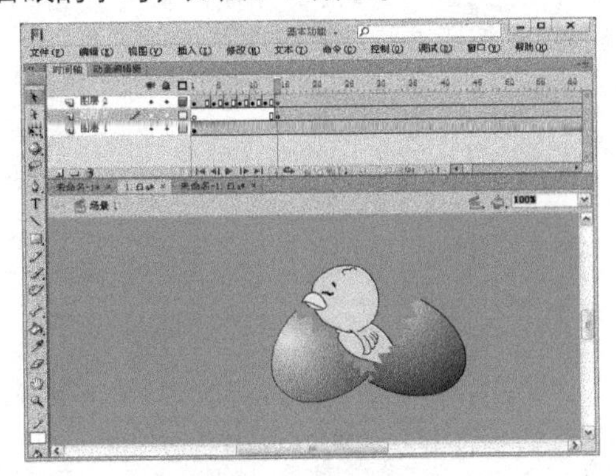

图8-13 绘制小鸟

11 在“图层3”的第16帧处插入关键帧，然后使用任意变形工具将小鸟的翅膀旋转到上方，如图8-14所示。

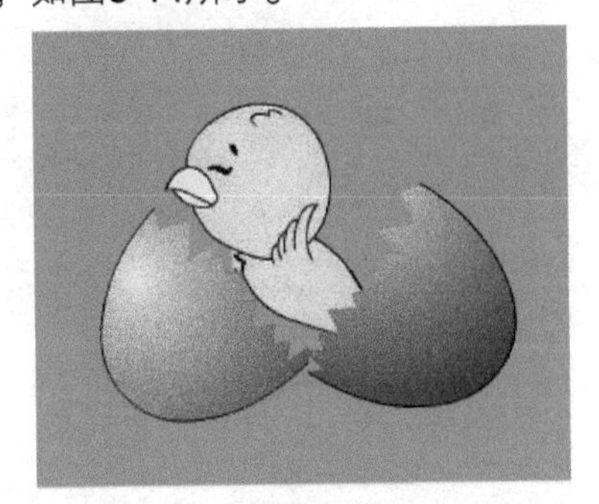

图8-14 旋转小鸟翅膀（1）

12 在“图层3”的第18帧处插入关键帧，然后使用任意变形工具将小鸟的翅膀向左旋转15°左右，如图8-15所示。

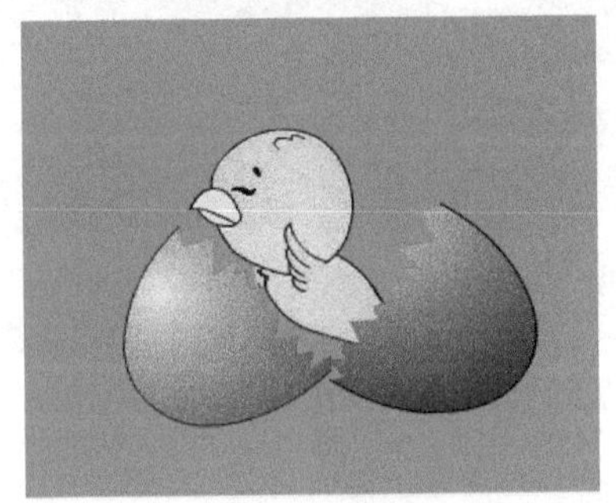

图8-15 旋转小鸟翅膀（2）

13 在“图层3”的第20帧处插入空白关键帧，综合使用各种绘图工具绘制出小鸟的正面形象，如图8-16所示。

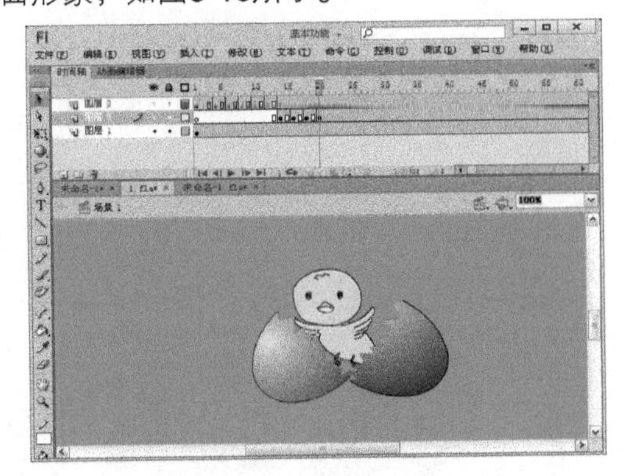

图8-16 绘制小鸟

14 在“图层3”的第22帧处插入关键帧，将小鸟的嘴删除，然后将小鸟的左翅膀向右旋转，将右翅膀向左旋转，如图8-17所示。

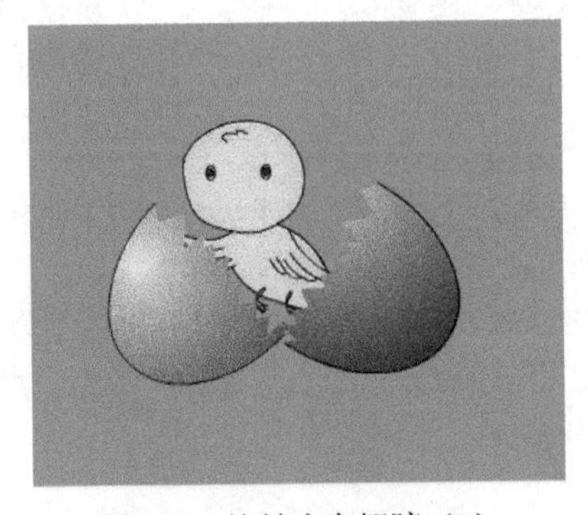

图8-17 旋转小鸟翅膀（3）

15 执行“插入→新建元件”命令，弹出“创建新元件”对话框，在“名称”文本框中输入“嘴1”，在“类型”下拉列表框中选择“图形”选项，如图8-18所示。完成后单击 确定 按钮进入元件编辑区。

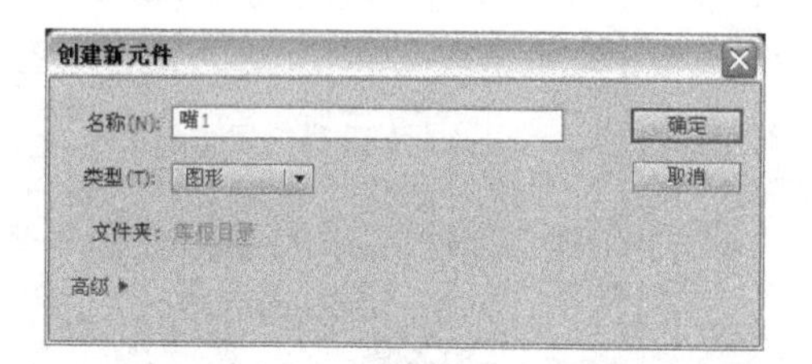

图8-18 “创建新元件”对话框

16 在“图层1”的第1帧处绘制小鸟张开的嘴，如图8-19所示。

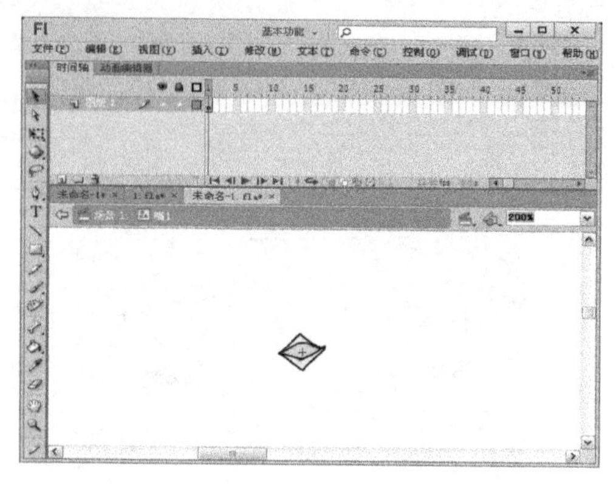

图8-19 绘制张开的嘴

17 在“图层1”的第4帧处插入空白关键帧，绘制小鸟闭上的嘴，如图8-20所示。然后在第6帧处插入帧。

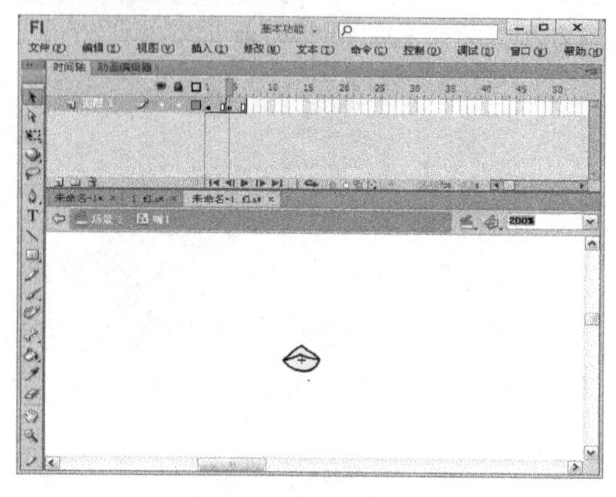

图8-20 绘制闭上的嘴

18 单击 场景 1 按钮返回场景，从“库”面板中将“嘴1”图形元件拖入到小鸟的脸上，如图8-21所示。

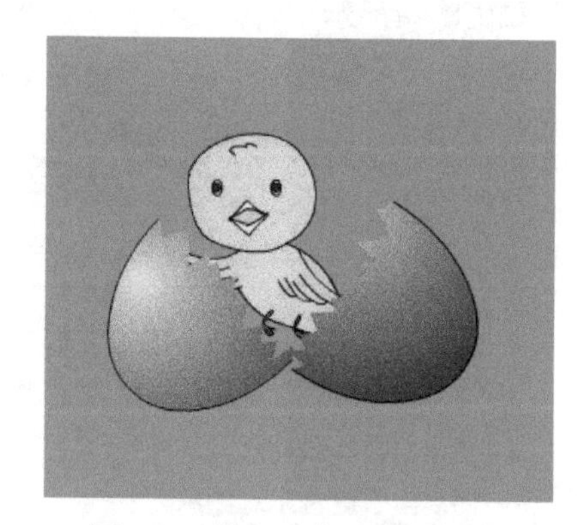

图8-21 拖入“嘴1”图形元件

17.3.2 制作蛋糕与鲜花动画

01 新建“图层4”，在其第37帧处插入关键帧，执行“文件→导入→导入到舞台”命令，在打开的“导入”对话框中选择一幅图片，如图8-22所示。

02 完成后单击 打开(O) 按钮，即可将图片导入到舞台中，如图8-23所示。

03 在“图层4”的第40帧处插入关键帧，然后使用任意变形工具将图片缩小一点，如图8-24所示。

图8-22 “导入”对话框

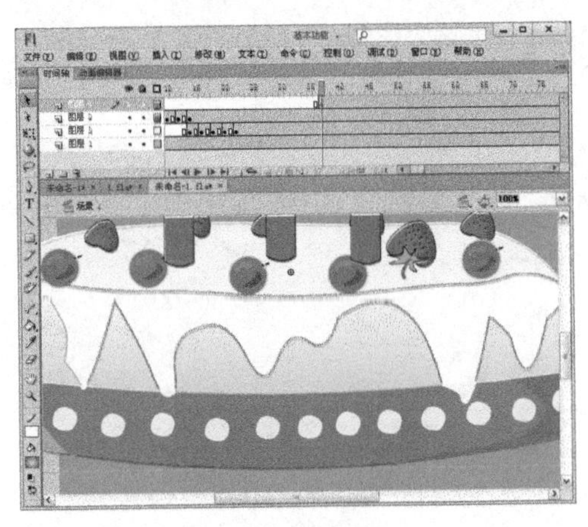

图8-23 导入图片

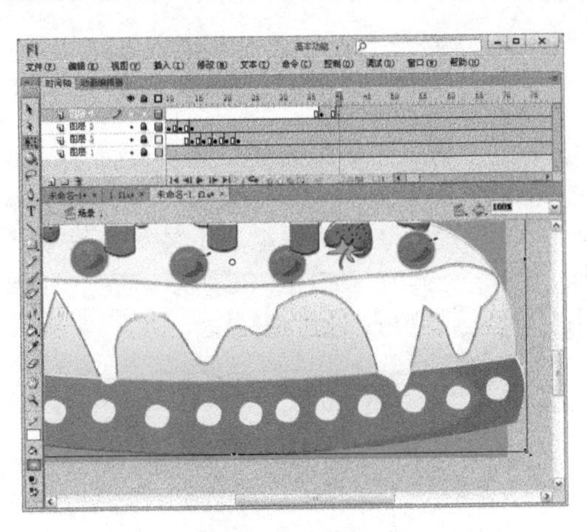

图8-24 缩小图片

04 在“图层4”的第52帧处插入关键帧，然后使用任意变形工具将图片缩小，并在该图层的第37～40帧、第40～52帧之间创建补间动画，如图8-25所示。

05 新建“图层5”，在其第42帧处插入关键帧，执行“文件→导入→导入到舞台”命令，将一幅图片导入到舞台中，如图8-26所示。

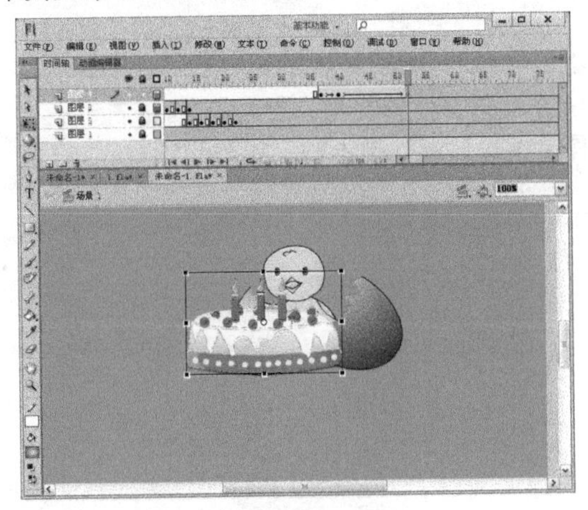

图8-25 创建补间动画

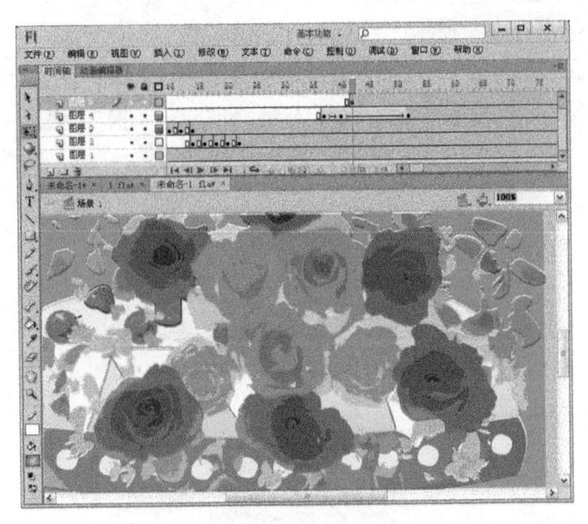

图8-26 导入图片

06 在“图层5”的第59帧处插入关键帧，然后使用任意变形工具将图片缩小，并在该图层的第42～59帧之间创建补间动画，如图8-27所示。

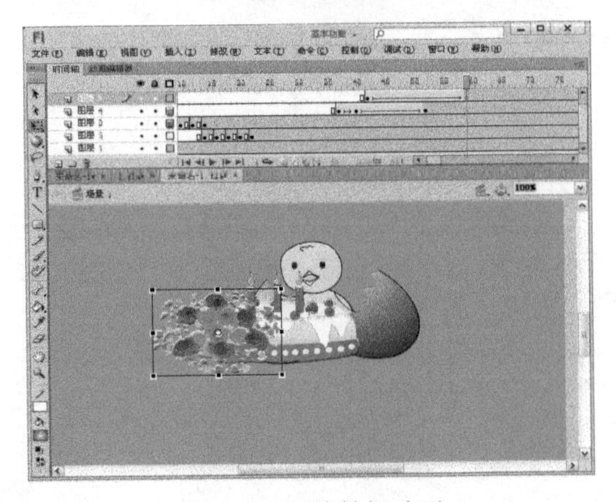

图8-27 创建补间动画

17.3.3 创建小鸟飞翔动画

01 执行“插入→新建元件”命令，弹出“创建新元件”对话框，在“名称”文本框中输入“小鸟飞1”，在“类型”下拉列表框中选择“图形”选项，如图8-28所示。完成后单击 确定 按钮进入元件编辑区。

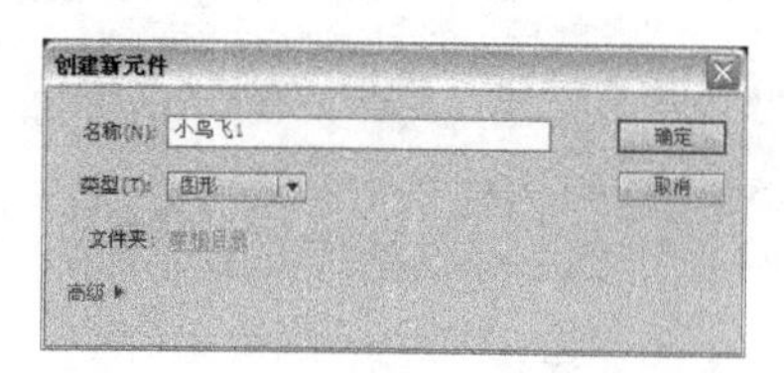

图8-28 “创建新元件”对话框

02 在“小鸟飞1”图形元件的编辑状态下，执行“文件→导入→导入到舞台”命令，导入一个小鸟文件到舞台中，如图8-29所示。

图8-29 导入文件

03 选中小鸟的左翅膀，单击鼠标右键，在弹出的快捷菜单中选择“剪切”命令。完成后新建一个图层，并将其命名为“左翅膀”。选中“左翅膀”图层，在舞台的空白处单击鼠标右键，在弹出的快捷菜单中选择“粘贴到当前位置”命令。然后将“左翅膀”图层拖到“图层1”之下，如图8-30所示。

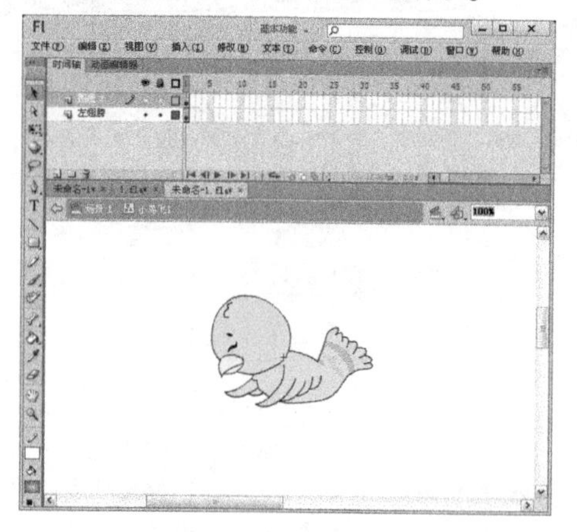

图8-30 新建图层

04 选中蝴蝶的右翅膀，单击鼠标右键，在弹出的快捷菜单中选择“剪切”命令。完成后新建一个图层，并将其命名为“右翅膀”。选中“右翅膀”图层，在舞台的空白处单击鼠标右键，在弹出的快捷菜单中选择“粘贴到当前位置”命令。然后在“图层1”与“右翅膀”图层的第11帧处插入帧，如图8-31所示。

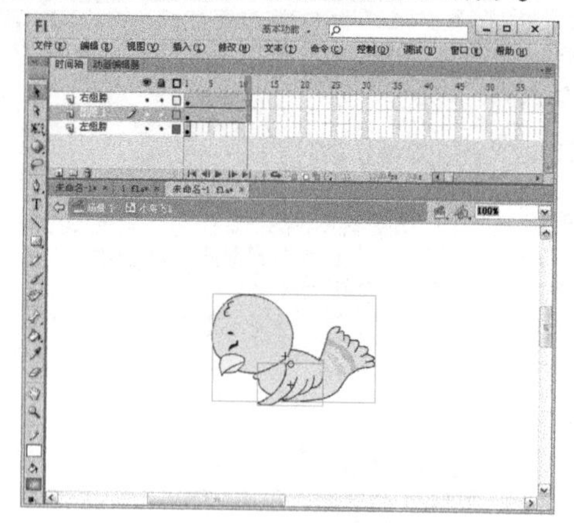

图8-31 插入帧

05 选中“左翅膀”图层的第1帧，使用任意变形工具将左翅膀的中心点移动到如图8-32所示的位置。然后分别在“左翅膀”图层的第3、5、7、9、11帧处插入关键帧。

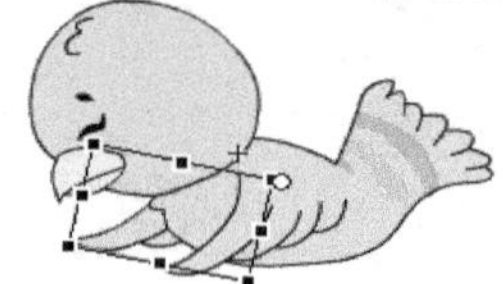

图8-32 插入关键帧

06 分别选中“左翅膀”图层的第3帧与第7帧，使用任意变形工具将左翅膀逆时针旋转到如图8-33所示的位置。

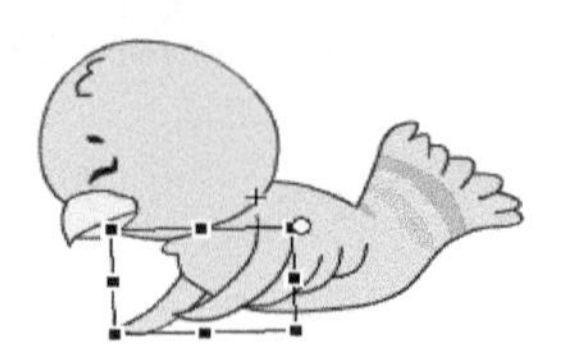

图8-33 旋转左翅膀

07 分别选中“左翅膀”图层的第5帧与第9帧，使用任意变形工具将左翅膀顺时针旋转到如图8-34所示的位置。

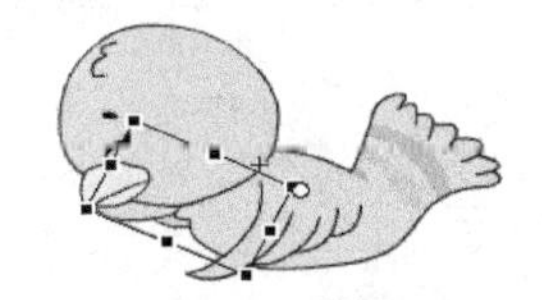

图8-34 再次旋转左翅膀

08 选中“右翅膀”图层的第1帧，使用任意变形工具将右翅膀的中心点移动到如图8-35所示的位置。然后分别在“右翅膀”图层的第3、5、7、9、11帧处插入关键帧。

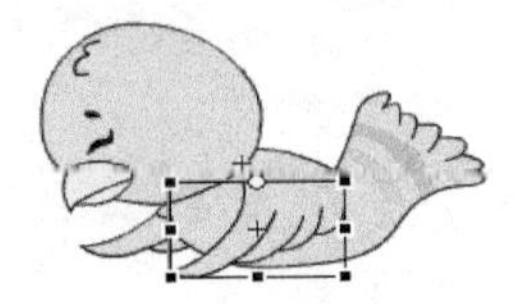

图8-35 移动中心点

09 分别选中“右翅膀”图层的第3帧与第7帧，使用任意变形工具将右翅膀缩小到如图8-36所示的大小。

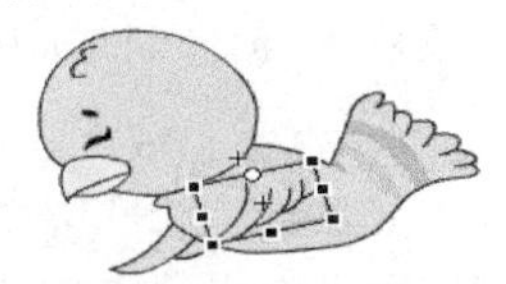

图8-36 缩小图形

10 分别选中“右翅膀”图层的第5帧与第9帧，使用任意变形工具将右翅膀放大一点，如图8-37所示。

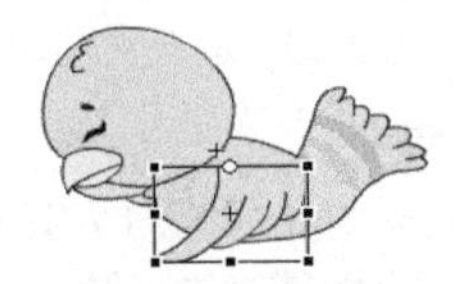

图8-37 放大图形

11 回到主场景，新建“图层6”，在其第62帧处插入关键帧。然后从“库”面板中将“小鸟飞1”图形元件拖入到舞台上如图8-38所示的位置。

图8-38 拖入图形元件

12 在“图层6”的第75帧处插入关键帧，将“小鸟飞1”图形元件拖动到蛋糕的上方。然后在“图层6”的第62～75帧之间创建补间动画，如图8-39所示。

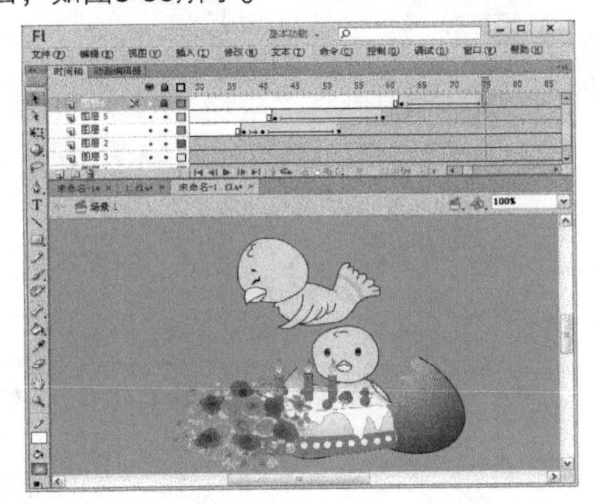

图8-39 创建补间动画

17.3.4 创建圆形遮罩

01 新建“图层7”，在其第64帧处插入关键帧。然后使用文本工具T在舞台上输入文字“生日快乐歌”，并在“属性”面板上设置字体为“方正少儿简体”，字号为62，字体颜色为红色（#FF3300），如图8-40所示。

02 在“图层7”的第76帧处插入关键帧，将文字向左移动到蛋糕的上方。然后在“图层7”的第64～76帧之间创建补间动画，如图8-41所示。

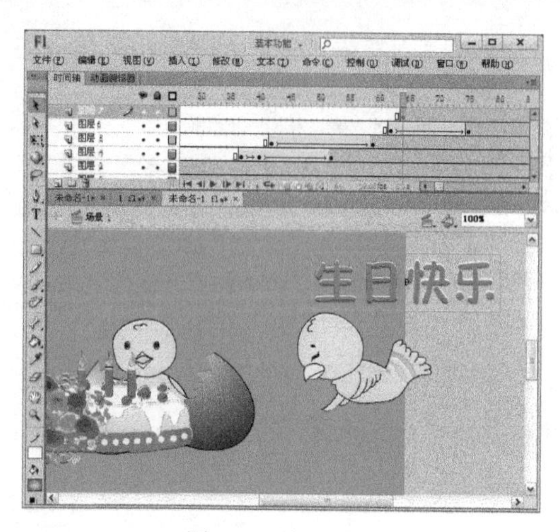

图8-40　输入文字

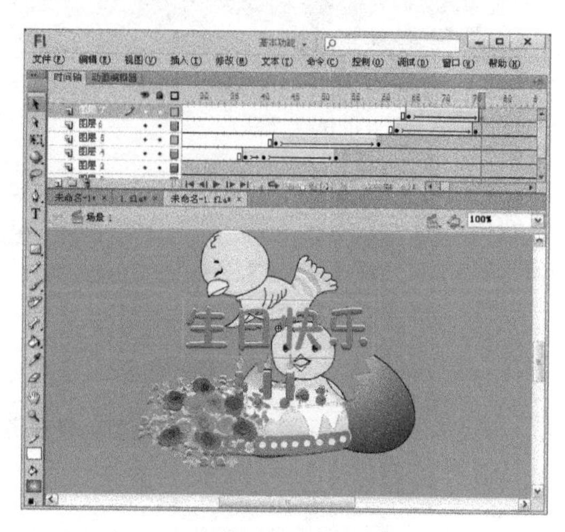

图8-41　创建补间动画

03 新建“图层8”，使用椭圆工具在舞台上绘制一个边框为土黄色（#996600）、填充色为任意色的椭圆，然后在“属性”面板上将椭圆的边框设置为20，如图8-42所示。

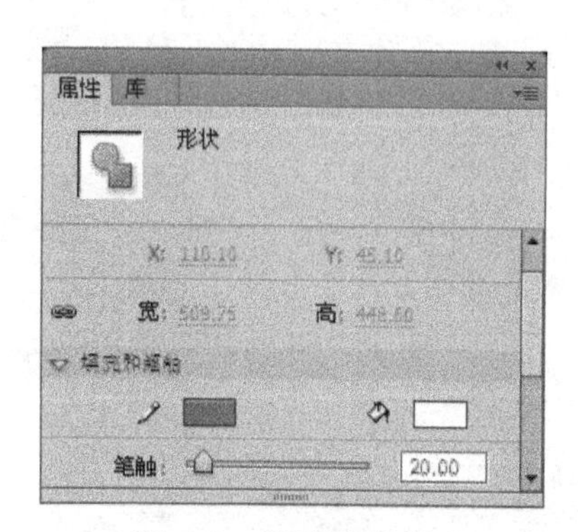

图8-42　设置椭圆边框

04 单击“属性”面板上的“编辑笔触样式”按钮，打开“笔触样式”对话框，在“类型”下拉列表框中选择“点刻线”选项，如图8-43所示。完成后单击确定按钮。

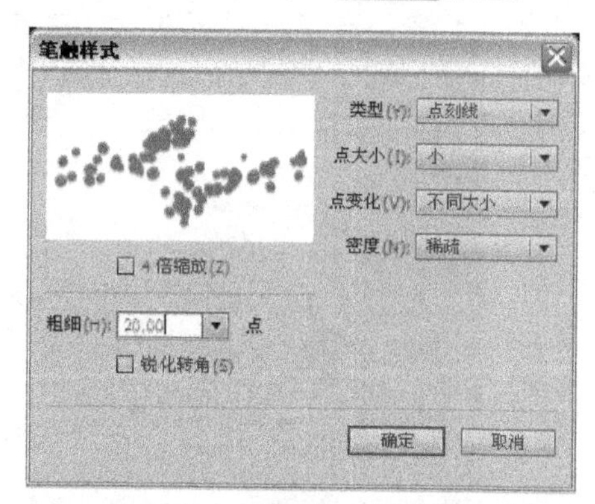

图8-43　“笔触样式”对话框

05 分别在“图层8”的第55帧与第62帧处插入关键帧，然后将第62帧处的椭圆放大一些。最后在“图层8”的第55～62帧之间创建形状补间动画，如图8-44所示。

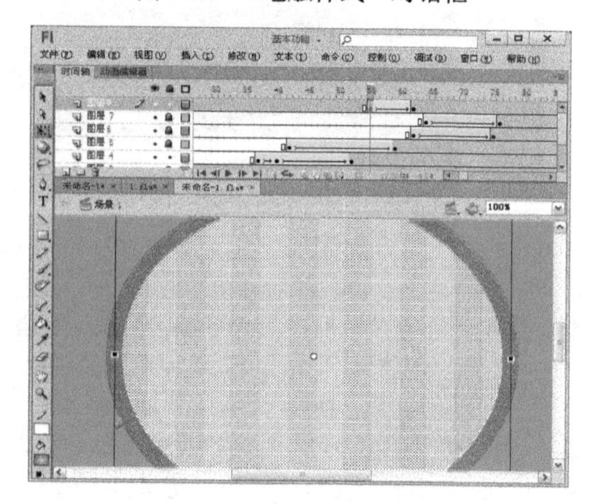

图8-44　创建形状补间动画

06 在“图层8”上单击鼠标右键，在弹出的快捷菜单中选择“遮罩层”命令，如图8-45所示。

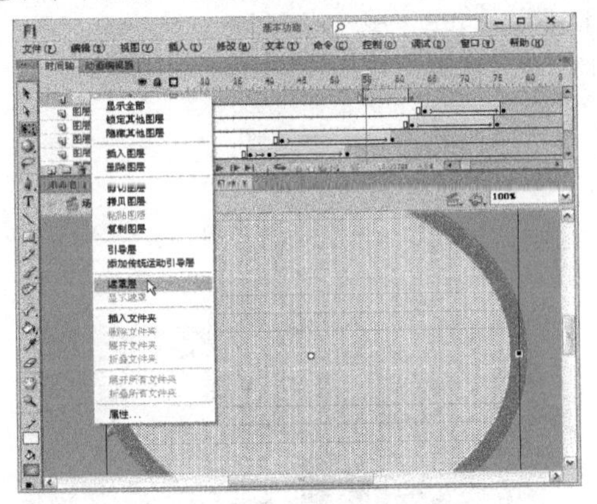

图8-45　选择“遮罩层”命令

07 在“图层6”上单击鼠标右键，在弹出的快捷菜单中选择“属性”命令，如图8-46所示。

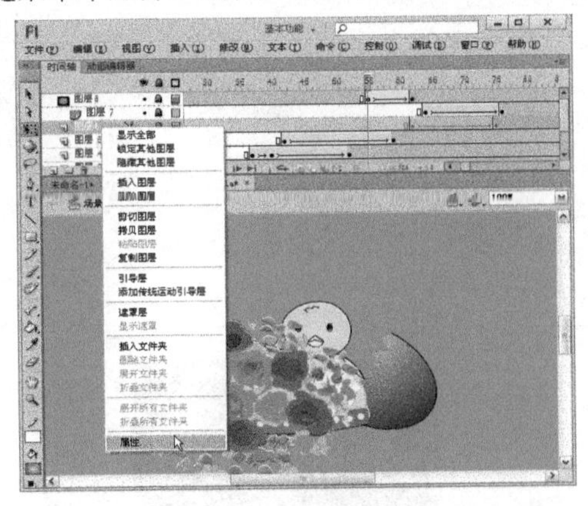

图8-46　选择“属性”命令

08 打开“图层属性”对话框，在“类型”栏中选中“被遮罩”单选按钮，如图8-47所示。完成后单击 确定 按钮。

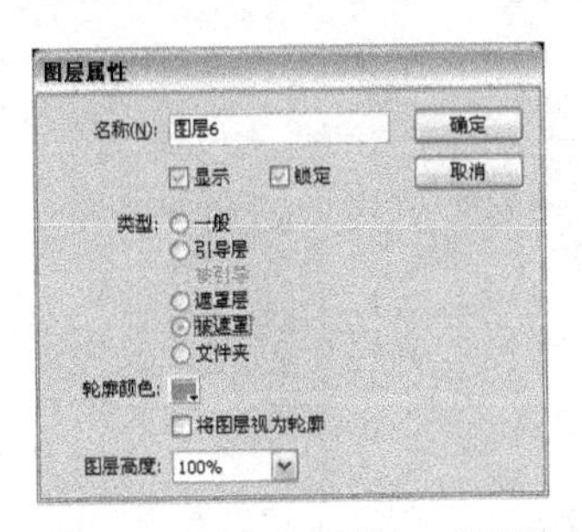

图8-47　“图层属性”对话框

09 按照同样的方法将“图层1”~“图层5”的图层属性设置为“被遮罩”，然后在“属性”面板上将背景颜色设置为黑色，如图8-48所示。

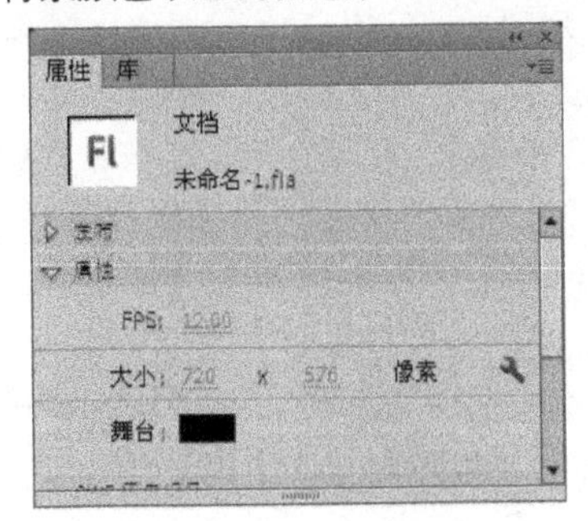

图8-48　设置背景颜色

17.3.5　创建蜡烛动画

01 执行“窗口→其他面板→场景”命令，打开“场景”面板，单击“添加场景”按钮新建“场景2”，如图8-49所示。

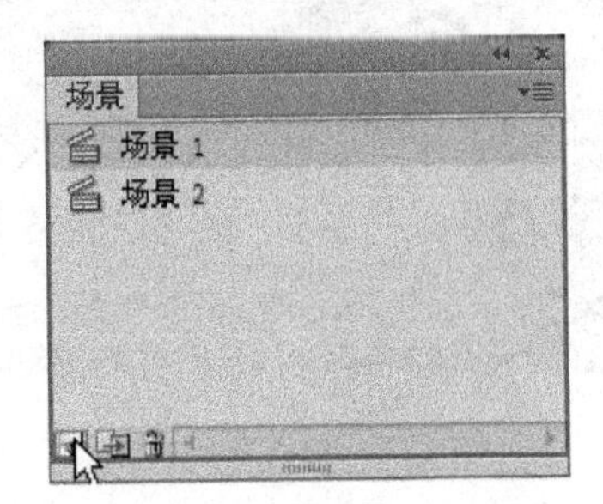

图8-49　“场景”面板

02 执行“插入→新建元件”命令，弹出“创建新元件”对话框，在“名称”文本框中输入“火苗”，在“类型”下拉列表框中选择“图形”选项，如图8-50所示。完成后单击 确定 按钮进入元件编辑区。

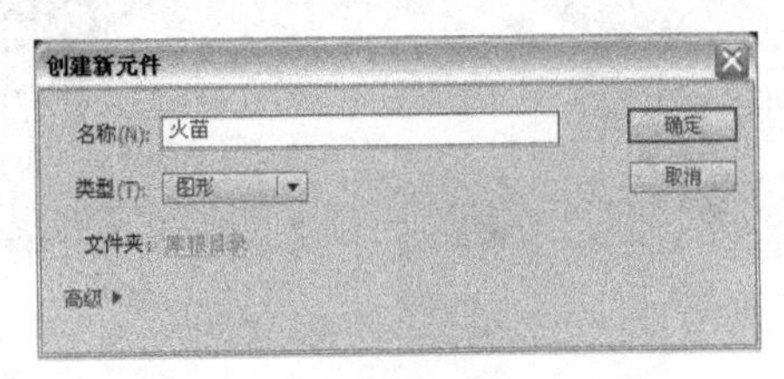

图8-50　“创建新元件”对话框

03 在舞台中使用绘图工具绘制一个火苗，如图8-51所示。

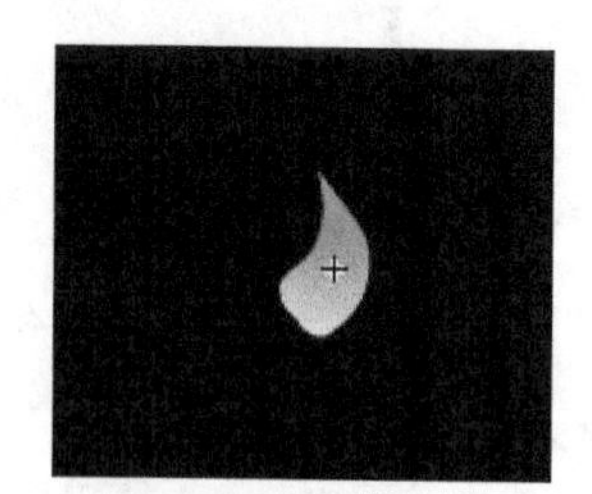

图8-51 绘制火苗

04 分别在第3帧与第5帧处插入关键帧，然后将第3帧处的火苗放大一些。最后分别在第1～3帧、第3～5帧之间创建形状补间动画，如图8-52所示。

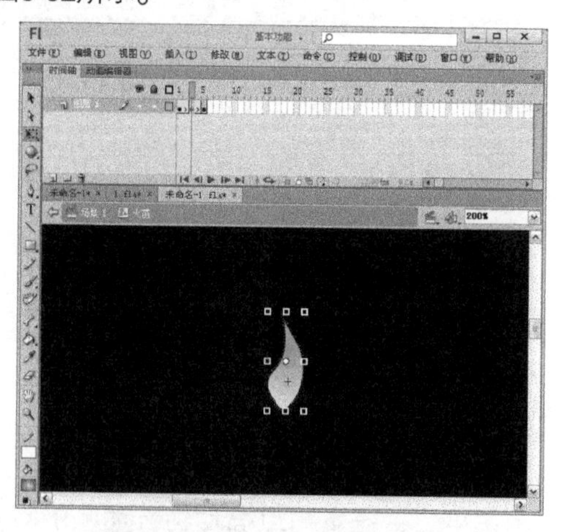

图8-52 创建形状补间动画

05 执行“插入→新建元件”命令，弹出“创建新元件”对话框，在“名称”文本框中输入“蜡烛动画”，在“类型”下拉列表框中选择“影片剪辑”选项，如图8-53所示。完成后单击 确定 按钮进入元件编辑区。

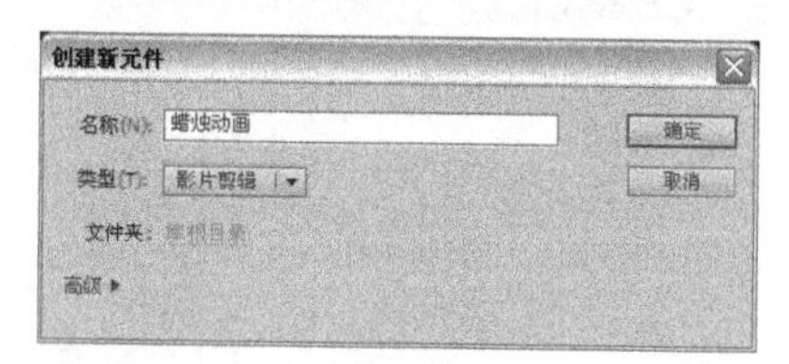

图8-53 “创建新元件”对话框

06 执行“文件→导入→导入到舞台”命令，将一幅图片导入到工作区中，如图8-54所示。

图8-54 导入蛋糕图片

07 新建“图层2”，将“库”面板中的“火苗”图形元件拖入到图片上的蜡烛上方，如图8-55所示。然后在“图层1”与“图层2”的第5帧处插入帧。

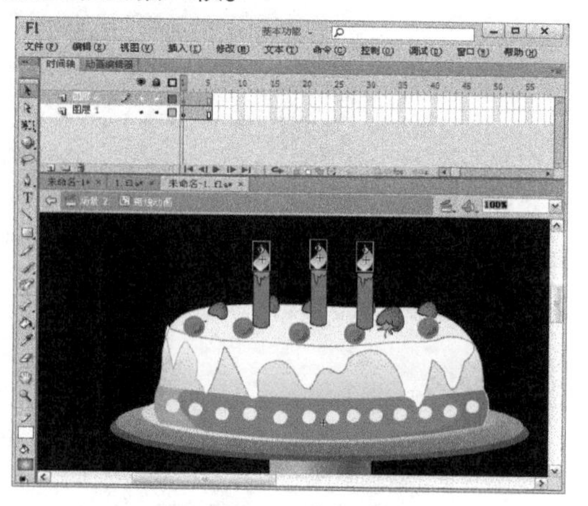

图8-55 拖入图形元件

08 单击 场景 2 按钮返回场景2，执行“文件→导入→导入到舞台”命令，将一幅图片导入到舞台中，如图8-56所示。

09 新建“图层2”，将“库”面板中的“蜡烛动画”影片剪辑元件拖入到舞台中，如图8-57所示。然后在“图层1”与“图层2”的第106帧处插入帧。

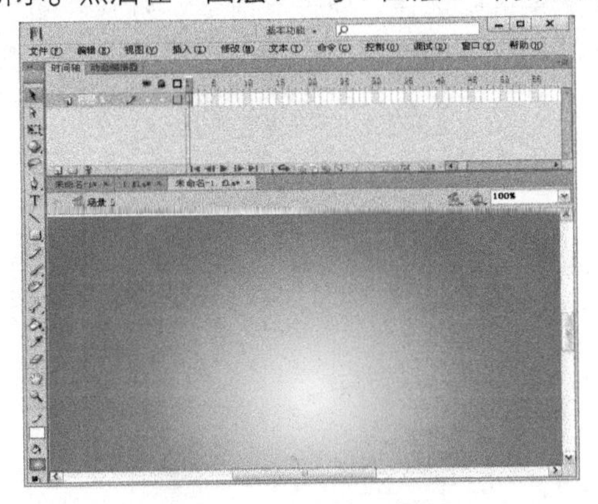

图8-56 导入背景图片

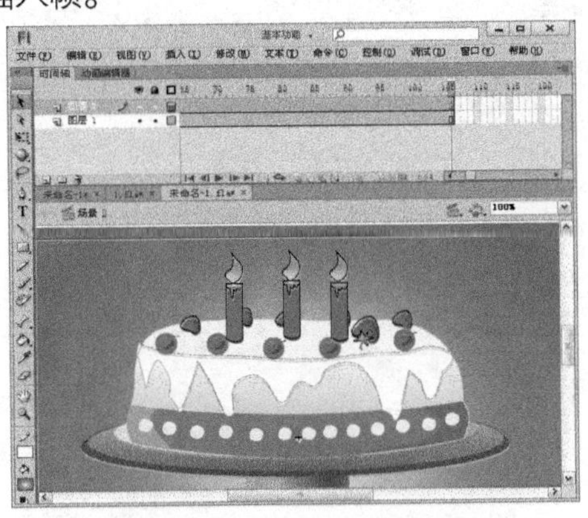

图8-57 拖入影片剪辑元件

10 新建“图层3”，使用椭圆工具在舞台上绘制一个边框为红色（#FF0000）、填充色为任意色的椭圆，然后在“属性”面板上将椭圆的边框设置为22.00，如图8-58所示。

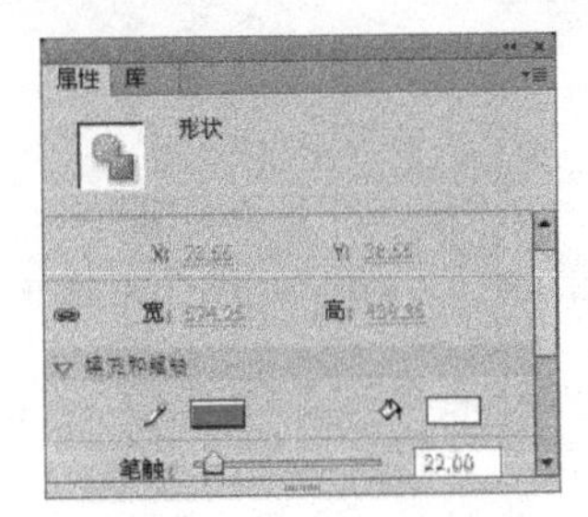

图8-58 设置椭圆边框

11 单击“属性”面板上的“编辑笔触样式”按钮，打开“笔触样式”对话框，在“类型”下拉列表框中选择“斑马线”选项，如图8-59所示。完成后单击确定按钮。

图8-59 “笔触样式”对话框

12 分别在“图层3”的第15、30、45、60、75、90帧处插入关键帧，然后分别移动各帧中的椭圆，使其与第1帧中的椭圆错开一段距离。最后在“图层3”各关键帧之间创建形状补间动画，如图8-60所示。

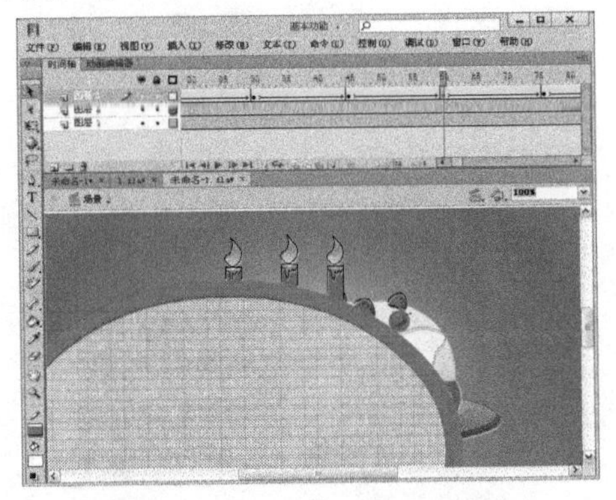

图8-60 创建形状补间动画

13 在“图层3”的第98帧处插入关键帧，使用任意变形工具将椭圆放大至遮住整个舞台，如图8-61所示。然后在第90～98帧之间创建形状补间动画。

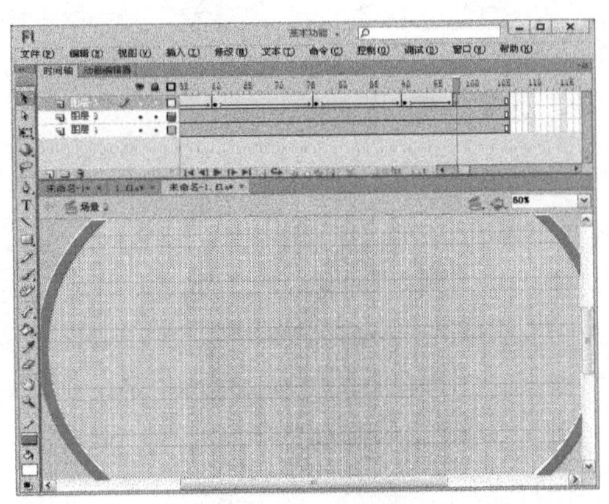

图8-61 放大椭圆

14 在“图层3”上单击鼠标右键，在弹出的快捷菜单中选择“遮罩层”命令，如图8-62所示。

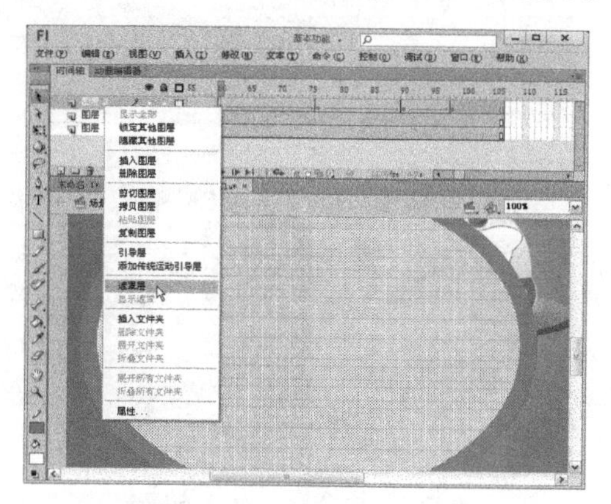

图8-62　选择“遮罩层”命令

15 在“图层1”上单击鼠标右键，在弹出的快捷菜单中选择“属性”命令，打开“图层属性”对话框，在“类型”栏中选中“被遮罩”单选按钮，如图8-63所示。完成后单击 确定 按钮。

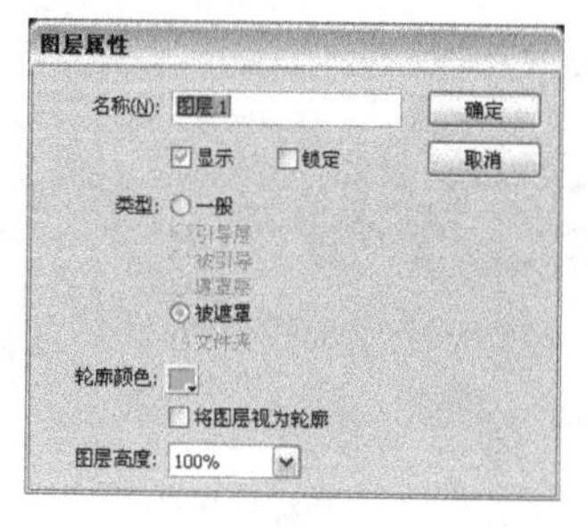

图8-63　“图层属性”对话框

17.3.6　创建唱歌影片

01 执行“插入→新建元件”命令，弹出“创建新元件”对话框，在“名称”文本框中输入“嘴2”，在“类型”下拉列表框中选择“图形”选项，如图8-64所示。完成后单击 确定 按钮进入元件编辑区。

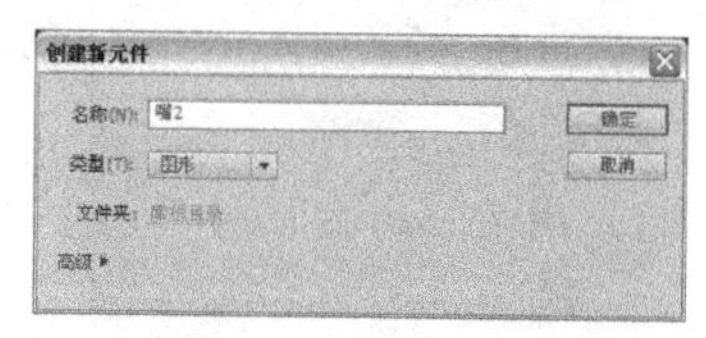

图8-64　“创建新元件”对话框

02 将文档背景颜色设置为白色，然后分别在第4、7、10帧处插入关键帧，接着在第1、4、7、10帧处绘制不同的嘴巴形状，如图8-65～图8-68所示。最后在第13帧处插入帧。

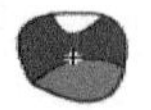

图8-65　第1帧

图8-66　第4帧

图8-67　第7帧

图8-68　第10帧

03 执行“插入→新建元件”命令，弹出“创建新元件”对话框，在“名称”文本框中输入“唱歌1”，在“类型”下拉列表框中选择“图形”选项，如图8-69所示。完成后单击 确定 按钮进入元件编辑区。

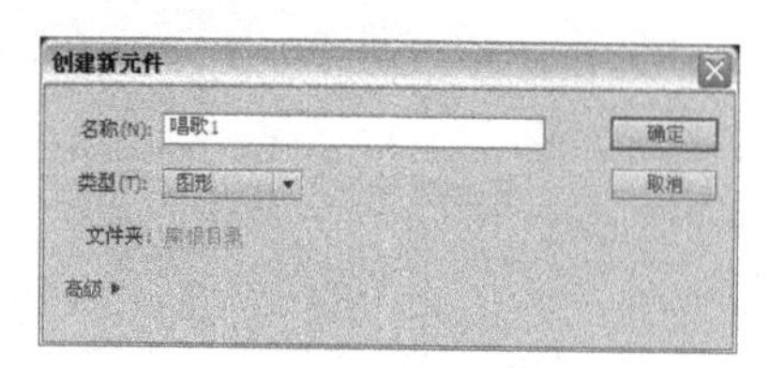

图8-69　“创建新元件”对话框

04 执行“文件→导入→导入到舞台”命令，将一幅图片导入到工作区中，如图8-70所示。

图8-70　导入人物图片

05 新建“图层2”，将“库”面板中的“嘴2”图形元件拖入到工作区中，然后分别在“图层1”与“图层2”的第13帧处插入帧，如图8-71所示。

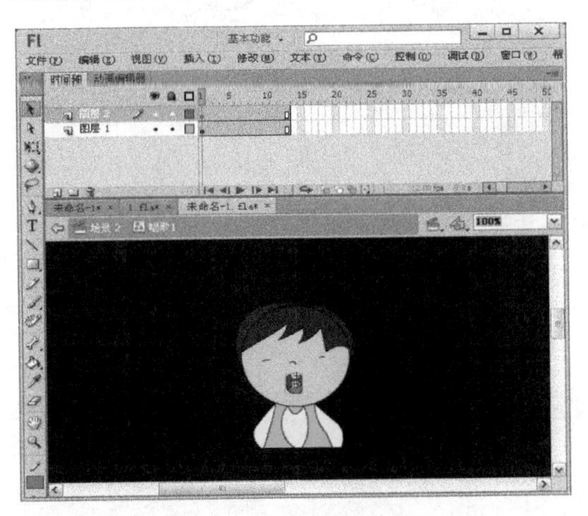

图8-71 拖入图形元件

06 执行“插入→新建元件”命令，弹出“创建新元件”对话框，在“名称”文本框中输入“唱歌2”，在“类型”下拉列表框中选择“影片剪辑”选项，如图8-72所示。完成后单击 确定 按钮进入元件编辑区。

图8-72 “创建新元件”对话框

07 执行“文件→导入→导入到舞台”命令，将一幅图片导入到工作区中，如图8-73所示。

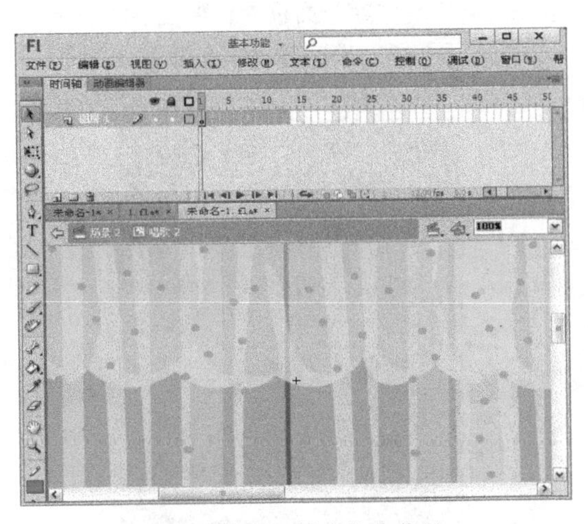

图8-73 导入图片作为背景

08 新建“图层2”，从“库”面板中拖入8个“唱歌1”图形元件到工作区中，然后分别在“图层1”与“图层2”的第13帧处插入帧，如图8-74所示。

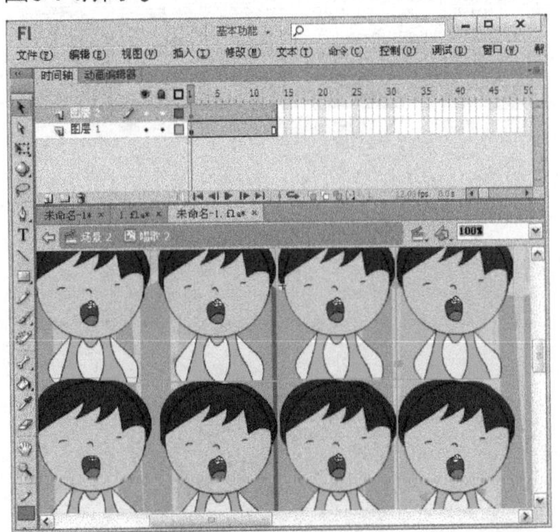

图8-74 拖入图形元件

09 单击 场景2 按钮返回场景2，新建“图层4”，在其第102帧处插入关键帧，然后从“库”面板中将“唱歌2”影片剪辑元件拖入舞台中，如图8-75所示。

10 在“图层4”的第115帧处插入关键帧，选择第102帧处的影片剪辑元件，将其Alpha值设置为0，然后在第102～115帧之间创建补间动画，如图8-76所示。最后在“图层4”的第235帧处插入空白关键帧。

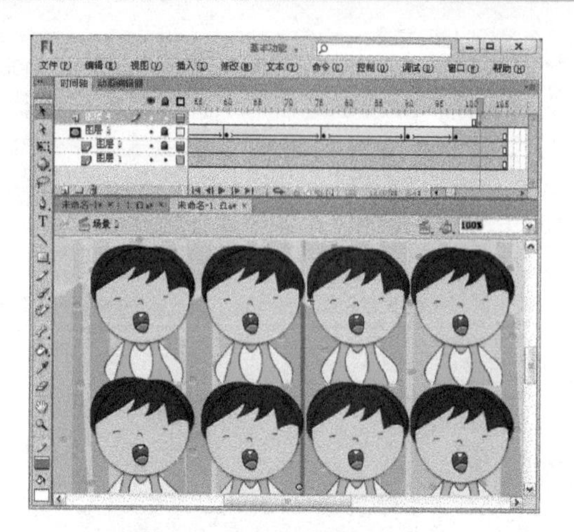

图8-75 拖入影片剪辑元件

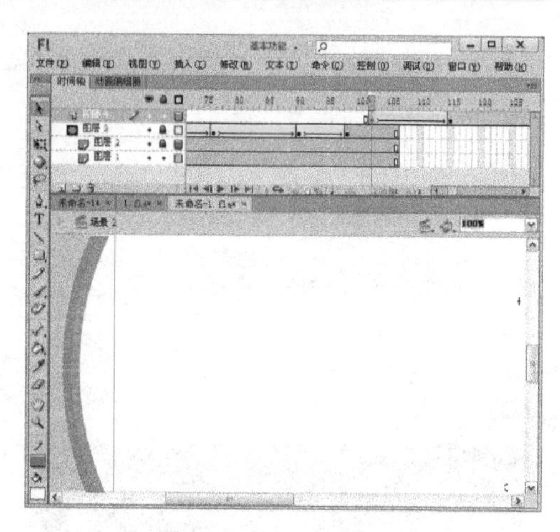

图8-76 创建补间动画

17.3.7 创建蜗牛指挥家影片

01 执行“插入→新建元件”命令，弹出“创建新元件”对话框，在“名称”文本框中输入“蜗牛指挥家”，在“类型”下拉列表框中选择“影片剪辑”选项，如图8-77所示。完成后单击 确定 按钮进入元件编辑区。

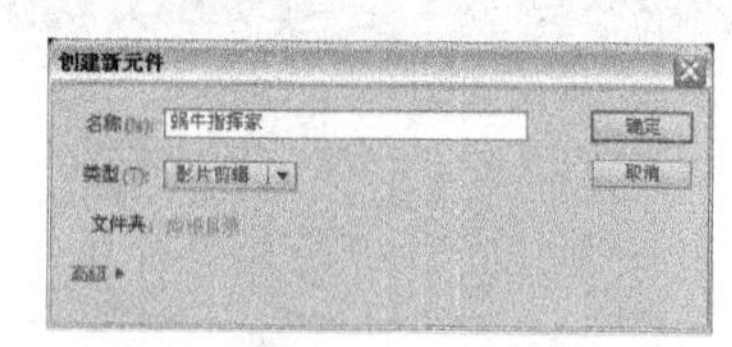

图8-77 “创建新元件”对话框

02 执行“文件→导入→导入到舞台”命令，将一幅图片导入到工作区中，如图8-78所示。

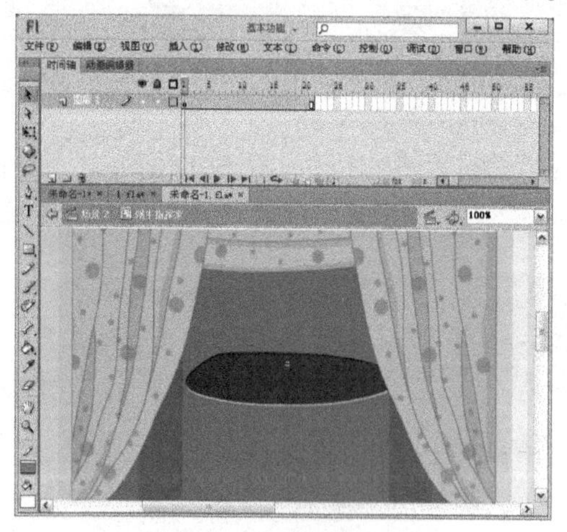

图8-78 导入舞台背景图片

03 执行“文件→导入→导入到库”命令，将7幅图片导入到“库”面板中，如图8-79所示。

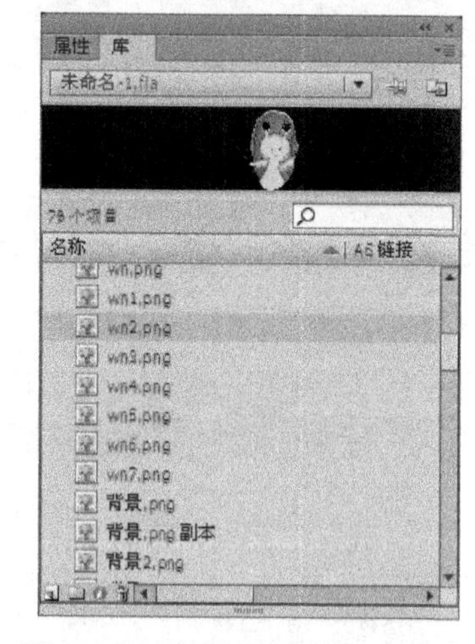

图8-79 导入图片到“库”面板中

04 新建“图层2”，分别在其第4、7、10、13、16、19帧处插入关键帧。然后分别在“图层1”与“图层2”的第21帧处插入帧，如图8-80所示。

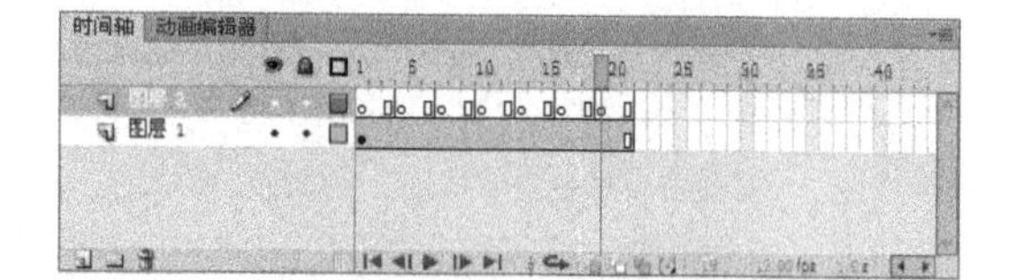

图8-80 插入关键帧与帧

05 选中“图层2”的第1帧，从“库”面板中将一幅图片拖入到舞台中，如图8-81所示。

图8-81　拖入一幅图片

06 选中“图层2”的第4帧，从“库”面板中将一幅图片拖入到舞台中，如图8-82所示。

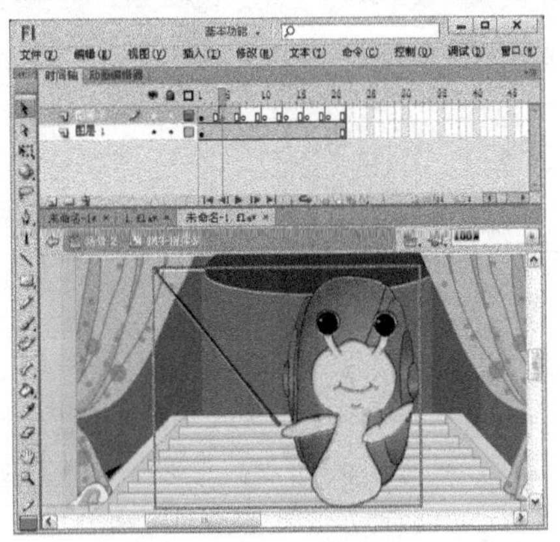

图8-82　拖入另一幅图片

07 按照同样的方法，分别选中第7、10、13、16、19帧，从“库”面板中将图片拖入到舞台中，如图8-83所示。

图8-83　拖入其他图片

08 单击 场景2 按钮返回场景2，新建“图层5”，在其第235帧处插入关键帧，然后从“库”面板中将“蜗牛指挥家”影片剪辑元件拖入到舞台上，如图8-84所示。然后在“图层5”的第330帧处插入空白关键帧。

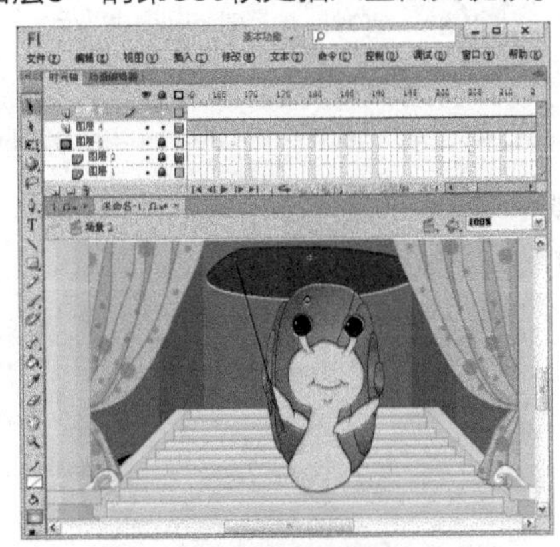

图8-84　拖入影片剪辑元件

09 在“图层4”的第325帧处插入关键帧，然后从“库”面板中将“唱歌2”影片剪辑元件拖入到舞台上，在第333帧处插入关键帧，选择第325帧处的影片剪辑元件，将其Alpha值设置为0，然后在第325～333帧之间创建补间动画，如图8-85所示。最后在“图层4”的第400帧处插入空白关键帧。

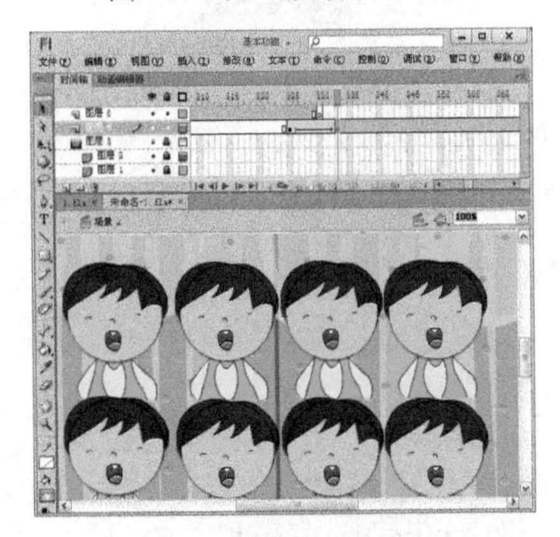

图8-85　创建补间动画

17.3.8 创建蜗牛歌唱影片

01 执行“插入→新建元件”命令，弹出“创建新元件”对话框，在“名称”文本框中输入“嘴3”，在“类型”下拉列表框中选择“图形”选项，如图8-86所示。完成后单击 确定 按钮进入元件编辑区。

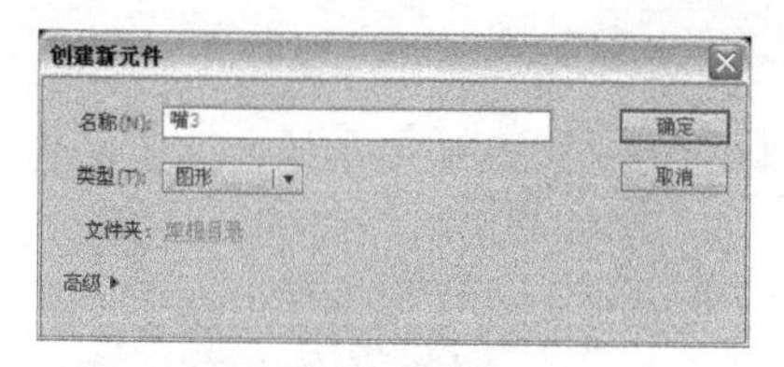

图8-86 “创建新元件”对话框

02 分别在第4、7、10帧处插入关键帧，然后在第1、4、7、10帧处绘制不同的嘴巴形状，如图8-87～图8-90所示。最后在第13帧处插入帧。

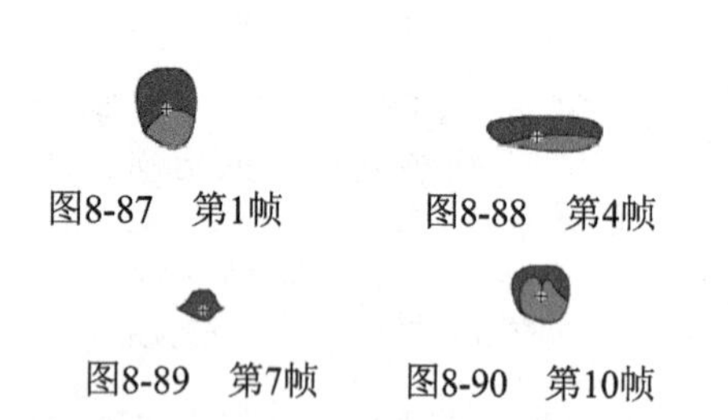
图8-87 第1帧　图8-88 第4帧

图8-89 第7帧　图8-90 第10帧

03 执行“插入→新建元件”命令，弹出“创建新元件”对话框，在“名称”文本框中输入“蜗牛歌唱”，在“类型”下拉列表框中选择“影片剪辑”选项，如图8-91所示。完成后单击 确定 按钮进入元件编辑区。

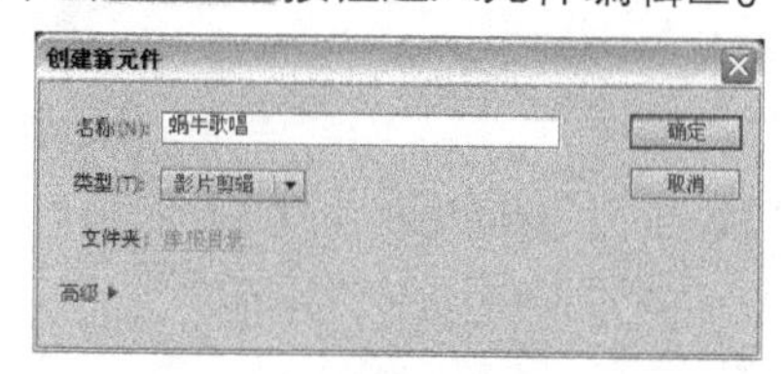

图8-91 “创建新元件”对话框

04 执行“文件→导入→导入到舞台”命令，将一幅图片导入到工作区中，如图8-92所示。

05 新建“图层2”，将“库”面板中的“嘴3”图形元件拖入到工作区中，然后分别在“图层1”与“图层2”的第13帧处插入帧，如图8-93所示。

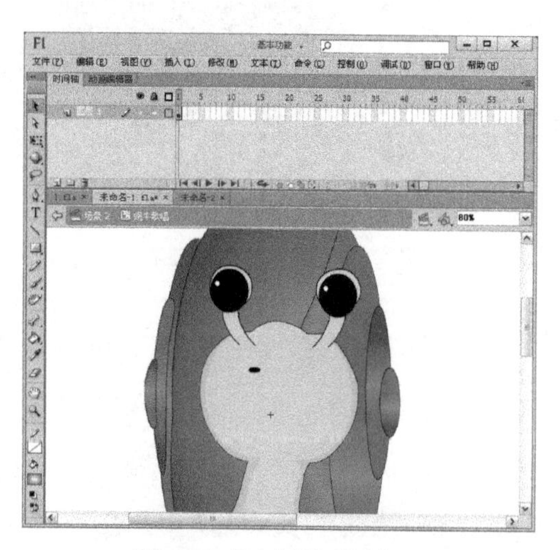
图8-92 导入图片到工作区

图8-93 拖入图形元件

06 新建“图层3”，执行“文件→导入→导入到舞台”命令，将一幅图片导入到工作区中，如图8-94所示。

07 单击 场景2 按钮返回场景2，新建“图层6”，在其第400帧处插入关键帧，然后从“库”面板中将“蜗牛歌唱”影片剪辑元件拖入到舞台上，如图8-95所示。然后在“图层6”的第470帧处插入空白关键帧。

图8-94 再次导入图片到工作区

图8-95 拖入影片剪辑元件

17.3.9 创建环绕飞行图形元件

01 执行“插入→新建元件”命令，弹出“创建新元件”对话框，在“名称”文本框中输入“环绕飞行”，在“类型”下拉列表框中选择“图形”选项，如图8-96所示。完成后单击 确定 按钮进入元件编辑区。

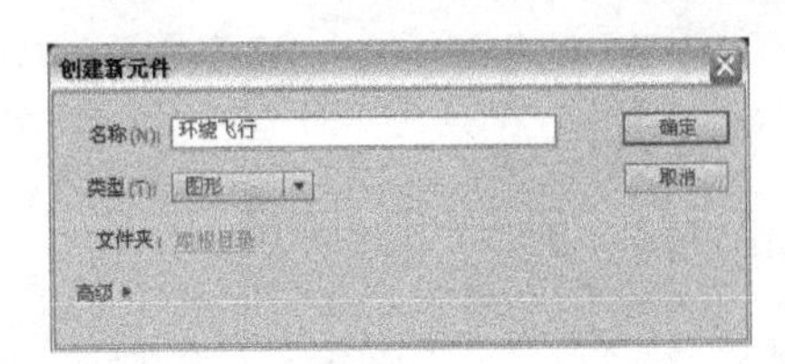

图8-96 “创建新元件”对话框

02 执行“文件→导入→导入到库”命令，将11幅图片导入到“库”面板中，如图8-97所示。

图8-97 导入图片到“库”面板中

03 分别在“图层1”的第4、7、10、13、16、19、22、25、28、31帧处插入关键帧。然后在“图层1”的第34帧处插入帧，如图8-98所示。

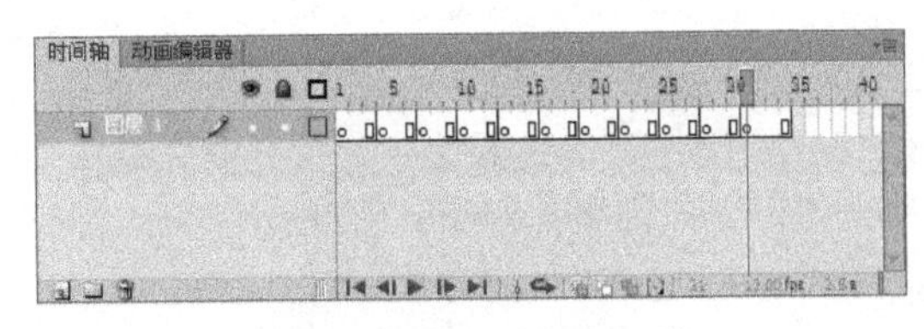

图8-98 插入关键帧与帧

04 选中“图层1”的第1帧，从“库”面板中将一幅图片拖入到舞台中，如图8-99所示。

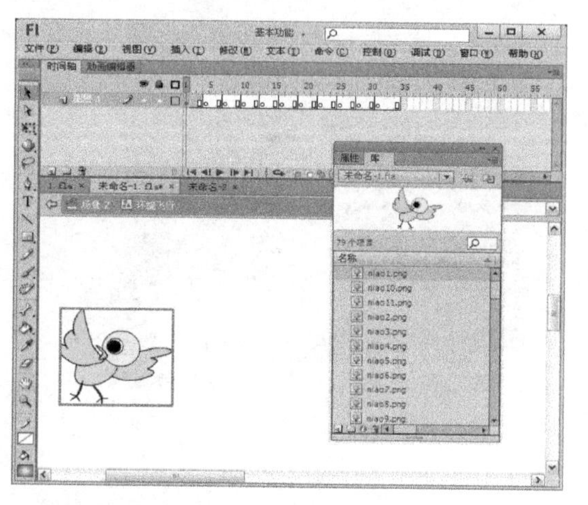

图8-99　拖入图片（1）

05 选中“图层1”的第4帧，从“库”面板中将一幅图片拖入到舞台中，并与第1帧的图片隔开一段距离，如图8-100所示。

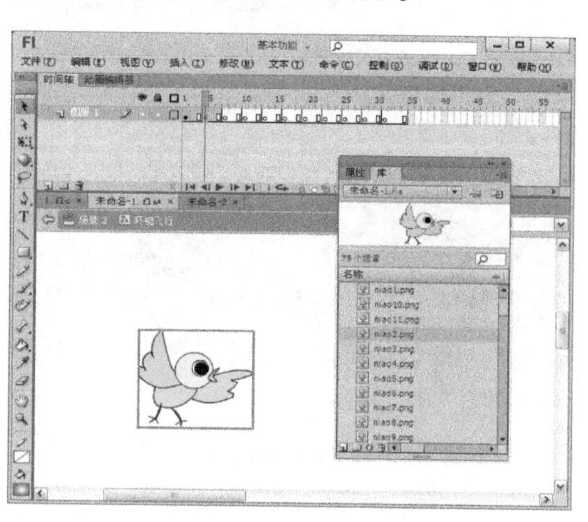

图8-100　拖入图片（2）

06 按照同样的方法，分别选中第7、10、13、16、19帧，从“库”面板中将图片拖入到舞台中，每幅图片之间隔开一段距离，如图8-101所示。

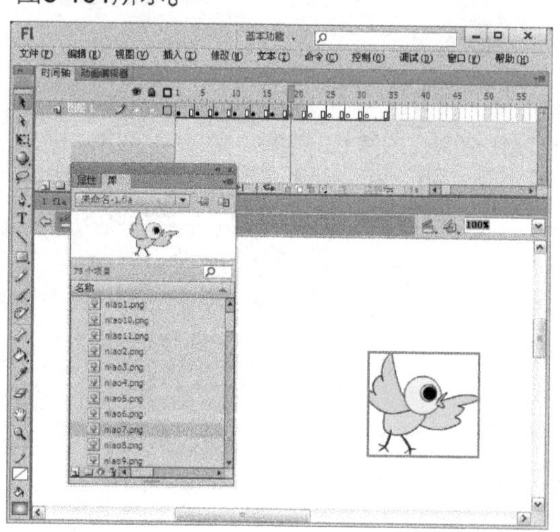

图8-101　拖入图片（3）

07 选中“图层1”的第22帧，从“库”面板中将一幅图片拖入到舞台中，如图8-102所示。

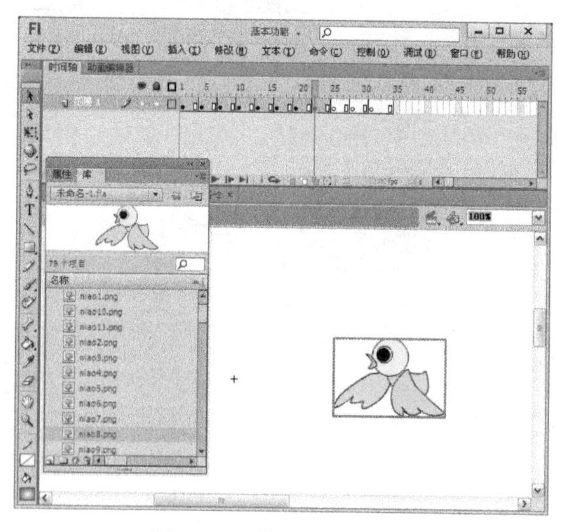

图8-102　拖入图片（4）

08 选中“图层1”的第25帧，从“库”面板中将一幅图片拖入到舞台中，并与第22帧的图片隔开一段距离，如图8-103所示。

09 按照同样的方法，分别选中第28帧与第31帧，从“库”面板中将图片拖入到舞台中，每幅图片之间隔开一段距离，如图8-104所示。

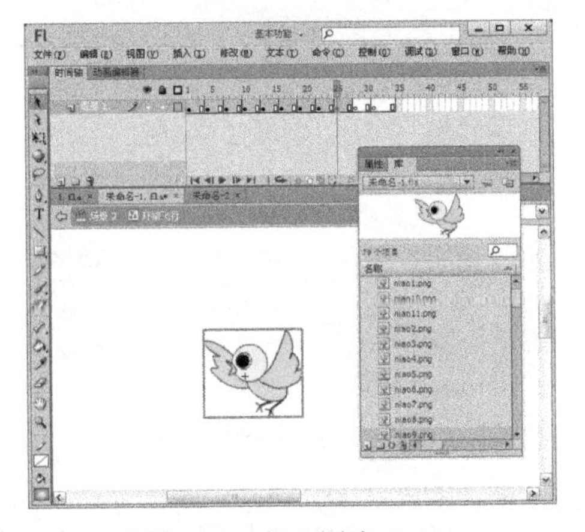

图8-103　拖入图片（5）

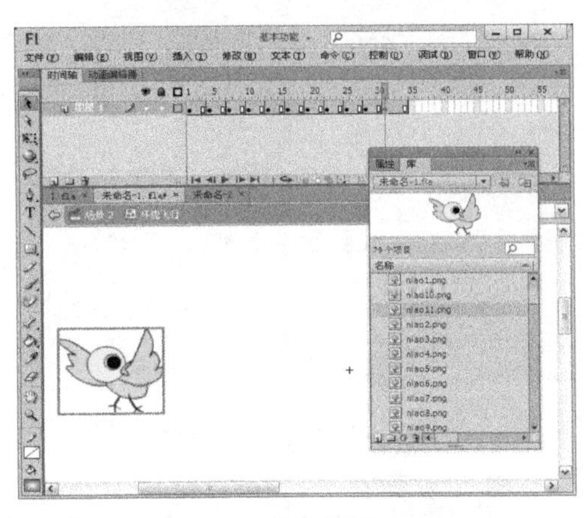

图8-104　拖入图片（6）

17.3.10　创建生日场景

01 执行“插入→新建元件”命令，弹出“创建新元件”对话框，在“名称”文本框中输入“生日场景”，在“类型”下拉列表框中选择“影片剪辑”选项，如图8-105所示。完成后单击 确定 按钮进入元件编辑区。

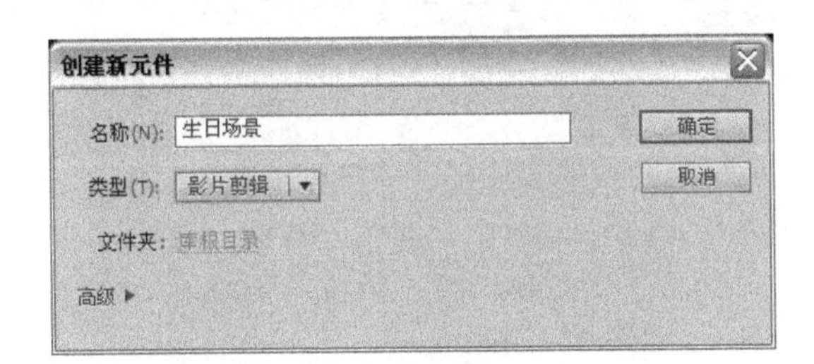

图8-105　“创建新元件”对话框

02 执行“文件→导入→导入到舞台”命令，将一幅图片导入到工作区中，如图8-106所示。

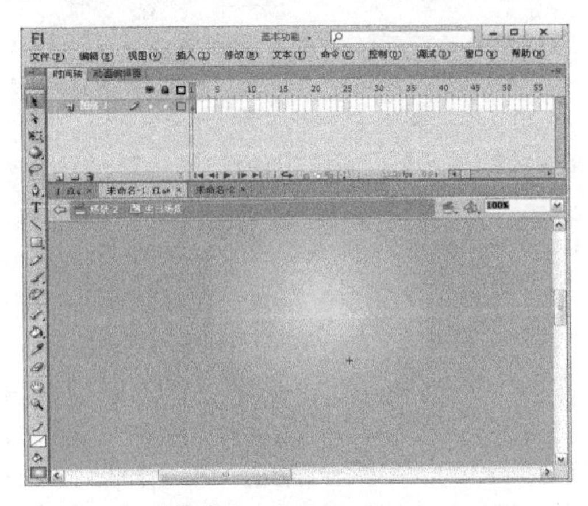

图8-106　导入图片（1）

03 新建“图层2”，再次执行“文件→导入→导入到舞台”命令，将一幅图片导入到工作区中，如图8-107所示。

图8-107　导入图片（2）

04 新建“图层3”，从“库”面板中将“蜡烛动画”影片剪辑元件拖入到工作区中，如图8-108所示。

图8-108　拖入影片剪辑元件

05 新建“图层4”，从“库”面板中拖入6个“环绕飞行”图形元件到工作区中，如图8-109所示。

图8-109 拖入图形元件

06 分别在“图层1”～“图层4”的第360帧处插入帧，然后分别在“图层2”的第161帧与第171帧处插入空白关键帧，如图8-110所示。

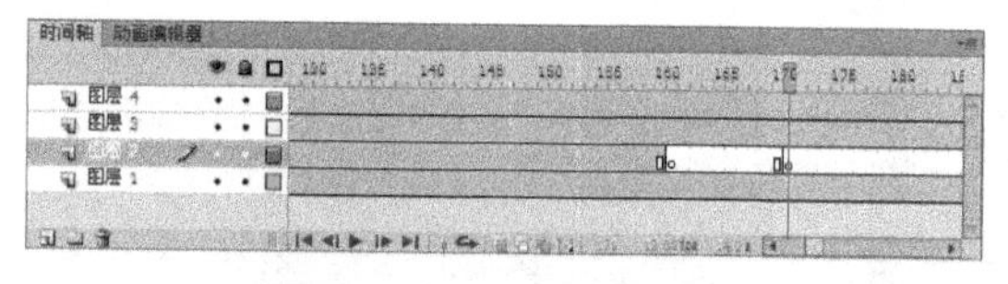

图8-110 插入空白关键帧

07 选择“图层2”的第161帧，执行“文件→导入→导入到舞台”命令，将一幅图片导入到工作区中，如图8-111所示。

图8-111 导入图片（3）

08 选择“图层2”的第1帧，复制该帧中的图片，然后选择“图层2”的第171帧，粘贴到当前位置，如图8-112所示。

图8-112 复制粘贴图片

09 在“图层3”的第168帧处插入空白关键帧，选择该帧，执行“文件→导入→导入到舞台”命令，导入一幅图片到工作区中，如图8-113所示。

图8-113 导入图片（4）

10 新建“图层5”，执行“文件→导入→导入到舞台”命令，将一幅图片导入到工作区中，如图8-114所示。

图8-114 导入图片（5）

11 单击 场景 2 按钮返回场景2，新建“图层7”，在其第470帧处插入关键帧，然后从“库”面板中将“生日场景”影片剪辑元件拖入到舞台上，如图8-115所示。然后在“图层7”的第830帧处插入帧。

图8-115 拖入影片剪辑元件（1）

12 新建“图层8”，在其第510帧处插入关键帧，然后从“库”面板中将“唱歌2”影片剪辑元件拖入到舞台上，如图8-116所示。然后在“图层8”的第550帧处插入空白关键帧。

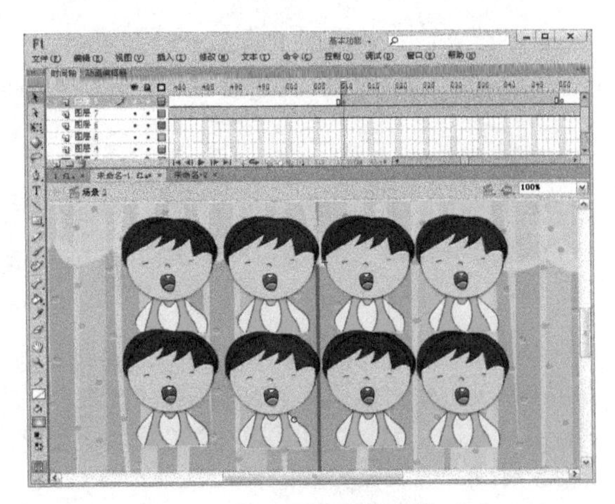

图8-116 拖入影片剪辑元件（2）

13 新建“图层9”，在其第550帧处插入关键帧，然后从“库”面板中将“蜗牛指挥家”影片剪辑元件拖入到舞台上，如图8-117所示。然后在“图层9”的第590帧处插入空白关键帧。

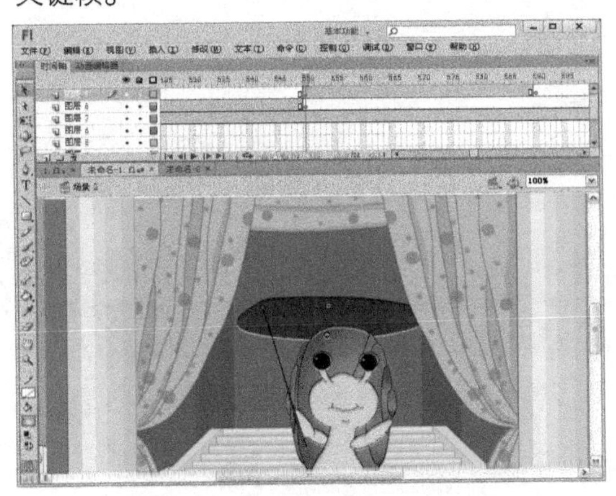

图8-117 拖入影片剪辑元件（3）

14 新建“图层10”，在其第590帧处插入关键帧，然后从“库”面板中将“蜗牛歌唱”影片剪辑元件拖入到舞台上，如图8-118所示。然后在“图层10”的第615帧处插入空白关键帧。

图8-118 拖入影片剪辑元件（4）

15 新建“图层11”，在其第615帧处插入关键帧，使用椭圆工具在舞台上绘制一个无边框、填充色为任意色的小圆，如图8-119所示。

16 在“图层11”的第626帧处插入关键帧，然后将第626帧处的小圆放大至遮住整个舞台。最后在“图层11”的第615～626帧之间创建形状补间动画，如图8-120所示。

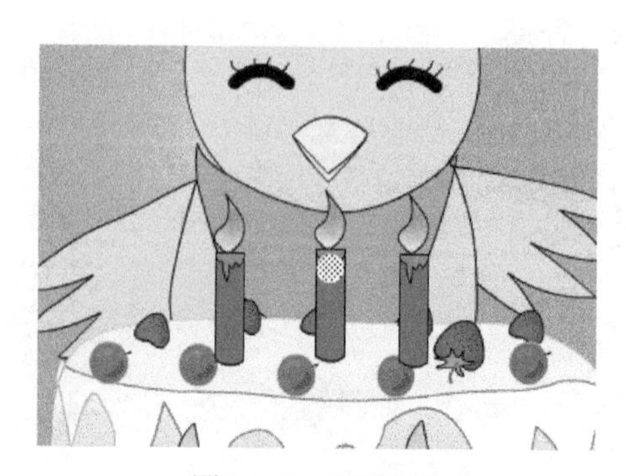

图8-119 绘制小圆

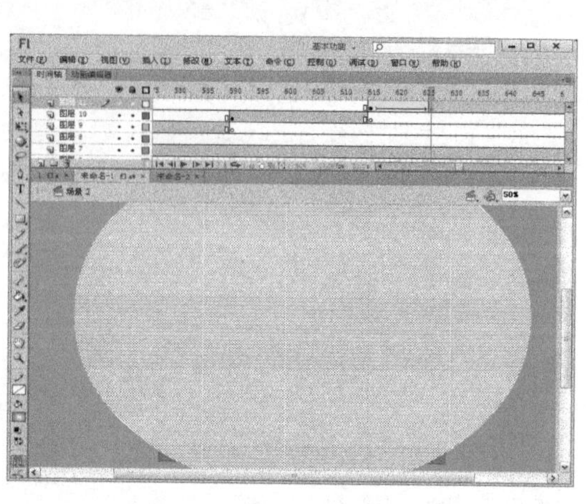

图8-120 创建形状补间动画

17 分别在“图层11”的第730帧与第750帧处插入关键帧，然后将第750帧处的圆缩小。最后在“图层11”的第730~750帧之间创建形状补间动画，如图8-121所示。

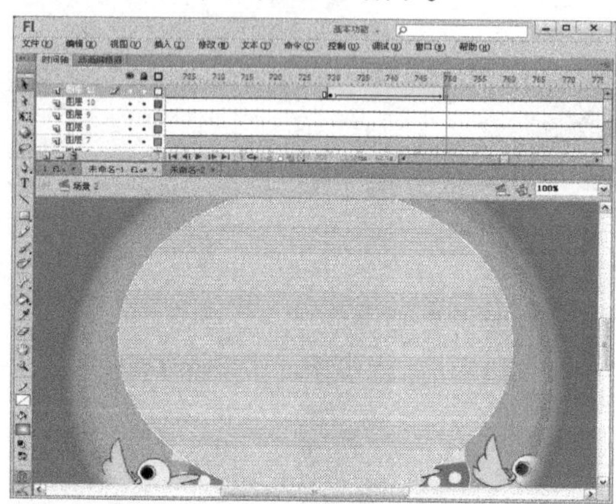

图8-121 创建形状补间动画

18 将“图层11”拖动到“图层8”的下方、“图层7”的上方，然后在“图层11”上单击鼠标右键，在弹出的快捷菜单中选择“遮罩层”命令，如图8-122所示。

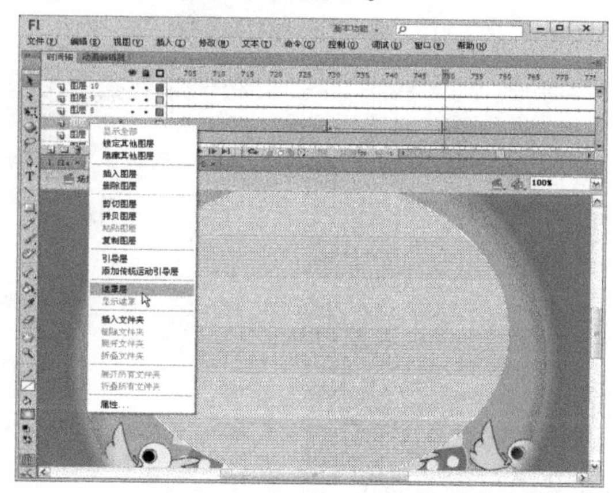

图8-122 选择“遮罩层”命令

17.3.11 添加声音及歌词

01 执行“文件→导入→导入到库”命令，打开“导入到库”对话框，选中声音文件“生日快乐.mp3”，如图8-123所示，单击 打开(O) 按钮，将声音文件导入到库中。

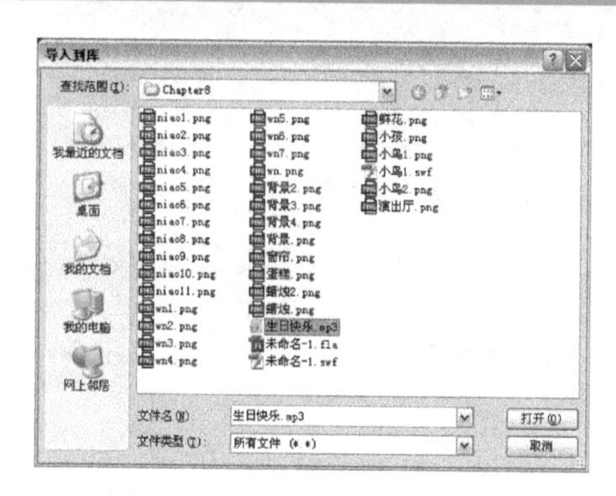

图8-123 “导入到库”对话框

02 返回场景2，新建“歌曲”图层，选择其第1帧，在“属性”面板的“名称”下拉列表框中选择“生日快乐.mp3”，其“同步”下拉列表框设置为“数据流－重复－1“，如图8-124所示。

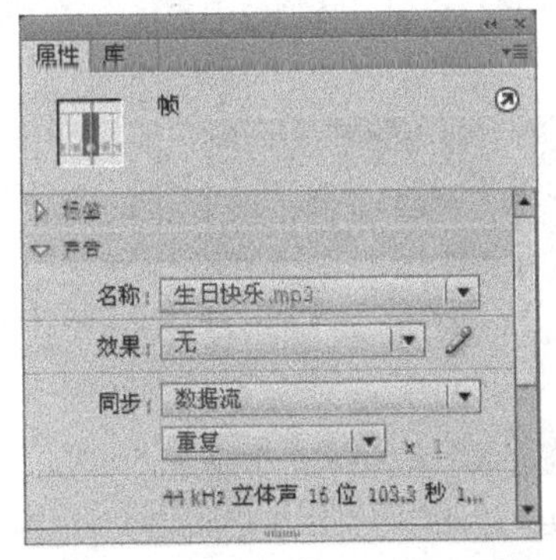

图8-124 选择声音并设置同步选项

03 新建一个图层并命名为“歌词”，使用文本工具根据音乐的播放速度在舞台下方相应地输入歌词，如图8-125所示。

图8-125 输入歌词

04 将文档背景颜色设置为黑色，执行“文件→保存”命令保存文件，然后按Ctrl+Enter组合键欣赏本例的最终效果，如图8-126所示。

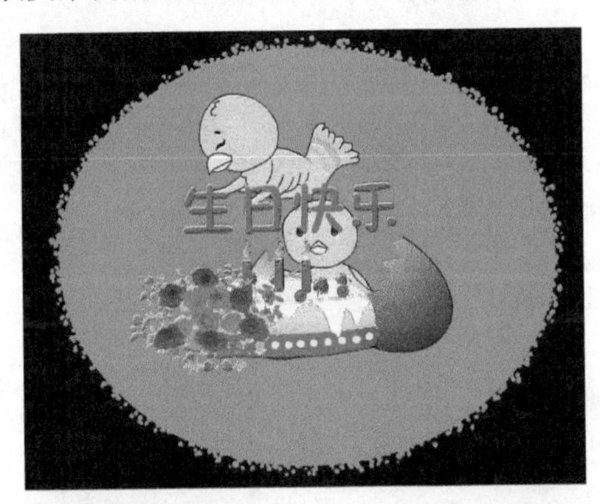

图8-126 最终效果

举一反三 | 情人节MTV

打开光盘\源文件与素材\Chapter 8\Example 17\情人节MTV.swf，欣赏动画最终完成效果，如图8-127所示。

图8-127　动画完成效果

绘制男孩背影

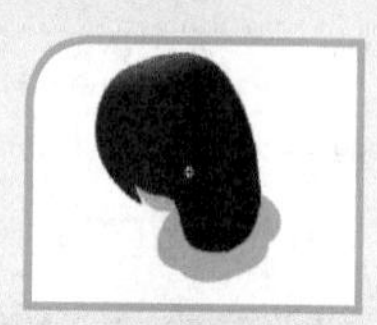

绘制女孩背影

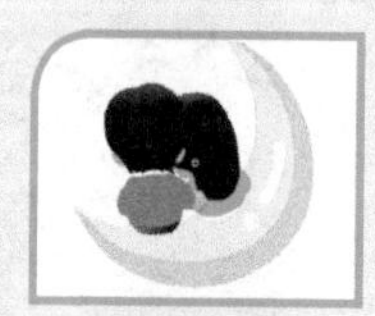

绘制月亮

拖入元件

◎ 关键技术要点 ◎

01 新建一个Flash文档，将其大小设置为500像素（宽度）×300像素（高度），“背景颜色”设置为黑色。

02 新建“星星”影片剪辑元件，在元件编辑区中制作星星闪烁的动画效果。

03 新建两个“男孩”与“女孩”影片剪辑元件，分别在元件编辑区中绘制男孩与女孩的背影。

04 新建“月亮”影片剪辑元件，在元件编辑区中绘制一个月亮形状的图形，再将“库”面板中“男孩”和“女孩”影片剪辑元件拖入到月亮形状上，并调整好位置，然后制作月亮左右摇晃的动画效果。

05 输入文字并在文字左方绘制矩形，创建遮罩动画，制作出文字从左向右逐渐显示的效果。

06 回到主场景，将制作的影片剪辑元件全部拖入舞台，并调整好位置。

07 新建一个图层，导入“情人.mp3”音乐到时间轴上的第1帧中。

第9章

The 9th Chapter

Flash动画短片

Flash动画短片如同我们经常在电视上看到的动画片一样，由不同角色在不同场景中演绎不同的故事。一些企业的宣传、培训可以通过将其设计成一些“小故事”、“小短片”的形式用动画演绎。生动的Flash动画短片可吸引观众的目光和注意力，轻松地实现信息传播的效果。

- 制作满园春色短片

Work1 要点导读

近年来，我国非常重视动漫产业的发展。Flash动画短片作为一种动漫形式，正受到越来越多的关注。Flash动画短片的创作不是简单的Flash技术的堆砌，也不仅仅是创作者灵感的一时闪现，而是两者的完美结合。

Flash动画短片的成功之本是创意，一是故事创意，二是形象创意。所谓的故事创意，是指Flash动画短片的内容要有新意，并且要将这一新意以一种巧妙的方式表达出来。创意来源于创作者真实的体验和感受，来源于他们对周围事件的敏感和自身创作的激情，是情感积聚到一定程度的爆发。尽管Flash动画短片具有一定的流行性和时尚性，但一部优秀的动画短片绝对不是对流行的跟风，或者是时尚的附庸。切不可一味根据市场的行情揣摩自己的Flash作品，更不可以在别人的短片上“创作”自己的作品。所谓的形象创意，是指Flash动画短片的形象要别具一格，不必拘泥于某一种格式，而应个性鲜明，要有大胆的变形和夸张。动画形象是动画短片的重要组成部分，优秀的动画短片都有着自己个性鲜明、风格独特的动画形象。

另外，在Flash动画尤其是动画短片的制作中，或多或少都要表现一些较复杂的动作，在制作时应用一些技巧可以使制作动画变得方便、快捷，这其中包括逐帧动画的表现方法技巧以及巧用Flash的变形功能制作动画的表现技巧。

1. 逐帧动画表现方法和技巧

逐帧动画是我们常用的动画表现形式，也就是一帧一帧地将动作的每个细节都画出来。显然，这是一件很吃力的工作，但是使用一些小的技巧能够减少一定的工作量。

（1）循环法

循环法是最常用的动画表现方法，将一些动作简化成由只有几帧逐帧动画组成的影片剪辑，利用影片剪辑循环播放的特性，来表现一些动画，例如，头发、衣服飘动，走路、说话等动画经常使用该法。这种循环的逐帧动画，要注意其节奏，做好了能取得很好的效果。

图**9-1**中斗篷的飘动动画就是由三帧逐帧动画组成的影片剪辑。实际上，只需要制作出一帧，其他两帧在第一帧的基础上稍做修改便完成了。

图9-1　斗篷的飘动

（2）节选渐变法

在表现某个缓慢的动作（如手缓缓张开，头缓缓抬起）时，用逐帧动画就很难实现。我

们可以考虑在整个动作中节选几个关键的帧，然后用渐变或闪现的方法来表现整个动作，如图9-2所示。

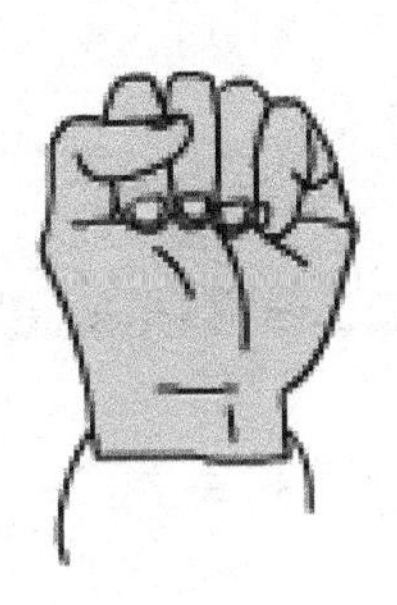 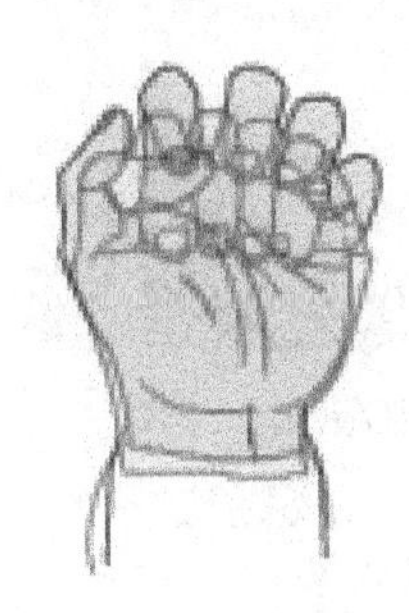 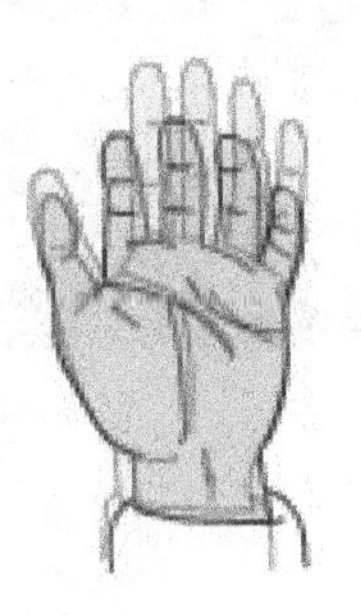 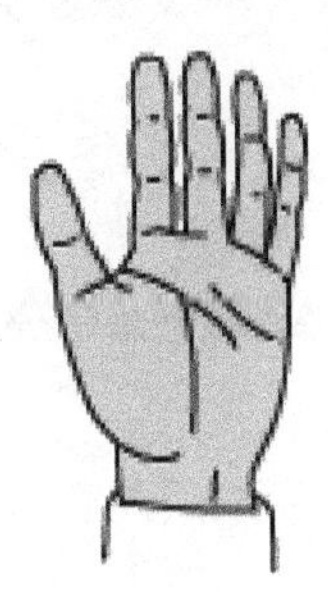

图9-2 张开手掌

在上例中，通过节选手在张合动作中的4个“瞬间”绘制了4个图形，定义成影片剪辑之后，用Alpha值的变形来表现出一个完整的手的张合动作。

如果完全逐帧地将整个动作绘制出来，想必会花费大量的时间精力，而节选渐变法可以在基本达到效果的同时简化了工作。

注意：该方法适合于表现慢动作中的复杂动作。另外，一些特殊情景，如迪厅等，由于黑暗中闪烁的灯光，也是“天然”的节选动作，这时无须变形直接闪现即可。

（3）再加工法

如图9-3中牛抬头的动作，是以牛头作为一个影片剪辑，用旋转变形使头“抬起来”，由第1步的结果来看，牛头和脖子之间有一个“断层”；第2步，将变形的所有帧转换成关键帧，并将其打散，然后逐帧在脖子处进行修改，最后做一定的修饰，给牛身上加上“金边”整个动画的气氛就出来了。

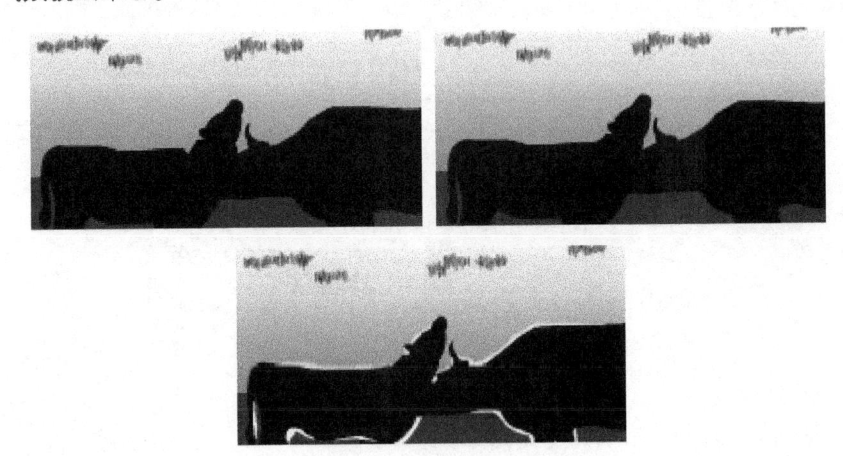

图9-3 牛抬头的动作

注意：借助于参照物或进行简单的变形、加工，可以得到复杂的动画。

（4）遮蔽法

该方法的中心思想就是将复杂动画的部分给遮住。而具体的遮蔽物可以是位于动作主体前面的东西，也可以是影片的框（即影片的宽度限制）等。

在图9-4中，复杂动作部分（脚的动作），由于“镜头”仰拍的关系，已在影片的框框之外，因此就不需要画这部分比较复杂的动画，剩下的就都是些简单的工作了。

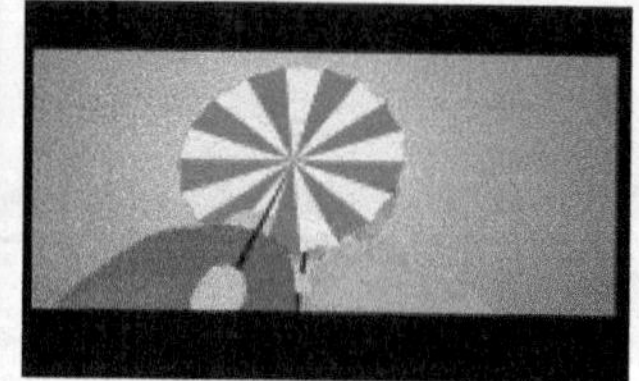

图9-4　遮蔽法

当然如果该部分动作正是我们需要表现的主体，那么这个方法显然就不适用了。

2. 充分使用Flash的变形功能

动作动画和形状动画是Flash提供的两种变形动画，它们只需要指定首尾两个关键帧，中间过程可由电脑自己生成，所以是制作影片时最常使用的动作表现手法。

但有时候，用单一的变形动作会显得比较单调，这时可以考虑使用组合变形。例如，通过前景、中景和背景分别制作变形，或者仅是前景和背景分别变形，工作量不大，也能取得良好的动画效果。

如图9-5中兔子翻跟头的动作（动画1），由动画2、3、4三个部分组成，动画2主要是背景的简单上下移动变形，动画3是白云的旋转缩放，都是简单的动画，动画4稍微复杂一些，兔子是由一个2帧的影片剪辑（由正立倒立的兔子构成的翻跟斗动作），跳起落下，也都是简单的缩放变形，此三者组成的动画1，就是一个比较和谐的组合动画，没有了过于单调的缺点。

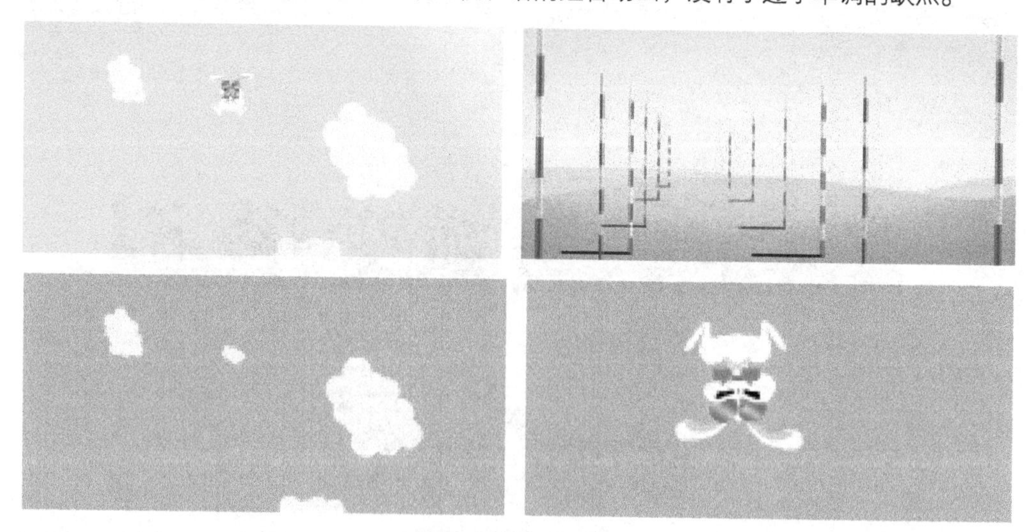

图9-5　兔子翻跟头

Work2 案例解析

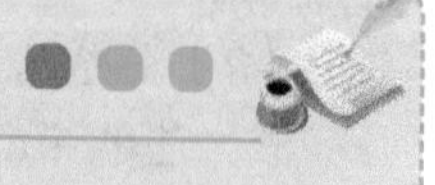

对动画短片制作有了一定的了解后，下面通过实例进一步掌握学习动画短片的制作方法和技巧。

Adobe Flash CS6

Example 18

满园春色

本实例制作一个名为“满园春色”的动画短片，请打开本书配套光盘中的文件，查看完成后的动画效果。

18.1 效果展示

原始文件：Chapter 9\Example 18\满园春色.fla

最终效果：Chapter 9\Example 18\满园春色.swf

学习指数：★★★★

本实例制作的是一个动画短片，其中包含了两个人物与场景的设计。短片的制作较为复杂，通过本实例的学习，读者可逐步掌握动画短片的制作方法。

18.2 技术点睛

本实例中的动画短片，主要使用了创建元件功能、创建逐帧动画功能以及创建遮罩动画功能。通过本实例的学习，读者可掌握制作动画短片的基本操作方法。

在制作动画短片时，应注意以下几个操作环节。

（1）如果不需要某个图层中的动画元素播放时，可以在该图层中插入空白关键帧。

（2）如果需要将影片剪辑元件变换方向，可以使用任意变形工具将影片剪辑的中心点移动到影片剪辑右侧，然后使用任意变形工具将影片剪辑围绕中心点翻转一次即可。

18.3 步骤详解

下面来完成本实例的制作。

18.3.1 制作老爷爷点头动画

01 启动Flash CS6，新建一个Flash空白文档。执行“修改→文档”命令，打开“文档设置”对话框，在将“尺寸”设置为720像素（宽度）×576像素（高度），“帧频”设置为12，设置完成后单击 确定 按钮。

02 创建“老爷爷点头”影片剪辑元件。执行“插入→新建元件”命令，弹出“创建新元件”对话框，在“名称”文本框中输入“老爷爷点头”，在“类型”下拉列表框中选择“影片剪辑”选项，完成后单击 确定 按钮进入元件编辑区。

03 执行“文件→导入→导入到舞台”命令，导入一幅老爷爷身体图片到工作区中，如图9-6所示。

04 再次执行“文件→导入→导入到舞台”命令，导入一幅老爷爷头部图片到工作区中，然后选择导入的头部图片，单击鼠标右键，在弹出的快捷菜单中选择“排列→下移一层”命令，如图9-7所示。

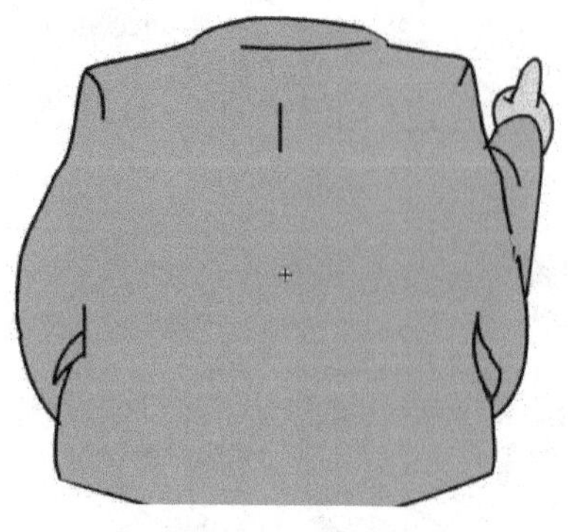

图9-6　导入图片（1）

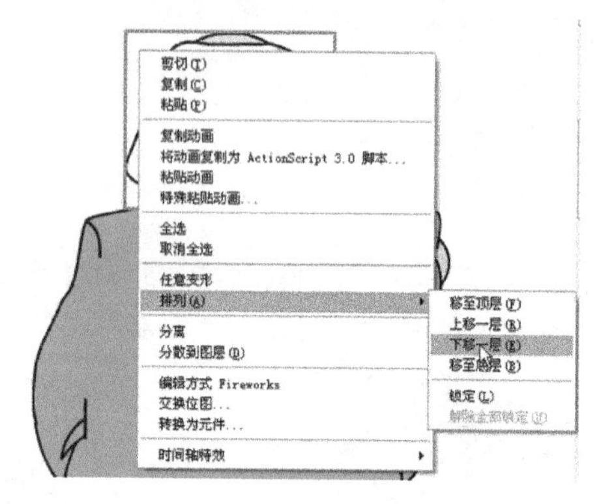

图9-7　选择“排列→下移一层”命令

05 分别在“图层1”的第4帧与第7帧处插入关键帧，选择第4帧处的头部图片，将其向下移动一段距离，如图9-8所示。

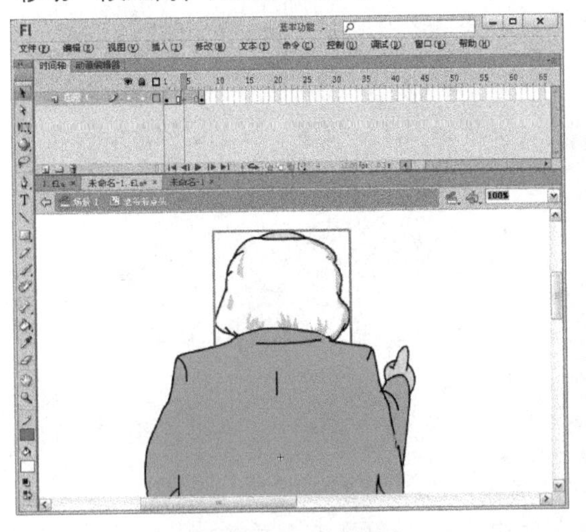

图9-8　移动头部图片

06 返回主场景，执行“文件→导入→导入到舞台”命令，导入一幅背景图片到舞台中，如图9-9所示。

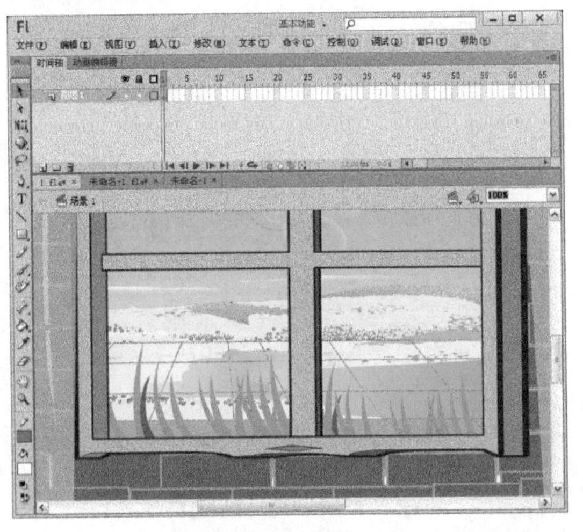

图9-9　导入图片（2）

07 将“图层1”命名为“背景”，然后新建一个图层，并将其命名为“老爷爷”，执行“文件→导入→导入到舞台”命令，导入一幅图片到舞台中，如图9-10所示。

图9-10　导入图片（3）

08 在“老爷爷”图层的第46帧处插入关键帧，在“背景”图层的第210帧处插入帧，如图9-11所示。

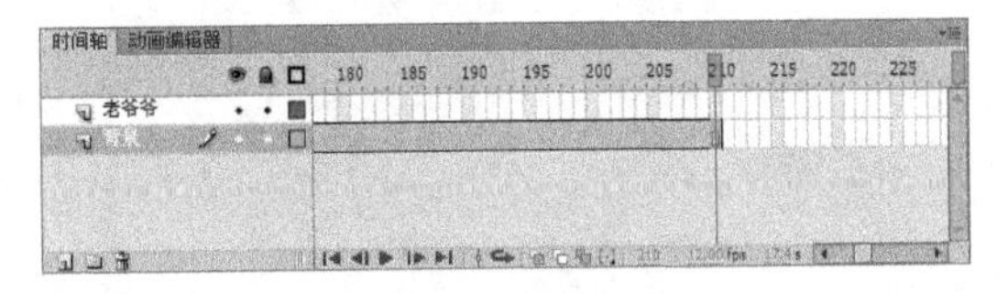

图9-11　插入帧

09 在“老爷爷”图层的第20帧处插入空白关键帧，然后从“库”面板中将“老爷爷点头”影片剪辑元件拖入舞台中，如图9-12所示。

10 在“老爷爷”图层的第80帧处插入空白关键帧，然后从“库”面板中将“老爷爷点头”影片剪辑元件拖入到舞台上，如图9-13所示。

图9-12 拖入影片剪辑元件（1）

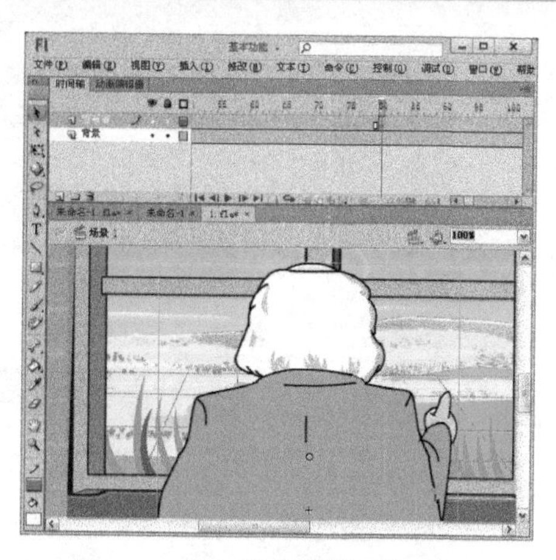

图9-13 拖入影片剪辑元件（2）

18.3.2 制作老爷爷正面讲话动画

01 创建“嘴1”图形元件。执行“插入→新建元件”命令，弹出“创建新元件”对话框，在“名称”文本框中输入“嘴1”，在“类型”下拉列表框中选择“图形”选项，完成后单击 确定 按钮进入元件编辑区。

02 使用铅笔工具在工作区中绘制两条黑色的弧线，如图9-14所示。

03 在第3帧处插入空白关键帧，然后使用绘图工具绘制出嘴巴造型，如图9-15所示。

04 在第5帧与第7帧处插入空白关键帧，然后使用绘图工具分别在这两帧处绘制嘴巴造型，如图9-16和图9-17所示。最后，在第9帧处插入帧。

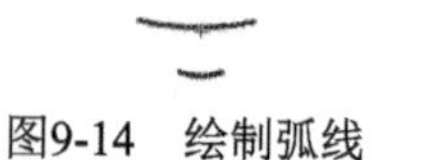

图9-14 绘制弧线

图9-15 绘制嘴巴造型

图9-16 第5帧

图9-17 第7帧

05 创建“老爷爷讲话1”影片剪辑元件。执行“插入→新建元件”命令，弹出“创建新元件”对话框，在“名称”文本框中输入“老爷爷讲话1”，在“类型”下拉列表框中选择“影片剪辑”选项，完成后单击 确定 按钮进入元件编辑区。

06 执行“文件→导入→导入到舞台”命令，导入一幅图片到舞台中，如图9-18所示。

07 新建“图层2”，从“库”面板中将“嘴1”图形元件拖入到工作区中，如图9-19所示。

图9-18 导入图片

图9-19 拖入图形元件

08 分别在“图层1”与“图层2”的第9帧处插入帧，如图9-20所示。

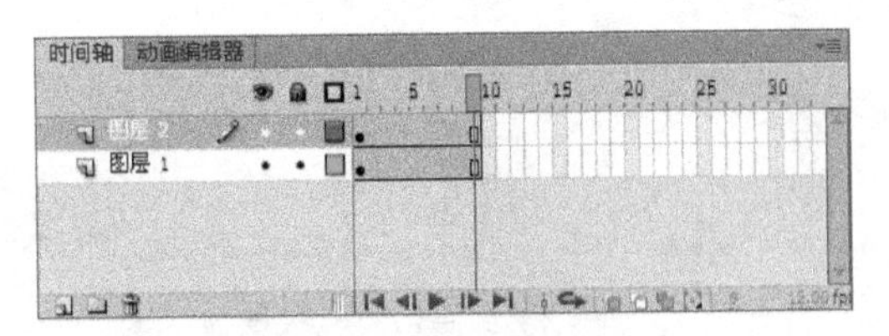

图9-20 在第9帧处插入帧

09 返回主场景，在“老爷爷”图层的第115帧处插入空白关键帧，然后从“库”面板中将“老爷爷讲话1”影片剪辑元件拖入到舞台上，如图9-21所示。

图9-21 拖入影片剪辑元件

18.3.3 制作小女孩侧面讲话动画

01 创建“嘴2”图形元件。执行“插入→新建元件”命令，弹出“创建新元件”对话框，在“名称”文本框中输入“嘴2”，在“类型”下拉列表框中选择“图形”选项，完成后单击 确定 按钮进入元件编辑区。

02 分别在第4、7、9、12、13帧处插入关键帧，然后在第15帧处插入帧，如图9-22所示。

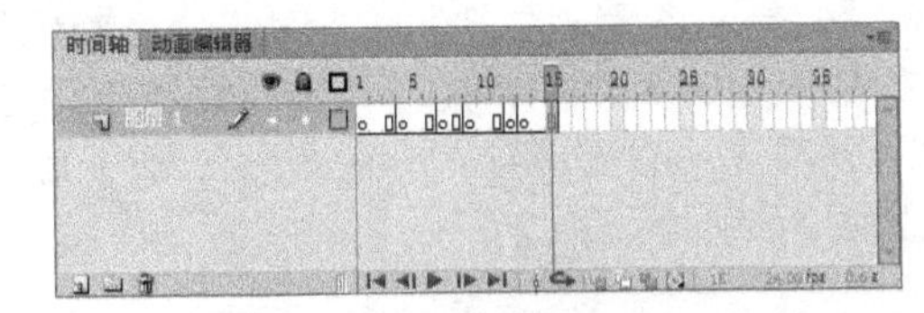

图9-22 插入关键帧与帧

03 分别在第1、4、7、9、12、13帧处使用绘图工具绘制嘴巴造型，如图9-23～图9-28所示。

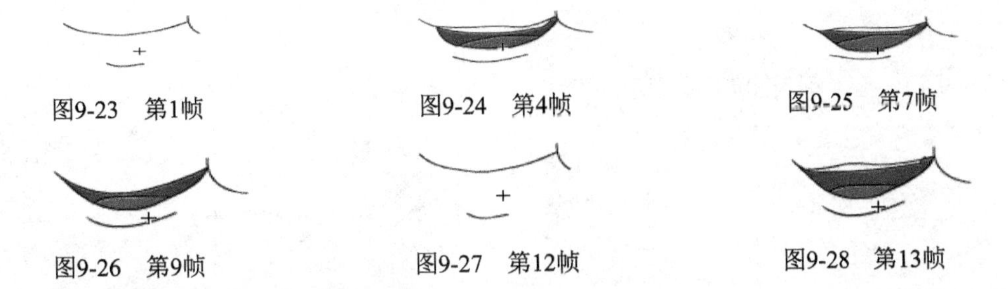

图9-23 第1帧　图9-24 第4帧　图9-25 第7帧

图9-26 第9帧　图9-27 第12帧　图9-28 第13帧

04 创建“小女孩侧面讲话1”影片剪辑元件。执行“插入→新建元件”命令，弹出“创建新元件”对话框，在“名称”文本框中输入“小女孩侧面讲话1”，在“类型”下拉列表框中选择“影片剪辑”选项，完成后单击 确定 按钮进入元件编辑区。

05执行“文件→导入→导入到舞台”命令，导入一幅图片到工作区中，如图9-29所示。

图9-29 导入图片（1）

06新建“图层2”，从“库”面板中将“嘴2”图形元件拖入到工作区中，如图9-30所示。

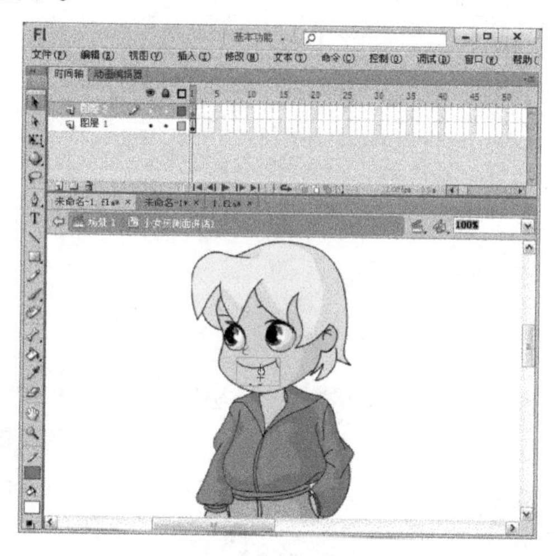

图9-30 拖入图形元件

07分别在“图层1”与“图层2”的第15帧处插入帧，如图9-31所示。

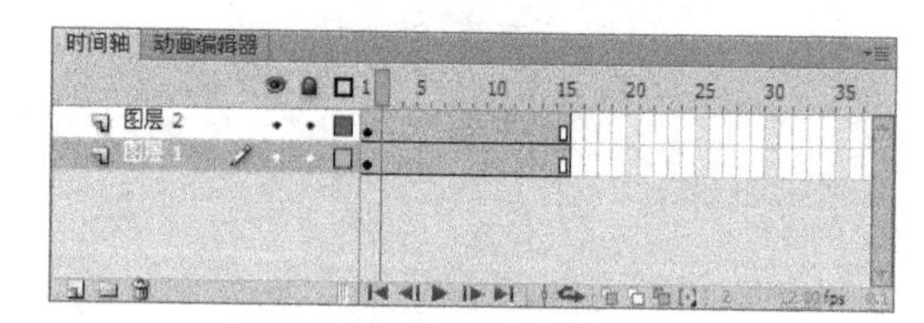

图9-31 插入帧

08返回主场景，在“背景”图层的第210帧处插入空白关键帧，执行“文件→导入→导入到舞台”命令，导入一幅图片到舞台上，如图9-32所示。

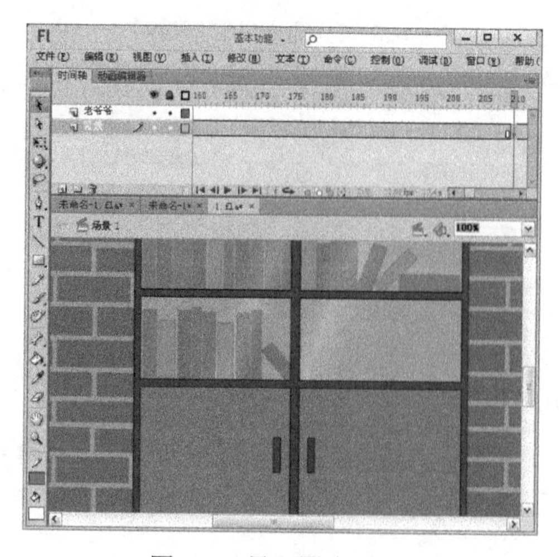

图9-32 导入图片（2）

09在“老爷爷”图层的第210帧处插入空白关键帧，然后新建一个“小女孩”图层，并在其第210帧处插入关键帧，从“库”面板中将“小女孩侧面讲话1”影片剪辑元件拖入到舞台上，如图9-33所示。

图9-33 拖入影片剪辑元件

10 分别在“背景”与“小女孩”图层的第283帧处插入空白关键帧，如图9-34所示。

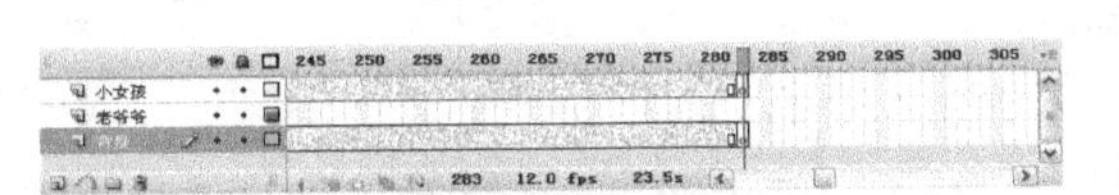

图9-34 插入空白关键帧

11 新建“矩形”图层，并在其第261帧处插入关键帧，使用矩形工具绘制一个无边框的黑色矩形，如图9-35所示。

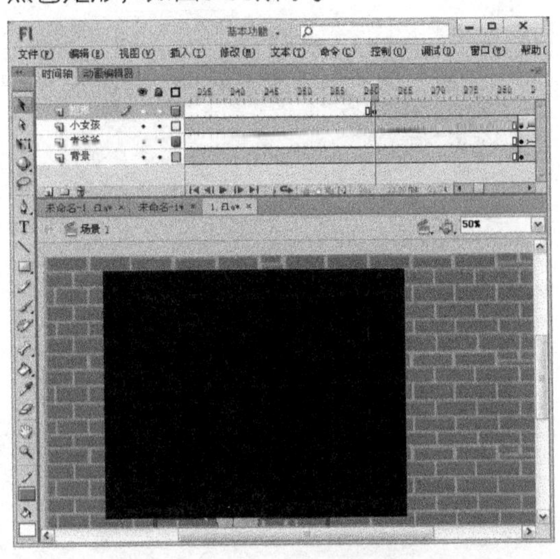

图9-35 绘制无边框的黑色矩形

12 选中矩形，按F8键，在弹出的“转换为元件”对话框中将其转换为图形元件，如图9-36所示。完成后单击 确定 按钮。

图9-36 “转换为元件”对话框

13 在“矩形”图层的第277帧处插入关键帧，然后在“属性”面板中将第261帧处的矩形Alpha值设置为0，最后在第261～277帧之间创建补间动画，如图9-37所示。

图9-37 创建补间动画

14 新建“文字1”图层，并在其第277帧处插入关键帧，使用文本工具在矩形上输入文字，如图9-38所示。

15 分别“矩形”图层的第306帧与第316帧处插入关键帧，然后在“属性”面板中将第316帧处的矩形Alpha值设置为0，并在第306～316帧之间创建补间动画，如图9-39所示。

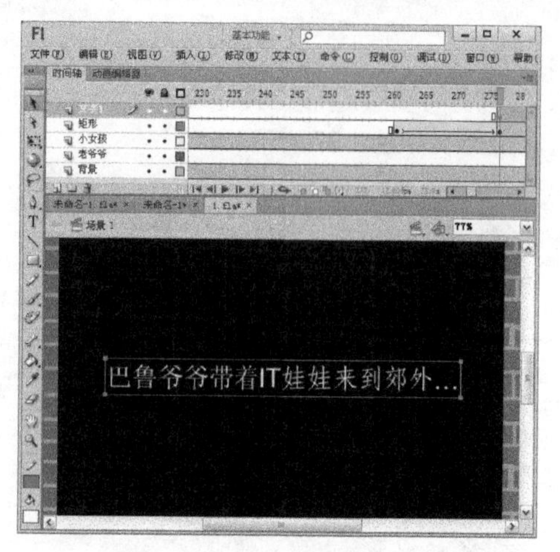

图9-38　输入文字

图9-39　设置Alpha值为0

16 在“文字1”图层的第306帧处插入空白关键帧，在“矩形”图层的第317帧处插入空白关键帧，如图9-40所示。

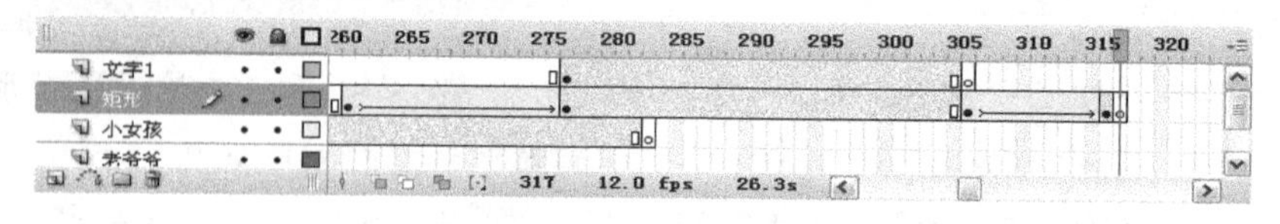

图9-40　插入空白关键帧

18.3.4　制作老爷爷与小女孩走路的动画

01 创建“老爷爷走1”影片剪辑元件。执行“插入→新建元件”命令，弹出“创建新元件”对话框，在“名称”文本框中输入“老爷爷走1”，在“类型”下拉列表框中选择“图形”选项，完成后单击 确定 按钮进入元件编辑区。

02 执行“文件→导入→导入到舞台”命令，导入一幅老爷爷走路图片到舞台中，如图9-41所示。

图9-41　导入图片（1）

03 在“图层1”的第5帧处插入空白关键帧，执行“文件→导入→导入到舞台”命令，导入另一幅老爷爷走路图片到舞台中，如图9-42所示。

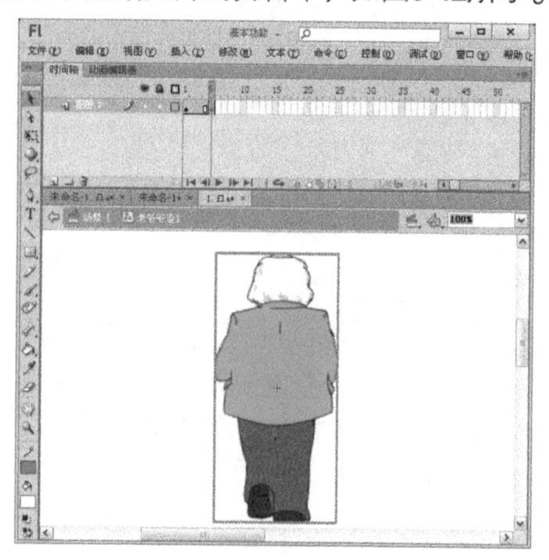

图9-42　导入图片（2）

04 按照同样的方法，分别在“图层1”的第9帧与第13帧处插入空白关键帧，然后分别导入不同图片，最后在第16帧处插入帧，如图9-43所示。

图9-43 导入图片（3）

05 创建“小女孩走1”图形元件。执行“插入→新建元件”命令，弹出“创建新元件”对话框，在“名称”文本框中输入“小女孩走1”，在“类型”下拉列表框中选择“图形”选项，完成后单击 确定 按钮进入元件编辑区。

06 执行“文件→导入→导入到舞台”命令，导入一幅小女孩走路图片到舞台中，如图9-44所示。

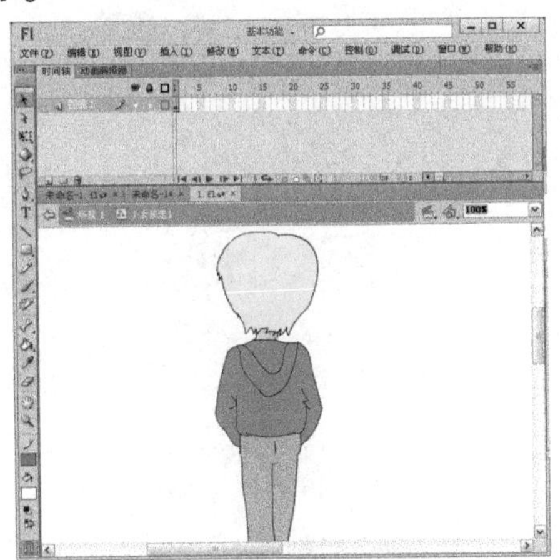

图9-44 导入图片（4）

07 在“图层1”的第5帧处插入空白关键帧，执行“文件→导入→导入到舞台”命令，导入一幅小女孩走路图片到舞台中，如图9-45所示。

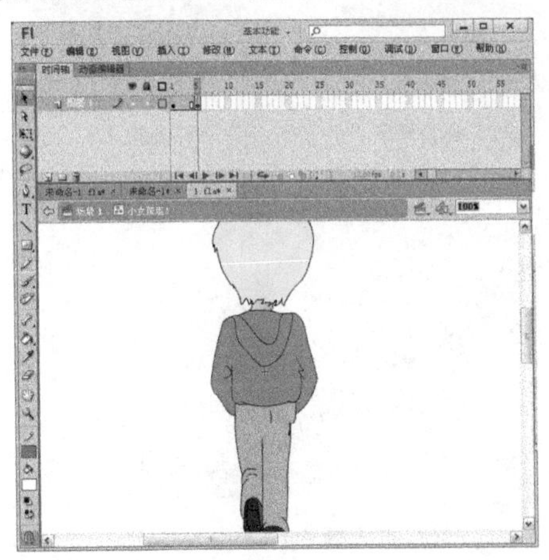

图9-45 导入图片（5）

08 按照同样的方法，分别在“图层1”的第9帧与第13帧处插入空白关键帧，然后分别导入不同图片，最后在第16帧处插入帧，如图9-46所示。

图9-46 导入图片（6）

09 回到主场景，选择“背景”图层的第283帧，执行“文件→导入→导入到舞台”命令，导入一幅图片到舞台中，如图9-47所示。

图9-47　导入图片（7）

10 在“时间轴”面板中将“矩形”图层隐藏，如图9-48所示。

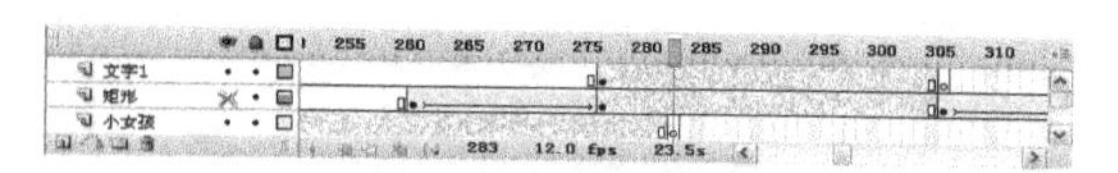

图9-48　隐藏图层

11 在“老爷爷”图层的第283帧处插入空白关键帧，然后从“库”面板中将“老爷爷走1”图形元件拖入到舞台上，如图9-49所示。

图9-49　拖入图形元件（1）

12 在“老爷爷”图层的第327帧处插入关键帧，然后使用任意变形工具将“老爷爷走1”图形元件缩小一些，并在第283～327帧之间创建补间动画，如图9-50所示。

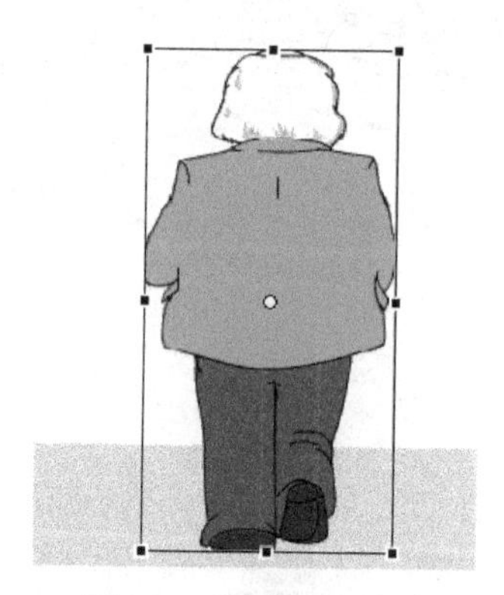

图9-50　创建补间动画

13 选中“小女孩”图层的第283帧，从“库”面板中将“小女孩走1”图形元件拖入到舞台上，如图9-51所示。

14 在“小女孩”图层的第327帧处插入关键帧，然后使用任意变形工具将“小女孩走1”图形元件缩小一些，并在第283～327帧之间创建补间动画，如图9-52所示。

15 分别在“老爷爷”与“小女孩”图层的第334帧处插入空白关键帧，如图9-53所示。

图9-51　拖入图形元件（2）

图9-52 创建补间动画

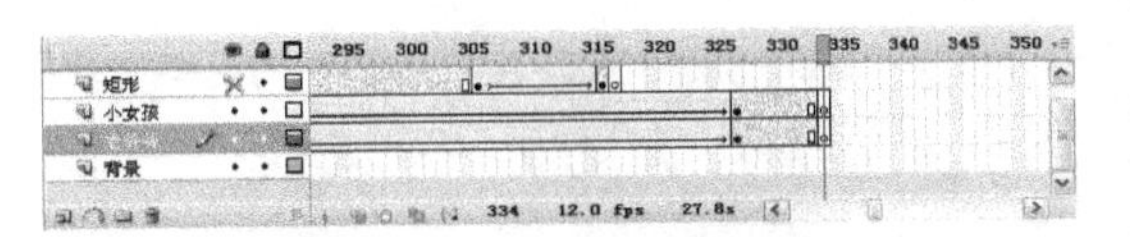

图9-53 插入空白关键帧

16 在“背景”图层的第334帧处插入空白关键帧，执行“文件→导入→导入到舞台”命令，导入一幅图片到舞台中，如图9-54所示。

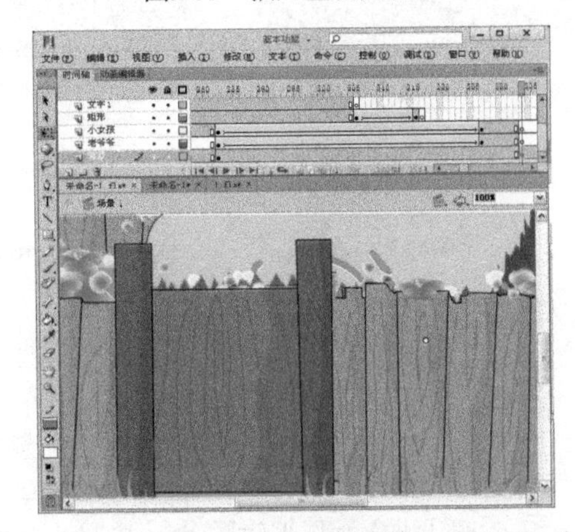

图9-54 导入背景图片

18.3.5 制作老爷爷与小女孩正面走路的动画

01 创建“老爷爷走2”图形元件。执行“插入→新建元件”命令，弹出“创建新元件”对话框，在“名称”文本框中输入“老爷爷走2”，在“类型”下拉列表框中选择“图形”选项，完成后单击 确定 按钮进入元件编辑区。

02 执行“文件→导入→导入到舞台”命令，导入一幅老爷爷正面走路的图片到舞台中，如图9-55所示。

03 在“图层1”的第4帧处插入空白关键帧，执行“文件→导入→导入到舞台”命令，导入另一幅老爷爷正面走路图片到舞台中，如图9-56所示。

图9-55 导入图片（1）

图9-56 导入图片（2）

04 按照同样的方法，分别在“图层1”的第7、10、13、16帧处插入空白关键帧，然后分别导入不同的图片，如图9-57～图9-60所示。最后，在第19帧处插入帧。

图9-57　第7帧

图9-58　第10帧

图9-59　第13帧

图9-60　第16帧

05 创建“小女孩走2”图形元件。执行“插入→新建元件”命令，弹出“创建新元件”对话框，在“名称”文本框中输入“小女孩走2”，在“类型”下拉列表框中选择“图形”选项，如图9-61所示。完成后单击 确定 按钮进入元件编辑区。

图9-61　“创建新元件”对话框

06 执行“文件→导入→导入到舞台”命令，导入一幅小女孩正面走路图片到舞台中，如图9-62所示。

图9-62　导入图片（3）

07 在“图层1”的第3帧处插入空白关键帧，执行“文件→导入→导入到舞台”命令，导入另一幅小女孩正面走路图片到舞台中，如图9-63所示。

图9-63　导入图片（4）

08 按照同样的方法，分别在“图层1”的第5、7、9、11帧处插入空白关键帧，然后分别导入不同的图片，如图9-64～图9-67所示。最后，在第13帧处插入帧。

图9-64 第5帧

图9-65 第7帧

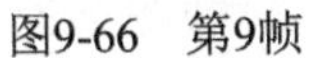

图9-66 第9帧

图9-67 第11帧

09 回到主场景，在“背景”图层的第386帧处插入空白关键帧，执行“文件→导入→导入到舞台”命令，导入一幅图片到舞台中，如图9-68所示。

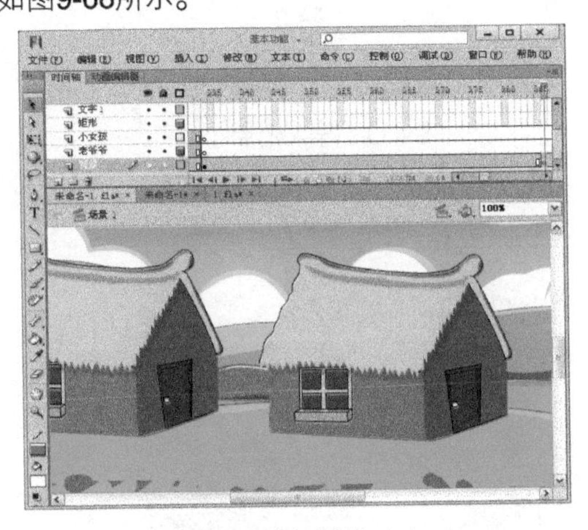

图9-68 导入图片（5）

10 在“老爷爷”图层的第386帧处插入空白关键帧，然后从“库”面板中将“老爷爷走2”图形元件拖入到舞台上，如图9-69所示。

图9-69 拖入图形元件（1）

11 在“小女孩”图层的第386帧处插入空白关键帧，从“库”面板中将“小女孩走2”图形元件拖入到舞台上，如图9-70所示。

图9-70 拖入图形元件（2）

12 创建“老爷爷走3”图形元件。执行“插入→新建元件”命令，弹出“创建新元件”对话框，在“名称”文本框中输入“老爷爷走3”，在“类型”下拉列表框中选择“图形”选项，如图9-71所示。完成后单击 确定 按钮进入元件编辑区。

图9-71 “创建新元件”对话框

13 执行“文件→导入→导入到舞台”命令，导入一幅老爷爷转头的图片到舞台中，如图9-72所示。

图9-72　导入图片（6）

14 在“图层1”的第4帧处插入空白关键帧，执行“文件→导入→导入到舞台”命令，导入另一幅老爷爷转头的图片到舞台中，如图9-73所示。

图9-73　导入图片（7）

15 按照同样的方法，分别在“图层1”的第7、10、13、16帧处插入空白关键帧，然后分别导入不同的图片，如图9-74～图9-77所示。最后，在第19帧处插入帧。

图9-74　第7帧

图9-75　第10帧

图9-76　第13帧

图9-77　第16帧

16 回到主场景，在“老爷爷”图层的第449帧处插入关键帧，然后在第438帧处插入空白关键帧，从“库”面板中将“老爷爷走3”图形元件拖入到舞台上，如图9-78所示。

图9-78　拖入图形元件（3）

17 分别在“背景”图层、“老爷爷”图层与“小女孩”图层的第459帧处插入空白关键帧，如图9-79所示。

18 选中“背景”图层的第459帧，执行“文件→导入→导入到舞台”命令，导入一幅图片到舞台中，如图9-80所示。

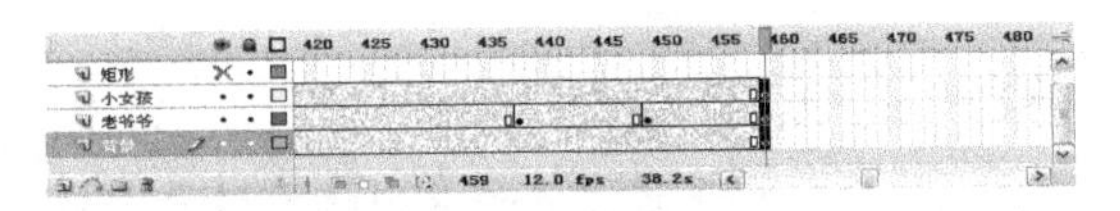

图9-79　插入空白关键帧

图9-80　导入图片到舞台

18.3.6　制作小女孩跑步动画

01 创建“小女孩跑步1”图形元件。执行“插入→新建元件”命令，弹出“创建新元件”对话框，在“名称”文本框中输入“小女孩跑步1”，在“类型”下拉列表框中选择“图形”选项，如图9-81所示。完成后单击 确定 按钮进入元件编辑区。

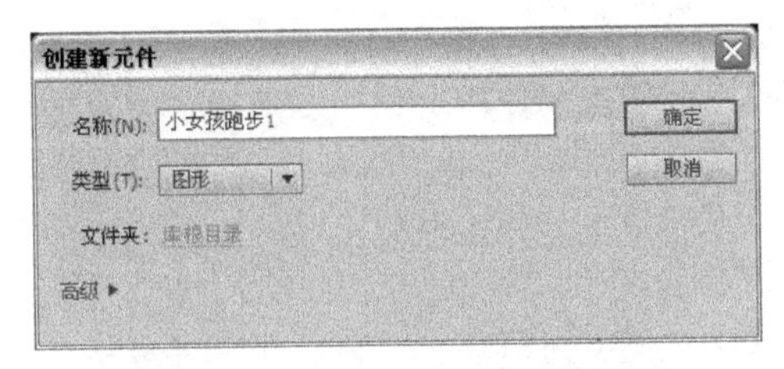

图9-81　“创建新元件”对话框

02 执行“文件→导入→导入到舞台”命令，导入一幅小女孩图片到舞台中，如图9-82所示。

图9-82　导入图片（1）

03 在“图层1”的第3帧处插入空白关键帧，执行“文件→导入→导入到舞台”命令，导入一幅小女孩跑步图片到舞台中，如图9-83所示。

04 按照同样的方法，分别在“图层1”的第5、7、9、11帧处插入空白关键帧，然后分别导入不同的图片，如图9-84~图9-87所示。最后，在第13帧处插入帧。

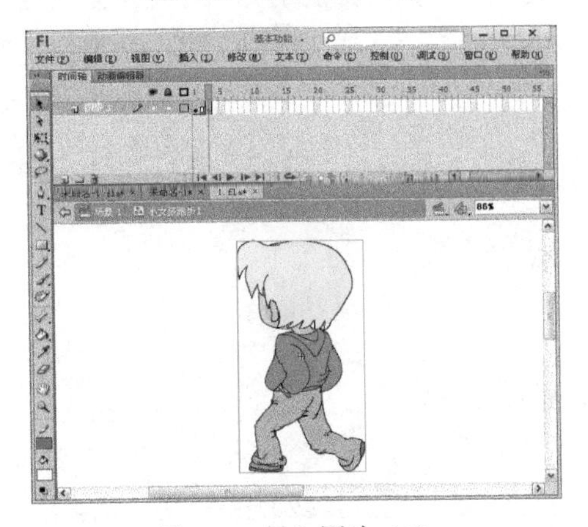

图9-83　导入图片（2）

图9-84　第5帧

图9-85　第7帧

图9-86　第9帧

图9-87　第11帧

05 回到主场景，选中“小女孩”图层的第**459**帧，然后从“库”面板中将“小女孩跑步**1**”图形元件拖入到舞台上，如图**9-88**所示。

图9-88　拖入图形元件

06 在“小女孩”图层的第**491**帧处插入关键帧，然后将“小女孩跑步**1**”图形元件向左移动一段距离，并在第**459**～**491**帧之间创建补间动画，如图**9-89**所示。最后在“背景”图层的第**516**帧处插入空白关键帧。

图9-89　创建补间动画

07 在“小女孩”图层的第**492**帧处插入空白关键帧，执行“文件→导入→导入到舞台”命令，导入一幅图片到舞台中，如图**9-90**所示。

图9-90　导入图片（3）

08 在“小女孩”图层的第**499**帧处插入空白关键帧，执行“文件→导入→导入到舞台”命令，导入一幅图片到舞台中，如图**9-91**所示。

图9-91　导入图片（4）

09 选中“背景”图层的第516帧，执行“文件→导入→导入到舞台”命令，导入一幅图片到舞台中，如图9-92所示。

图9-92 导入图片（5）

10 在“小女孩”图层的第516帧处插入关键帧，然后在“老爷爷”图层的第516帧处插入空白关键帧，执行“文件→导入→导入到舞台”命令，导入一幅图片到舞台中，如图9-93所示。

图9-93 导入图片（6）

18.3.7 制作敲门动画

01 创建“敲门”图形元件。执行“插入→新建元件”命令，弹出“创建新元件”对话框，在“名称”文本框中输入“敲门”，在“类型”下拉列表框中选择“图形”选项，如图9-94所示。完成后单击 确定 按钮进入元件编辑区。

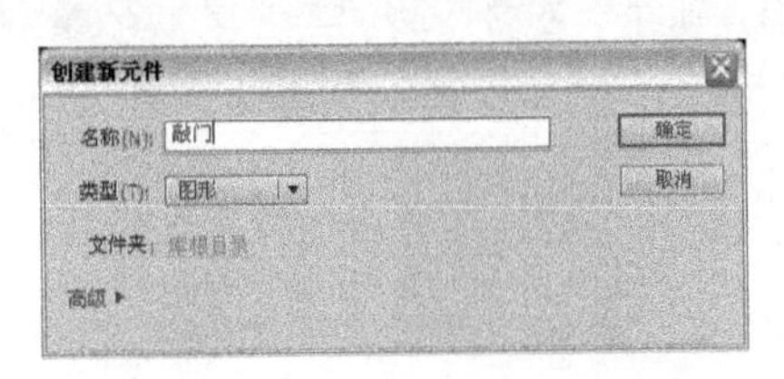

图9-94 “创建新元件”对话框

02 执行“文件→导入→导入到舞台”命令，导入一只手的图片到舞台中，如图9-95所示。

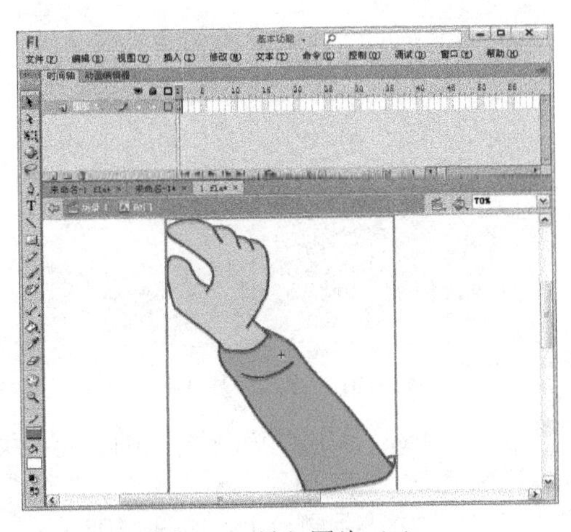

图9-95 导入图片（1）

03 分别在第4、7、10、13、16帧处插入关键帧，然后使用任意变形工具分别将第4、10、16帧处的手向右旋转10°左右，如图9-96所示。最后在第19帧处插入帧。

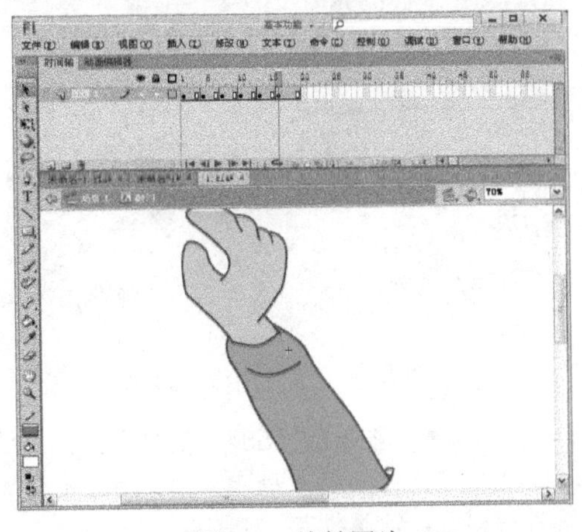

图9-96 旋转图片

04 回到主场景，在“背景”图层的第534帧处插入空白关键帧，执行“文件→导入→导入到舞台”命令，导入一幅门的图片到舞台中，如图9-97所示。

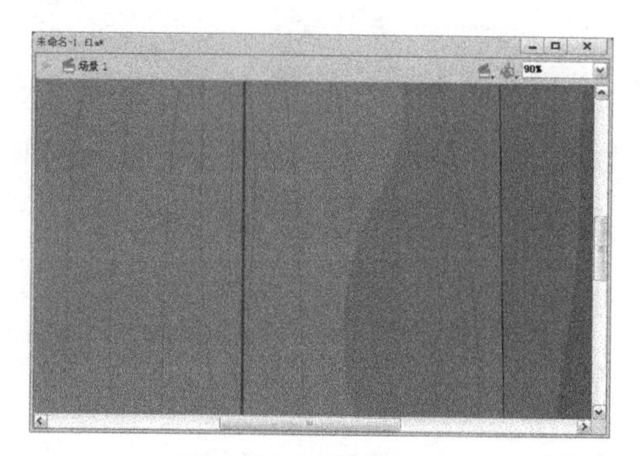

图9-97　导入图片（2）

05 新建“手”图层，并在其第534帧处插入关键帧，然后从“库”面板中将“敲门”图形元件拖入到舞台上，如图9-98所示。最后分别在“老爷爷”与“小女孩”图层的第534帧处插入空白关键帧。

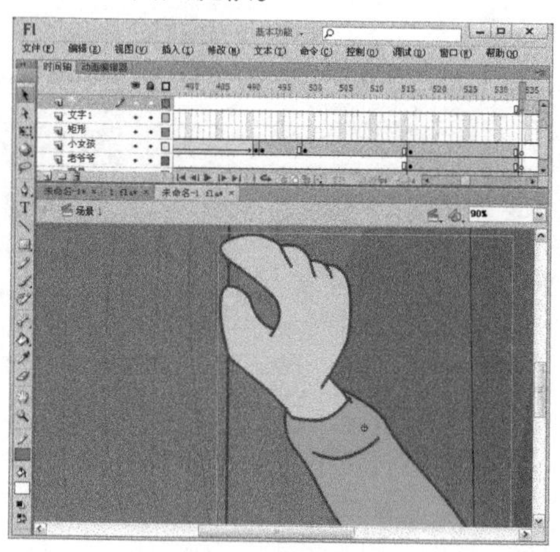

图9-98　拖入图形元件

06 分别在“背景”与“手”图层的第562帧处插入空白关键帧，如图9-99所示。

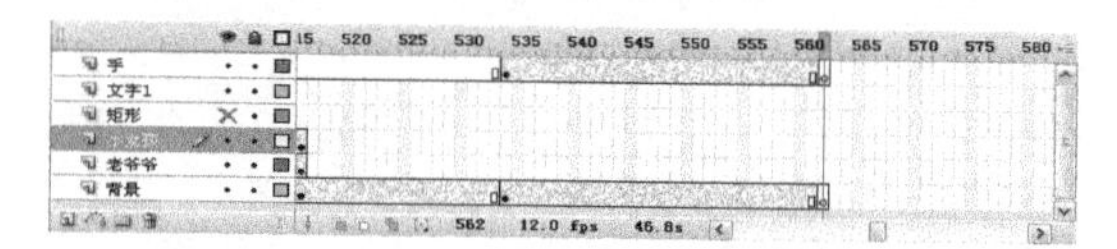

图9-99　插入空白关键帧

07 选中“背景”图层的第562帧，执行“文件→导入→导入到舞台”命令，导入一幅图片到舞台中，如图9-100所示。

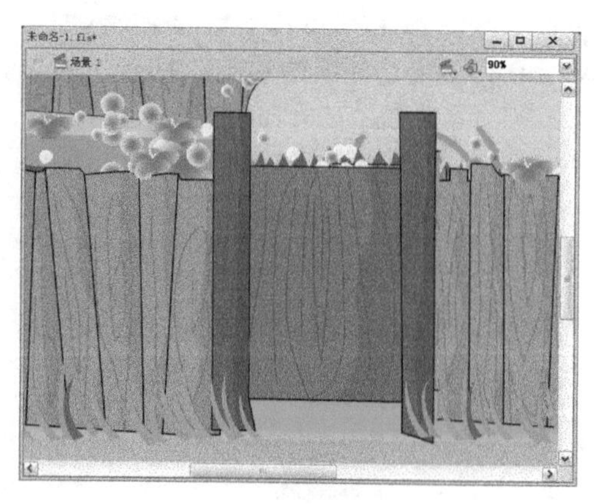

图9-100　导入图片（3）

08 分别在“老爷爷”与“小女孩”图层的第562帧处插入空白关键帧，然后分别在这两帧处导入图片，如图9-101所示。

图9-101　导入图片（4）

09 在“背景”图层的第584帧处插入空白关键帧，执行“文件→导入→导入到舞台”命令，导入一幅图片到舞台中，如图9-102所示。

10 在“老爷爷”图层的第584帧处插入空白关键帧，然后从“库”面板中将“老爷爷讲话1”影片剪辑元件拖入到舞台上，如图9-103所示。

图9-102 导入图片（5）

图9-103 拖入影片剪辑元件

18.3.8 制作吟诗动画

01 在“背景”图层的第613帧处插入空白关键帧，然后在第562帧上单击鼠标右键，在弹出的快捷菜单中选择“复制帧”命令，如图9-104所示。

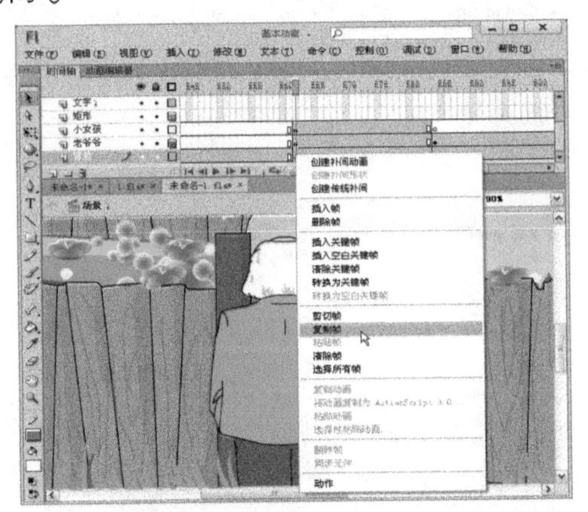

图9-104 选择“复制帧”命令

02 选中“背景”图层的第613帧，单击鼠标右键，在弹出的快捷菜单中选择“粘贴帧”命令，如图9-105所示。然后将粘贴的图片向左移动。

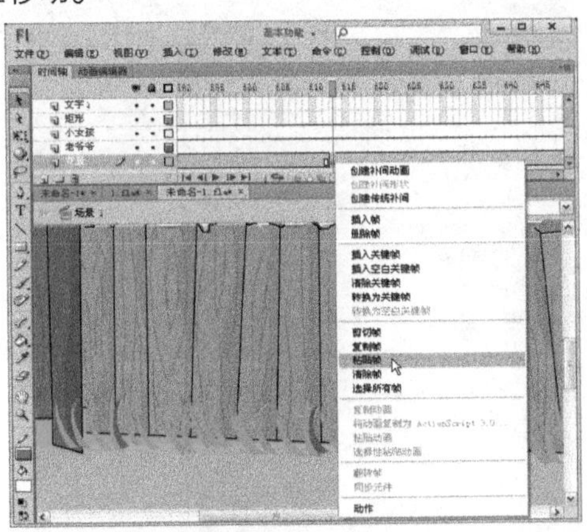

图9-105 选择“粘贴帧”命令

03 在“小女孩”图层的第613帧处插入空白关键帧，从“库”面板中将“小女孩侧面讲话1”影片剪辑元件拖入到舞台上，如图9-106所示。

图9-106 拖入影片剪辑元件

04 使用任意变形工具将“小女孩侧面讲话1”影片剪辑元件的中心点移动到如图9-107所示的位置。

图9-107　移动中心点

05 使用任意变形工具将“小女孩侧面讲话1”影片剪辑元件围绕中心点翻转一次，这样小女孩就变成了脸朝右方，如图9-108所示。

图9-108　翻转影片剪辑元件

06 在“小女孩”图层的第698帧处插入关键帧，在“老爷爷”图层的第613帧处插入空白关键帧，导入一幅图片到舞台上，如图9-109所示。

图9-109　导入图片（1）

07 创建“老爷爷侧面讲话1”影片剪辑元件。执行“插入→新建元件”命令，弹出“创建新元件”对话框，在“名称”文本框中输入“老爷爷侧面讲话1”，在“类型”下拉列表框中选择“影片剪辑”选项，如图9-110所示。完成后单击 确定 按钮进入元件编辑区。

图9-110　“创建新元件”对话框

08 执行“文件→导入→导入到舞台”命令，导入一幅图片到舞台中，如图9-111所示。

图9-111　导入图片（2）

09 从“库”面板中将“嘴1”图形元件拖入到工作区中，然后在第9帧处插入帧，如图9-112所示。

图9-112　拖入图形元件

10 返回主场景，在“老爷爷”图层的第698帧处插入关键帧，然后在第642帧处插入空白关键帧，并从“库”面板中将“老爷爷侧面讲话1”影片剪辑元件拖入到舞台上，如图9-113所示。

图9-113 拖入影片剪辑元件

11 在“小女孩”图层的第642帧处插入空白关键帧，然后导入一幅图片到舞台上，如图9-114所示。

图9-114 导入图片（3）

12 在“背景”图层的第698帧处插入关键帧，使用任意变形工具将背景图片缩小一些，然后分别将“老爷爷”与“小女孩”图层第698帧的动画元素缩小一些，如图9-115所示。

图9-115 缩小动画元素

13 在“小女孩”图层的第743帧处插入空白关键帧，然后将第642帧处的内容复制粘贴到第743帧处，并将粘贴的动画元素缩小一些，如图9-116所示。

图9-116 粘贴动画元素

14 在“老爷爷”图层的第743帧处插入空白关键帧，然后从“库”面板中将“老爷爷讲话1”影片剪辑元件拖入到舞台上，如图9-117所示。

图9-117 拖入影片剪辑元件

15 在“老爷爷”图层的第775帧处插入关键帧，然后将该帧处的动画元素放大一些，如图9-118所示。

图9-118　放大动画元素（1）

17 新建一个“文字2”图层，并在其第775帧处插入关键帧，然后使用文本工具T在舞台上输入文字，设置字体为“汉鼎简中黑”，字号为31，字体颜色为白色，如图9-120所示。

图9-120　输入文字

19 分别在“背景”与“矩形2”图层的第963帧处插入帧，如图9-122所示。

16 在“小女孩”图层的第775帧处插入空白关键帧，在“背景”图层的第775帧处插入关键帧，然后将该帧处的动画元素放大一些，如图9-119所示。

图9-119　放大动画元素（2）

18 新建一个“矩形2”图层，并在其第775帧处插入关键帧，然后使用矩形工具在舞台上文字的上方绘制一个无边框、填充颜色为任意色的矩形，如图9-121所示。

图9-121　绘制矩形

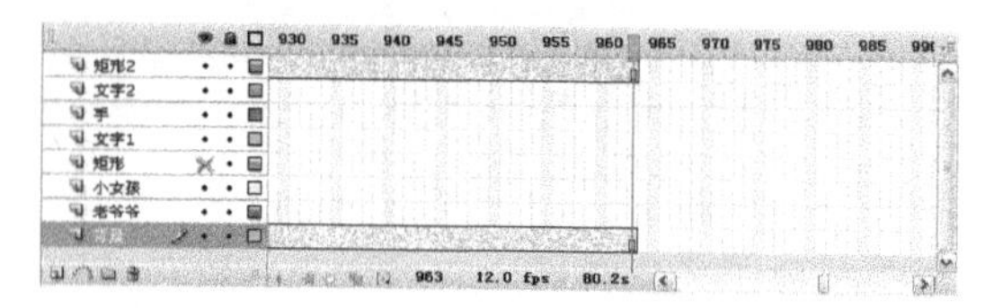

图9-122　插入帧

20 在“文字2”图层的第963帧处插入关键帧，然后再将该帧处的文字向上移动，直到文字被矩形遮盖住，如图9-123所示。

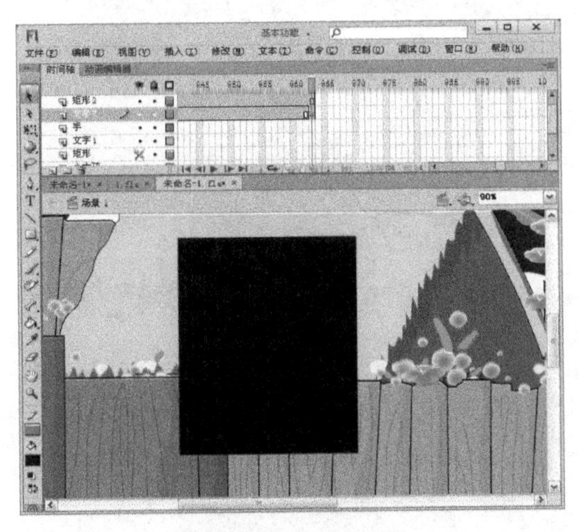

图9-123 移动文字

21 在“文字2”图层的第775～963之间创建补间动画，然后在“矩形2”图层上单击鼠标右键，在弹出的快捷菜单中选择“遮罩层”命令，如图9-124所示。

图9-124 选择“遮罩层”命令

22 在“老爷爷”图层的第963帧处插入帧，然后新建“图层9”，并导入一个声音文件到该层中，如图9-125所示。

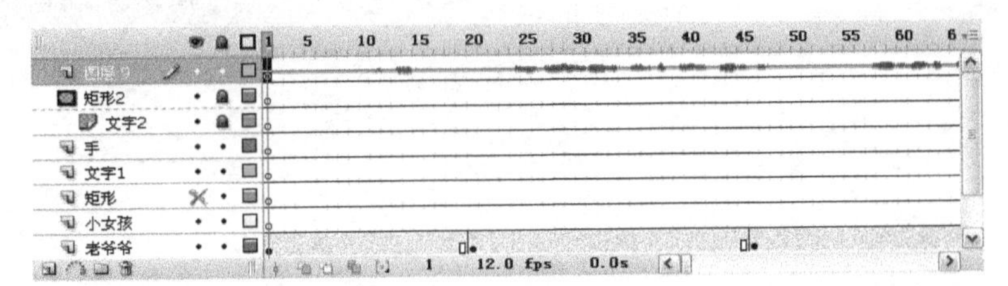

图9-125 导入声音文件

23 执行“文件→保存”命令保存文件，然后按Ctrl+Enter组合键测试本例的最终效果，如图9-126所示。

图9-126 最终效果

图9-126　最终效果（续）

读书笔记

举一反三 “月夜”动画短片

打开光盘\源文件与素材\Chapter 9\Example 18\“月夜”动画短片.swf，欣赏动画最终完成效果，如图9-127所示。

图9-127　动画完成效果

制作童子背影

制作童子侧面讲话

制作童子正面讲话

制作小女孩侧面讲话

制作小女孩正面讲话

制作小女孩走路

◎ 关键技术要点 ◎

01 新建一个Flash文档，创建“星星”影片剪辑元件，在元件编辑区中制作星星闪烁的动画效果。

02 新建一个图形元件，制作小女孩正面讲话的动画。

03 新建两个图形元件，分别制作小女孩侧面讲话与小女孩走路的动画。

04 新建“月亮”图形元件，在元件编辑区中绘制一个月亮形状的图形。

05 新建两个图形元件，分别制作童子侧面讲话的动画。

06 回到主场景，分别将制作的影片剪辑元件与图形元件拖入，并在时间轴上调整好位置。

07 创建遮罩动画，制作出文字从左向右渐渐显示的效果。

08 新建一个图层，导入声音文件到时间轴的第1帧中。

读书笔记

第10章

The 10th Chapter

制作Flash游戏

Flash之所以优越于其他动画制作软件，关键在于它具有强大的互动编辑功能。使用Flash制作出来的游戏体积小、趣味性强，因此在网络中十分受欢迎。本章将讲述一个完整Flash游戏的制作过程，从而使读者掌握进行游戏创作的方法。

- 制作七龙珠格斗游戏

Work1 要点导读

对于大多数的Flash学习者来说，能制作出一款精彩的Flash游戏是非常激动人心的。但真正做起来并不轻松，因为必须考虑到许多因素。

1. Flash游戏的创作规划

在整个Flash动画创作中显得尤为重要的便是创作规划，也常被称作整体规划。古语有云：运筹帷幄，决胜千里。在开始动手制作之前，对所要做的事情要有一个全盘的考量，做起来才会从容不迫。而没有一个整体的框架，制作时就会显得非常茫然，没有目标，甚至会偏离主题。特别是需要多人合作时，创作规划更是不可或缺。

（1）构思

在着手制作一个游戏前，必须对游戏类型、游戏内容、游戏人物及游戏情节有一个大概的构思，要做到心中有数，而不能边做边想；否则，就算最后完成了，这中间浪费的时间和精力也会让人不堪忍受。制作游戏的最终目的是取悦游戏玩家，因此，在制作之前，一定要先进行调研和分析，并在心里有个明确的构思，以及对游戏的整体设想。充满想象力的幻想的确有助于激发创作灵感，但有系统的构思却有助于将设想变为现实。

（2）游戏的目的

制作Flash游戏的目的有很多种，有的纯粹是娱乐，有的是吸引更多的访问者浏览自己的网站，还有很多是出于商业上的考虑，如设计一个游戏来进行比赛等。

所以在进行游戏制作之前，必须先确定制作的目的，然后根据具体的目的来设计符合需求的动作或情节。

（3）游戏的规划与制作

在确定了游戏的目标、类型与大致内容后，还是不能立即开始制作游戏，还需要制定一个完整的规划。

其实为Flash游戏制作规划或者流程并没有想象中的那么难，只需考虑到游戏中会发生的所有情况，并针对这些情况安排好对应的处理方法即可。例如，要制作一个RPG游戏，就需要设计好游戏中的所有可能情节。

而要想让游戏的制作过程轻松一些，关键就在于要先制定一个完善的工作流程，安排好工作进度和分工，这样做起来就会事半功倍。

（4）素材的收集和准备

游戏流程图设计出来后，就需要着手收集和准备游戏中要用到的各种素材，包括图片、声音等。

- **图形图像的准备**

这里所说的图形图像既包括Flash中应用很广的矢量图，也包括一些外部的位图文件，两者可以进行互补，形成游戏中最基本的素材。虽然Flash CS6中提供了功能强大的绘图和造型工具，如贝塞尔曲线工具，可以完成绝大多数的图形绘制工作，但是Flash CS6中只能绘制矢量图形，当需要用到一些位图或者用Flash很难绘制的图形时，就需要使用外部的素材了。

● **音乐及音效**

音乐是Flash游戏中非常重要的元素，大家都希望自己的游戏能够有声有色，绚丽多彩，因此，给游戏加入适当的音效，可以为整个游戏增色不少。

2. 游戏的种类

游戏可以分成许多不同的种类，各类游戏在制作过程中所需要的技术也都截然不同，所以在开始构思游戏时，应首先确定游戏的种类。在Flash可实现的范围内，基本上可将游戏分成以下几种类型。

（1）动作类游戏（Action）

凡是在游戏的过程中必须依靠玩家的反应来控制游戏中角色的游戏都可称作动作类游戏。动作类游戏最常见，也最受大家欢迎。至于游戏的操作方法，既可以使用鼠标，也可以使用键盘，如图10-1所示。

图10-1 动作类游戏

（2）益智类游戏（Puzzle）

此类游戏也是Flash比较擅长的，相对于动作游戏的快节奏，益智类游戏的特点就是玩起来速度慢，比较优雅，主要用来培养玩家在某方面的智力和反应能力。此类游戏的代表作非常多，如牌类游戏、拼图类游戏、棋类游戏等。总而言之，那种主要靠玩家动脑筋的游戏都可以称为益智类游戏，如图10-2所示。

图10-2 益智类游戏

（3）角色扮演类游戏（RPG）

所谓角色扮演类游戏，就是由玩家扮演游戏中的主角，按照游戏中的剧情来进行游戏，游戏过程中会有一些解谜或者和敌人战斗的情节。这类游戏在技术上并不是很难，但因为游戏规模通常非常大，所以在制作时也非常复杂，如图10-3所示。

（4）射击类游戏（Shotting）

射击类游戏在Flash游戏中占有绝对的数量优势，因为这类游戏的内部机制大家都比较了解，平时接触的也较多，所以做起来可能比较容易，如图10-4所示。

图10-3　角色扮演类游戏

图10-4　射击类游戏

Work2 案例解析

对Flash游戏制作有了一定的了解后，下面通过实例进一步学习Flash游戏的制作方法和技巧。

读书笔记

Example 19

七龙珠格斗游戏

本实例将制作一个动画游戏，请打开本书配套光盘中的文件，查看最终的动画效果。

...开场动画

...开场动画

...攻击动画

...胜利动画

...失败动画

...被攻击动画

19.1 效果展示

原始文件：Chapter 10\Example 19\七龙珠格斗游戏.fla

最终效果：Chapter 10\Example 19\七龙珠格斗游戏.swf

学习指数：★★★★★★

本实例将制作一个七龙珠格斗游戏，主要是通过创建元件功能、创建动画功能以及Action Script技术来实现的。通过本实例的学习，读者应掌握游戏动画的制作技巧。

19.2 技术点睛

本实例中的“七龙珠格斗游戏”，主要使用创建元件功能、创建动画功能以及Action Script技术。通过本实例的学习，读者可掌握制作Flash游戏的基本操作方法。

在制作该游戏时，应注意以下几个操作环节。

（1）如果一个动画创建了多个场景，需要从“场景”面板中进入各个场景。

（2）场景编辑模式与元件编辑模式下的工作区有两点差异。

- 处于场景编辑模式时，工作区中没有+光标。而处于元件编辑模式时，工作区中有+光标。
- 处于场景编辑模式时，工作区左上角仅有场景名称。而处于元件编辑模式时，工作区左上角会出现正在编辑的元件名称。

（3）在制作动画时，只能在关键帧中添加Action Script代码，不能在普通帧中添加。

19.3 步骤详解

下面来完成本实例的制作。

19.3.1 制作图形元件

01 启动Flash CS6，新建一个Flash空白文档。执行“修改→文档”命令，打开“文档设置”对话框，将“尺寸”设置为400像素（宽度）×360像素（高度），将“背景颜色”设置为紫色（#CC99FF），“帧频”设置为12。

02 创建“背景”图形元件。执行“插入→新建元件”命令，弹出“创建新元件”对话框，在“名称”文本框中输入“背景”，在“类型”下拉列表框中选择“图形”选项，完成后单击 确定 按钮进入元件编辑区。

03 在工具箱中选择矩形工具，然后打开“颜色”面板，设置填充样式为“线性渐变”，填充颜色为#0BA4FF到#D9F4FF的渐变，如图10-5所示。

04 在编辑区中绘制一个矩形，如图10-6所示。

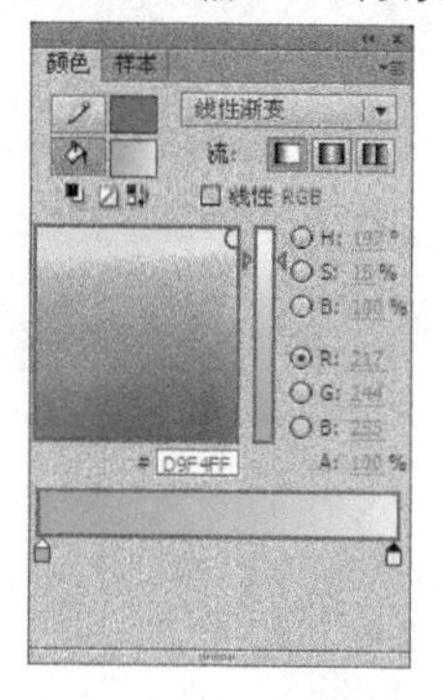

图10-5 “颜色”面板

图10-6 绘制矩形

05 创建“光束”图形元件。执行“插入→新建元件”命令，打开“创建新元件”对话框，在“名称”文本框中输入“光束”，在“类型”下拉列表框中选择“图形”选项，完成后单击 确定 按钮进入元件编辑区。

06 选择矩形工具，在“颜色”面板中设置填充样式为“纯色”，填充颜色为白色，Alpha值为50%。在“属性”面板中设置笔触颜色为“无”，在编辑区中绘制一个矩形，如图10-7所示。

07 选择所绘制的矩形，选择任意变形工具，并在工具箱的选项区中单击“扭曲”按钮，如图10-8所示。

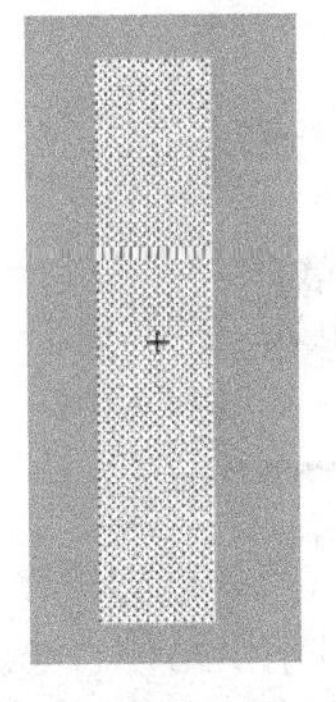

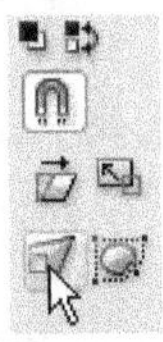

图10-7 绘制矩形 图10-8 单击“扭曲”按钮

08 选择矩形，将矩形扭曲成一个倒三角形，如图10-9所示。

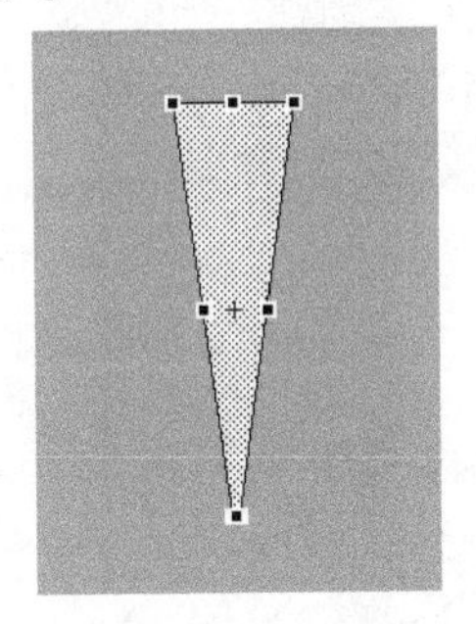

图10-9 扭曲矩形

09 按照同样的方法绘制3个类似的形状，并分别进行复制变形组合，如图10-10所示。

图10-10 复制图形

10 新建“地面”图形元件。在元件编辑区中选择矩形工具，设置填充颜色为#CC9966，笔触颜色为“无”，绘制一个矩形，并将其“宽度”设置为478.0，“高度”设置为165.0，使用选择工具对其进行变形，如图10-11所示。

图10-11 绘制矩形

11 新建“加林塔”图形元件。选择矩形工具，设置填充样式为“线性渐变”，填充颜色依次为#858585、#FFFFFF、#FFFFFF和#CACACA。然后在“属性”面板中设置笔触颜色为黑色，笔触高度为1.25，笔触样式为“实线”，如图10-12所示。

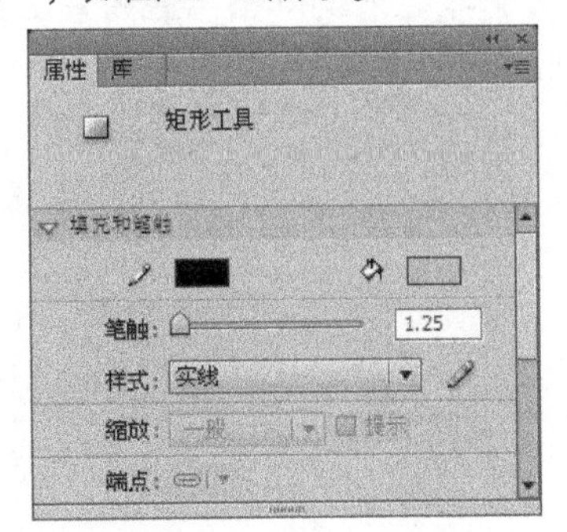

图10-12 “属性”面板

12 在编辑区中绘制一个矩形，然后在矩形中绘制一些如图10-13所示的图案。

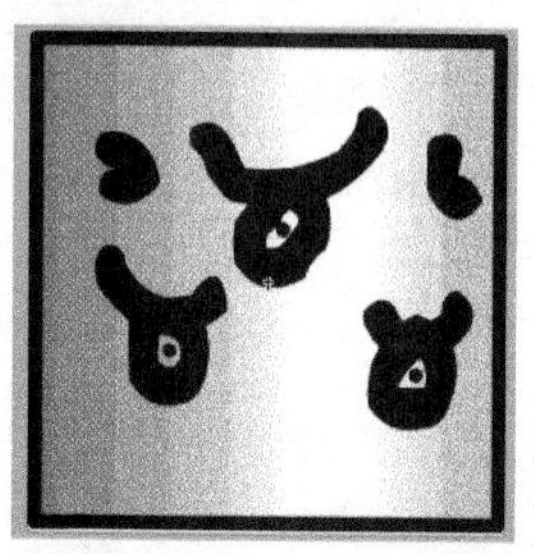

图10-13 绘制图案

13 按照同样的方法分别绘制几个类似的矩形，并将它们组合，如图10-14所示。

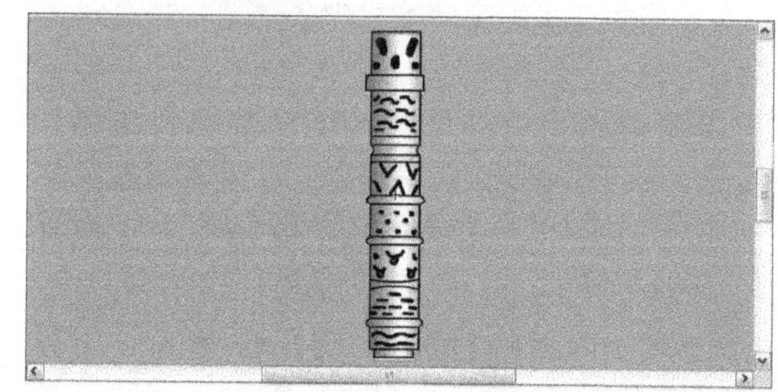

图10-14 组合图形

14 新建“开场头部图形”图形元件。执行“文件→导入→导入到舞台”命令，将一幅图像导入到元件编辑区中，如图10-15所示。

图10-15 导入图像（1）

15 选中导入的图像，在“对齐”面板中设置其对齐方式为“水平中齐”和“垂直中齐”。执行“修改→位图→转换为矢量图”命令，在弹出的“转换位图为矢量图”对话框中设置“颜色阈值”和“最小区域”都为1，如图10-16所示。完成后单击 确定 按钮即可将图像转换为矢量图。

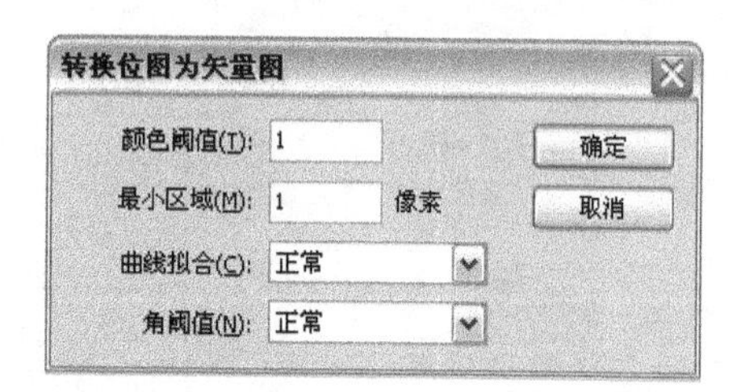

图10-16 “转换位图为矢量图”对话框

16 新建“开场身体图形”图形元件。执行“文件→导入→导入到舞台”命令，将一幅图像导入到元件编辑区中，并将导入的图像转换为矢量图，如图10-17所示。

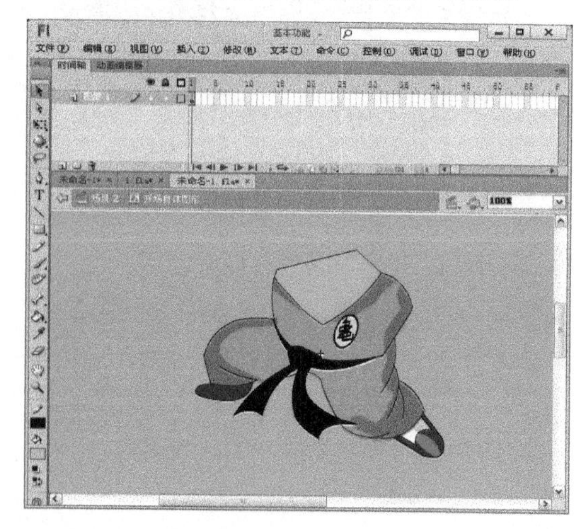

图10-17 导入图像（2）

17 按照同样的方法，分别创建“开场右臂图形”、“开场左臂图形”、“开场右手图形”和“开场左手图形”图形元件，然后在图形元件编辑区中分别导入图像，如图10-18所示。并将导入的图像转换为矢量图。

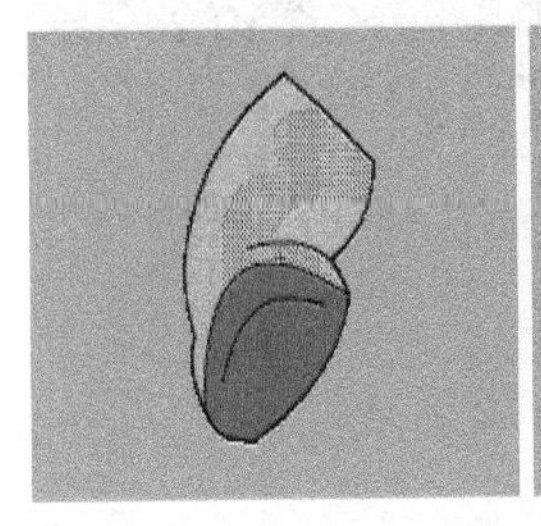
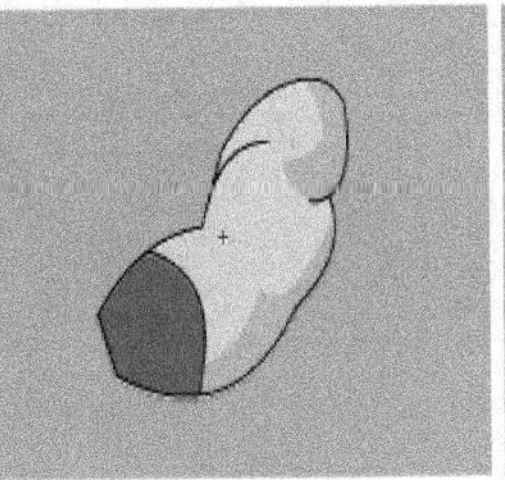
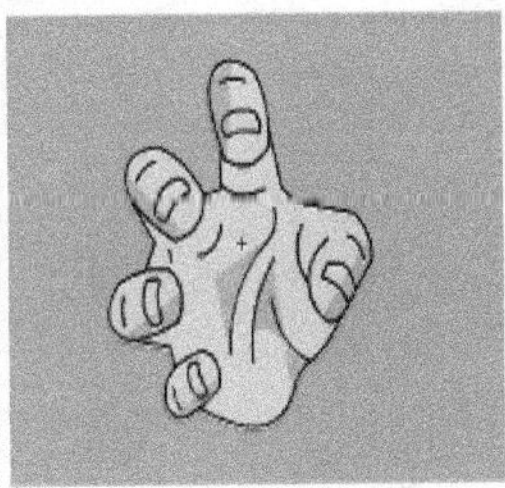
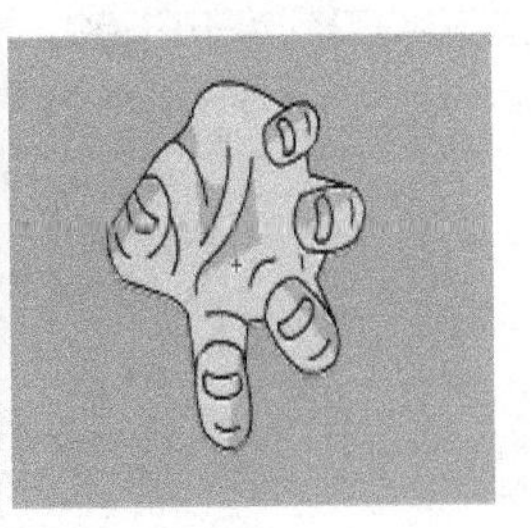

图10-18　导入图像（3）

18 新建“开场背景”图形元件。进入编辑区中选择矩形工具，在“颜色”面板中设置填充样式为“径向渐变”，填充颜色为#FFFFFF到#0139E2，如图10-19所示。

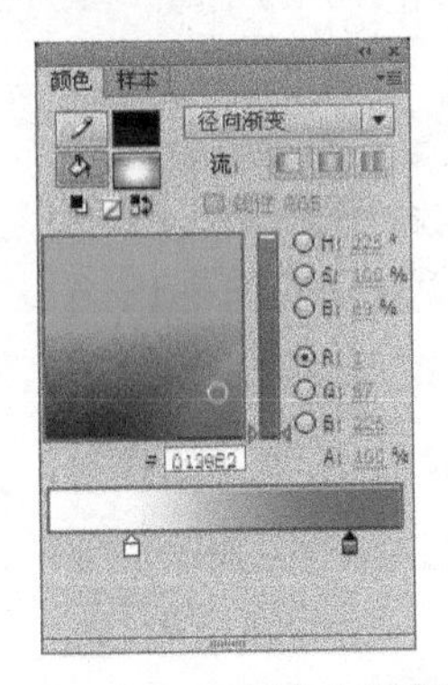

图10-19　“颜色”面板

19 在编辑区中绘制一个宽度为445、高度为385的矩形，并设置其X坐标值为-222.5，Y坐标值为-192.5，如图10-20所示。

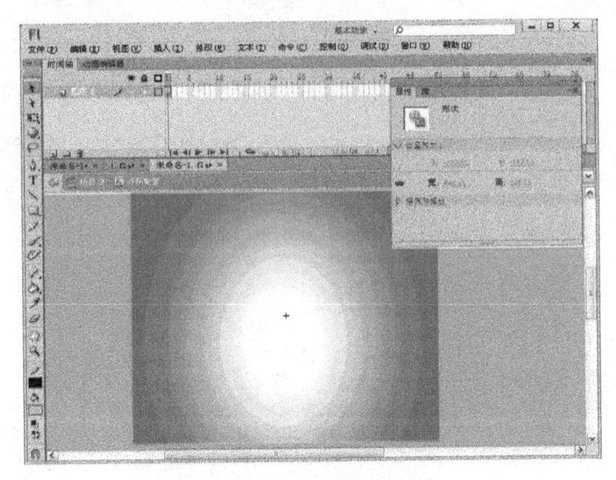

图10-20　绘制矩形

20 创建“乌巴图形”图形元件。执行“文件→导入→导入到舞台”命令，将一幅图像导入到元件编辑区中，并将导入的图像转换为矢量图，如图10-21所示。

图10-21　导入图像（4）

21 创建“桃白白开场图形”图形元件。执行“文件→导入→导入到舞台”命令，将一幅图像导入到元件编辑区中，并将导入的图像转换为矢量图，如图10-22所示。

图10-22　导入图像（5）

22 新建“1星龙珠”图形元件。进入编辑区中选择椭圆工具，在“颜色”面板中设置填充样式为“径向渐变”，填充颜色为从#FF9900到#FFFF99，如图10-23所示。

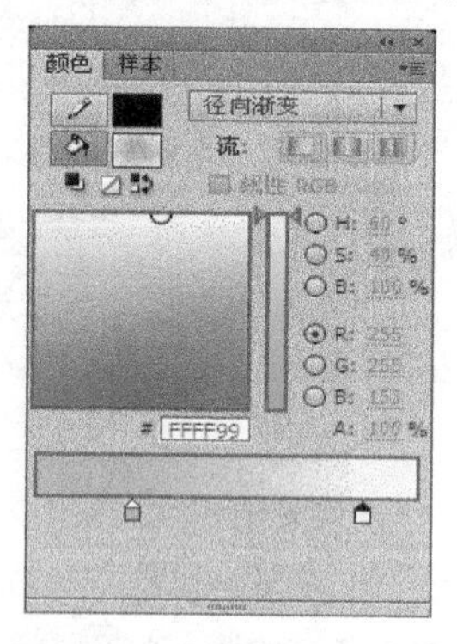

图10-23 “颜色”面板

23 在编辑区中绘制一个正圆形，然后在“属性”面板中设置其宽度和高度都为60，X坐标值和Y坐标值都为-30。最后选中绘制的圆，按Ctrl+G组合键将其组合，如图10-24所示。

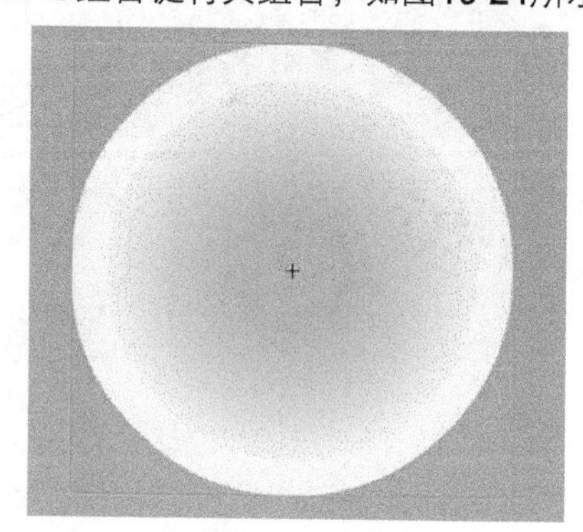

图10-24 绘制小圆

24 在“时间轴”面板中新建“图层2”，使用钢笔工具绘制出如图10-25所示的图形，并将图形填充为白色，然后按Ctrl+G组合键将其组合。

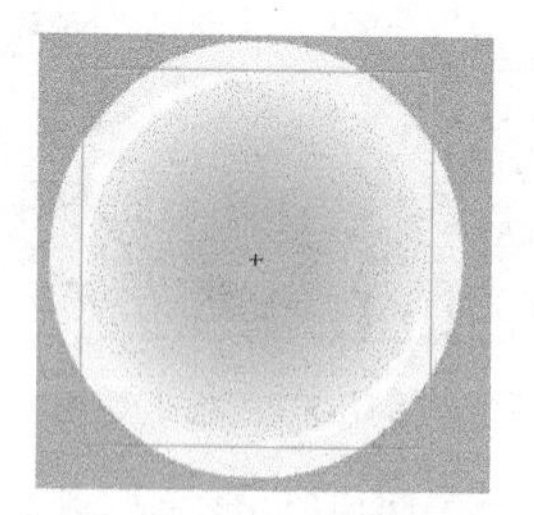

图10-25 绘制图形

25 新建“图层3”，在工具箱中选择多角星形工具，单击“属性”面板上的选项...按钮，弹出“工具设置”对话框，设置“样式”为“星形”，“边数”为5，“星形顶点大小”为0.50，如图10-26所示，完成后单击确定按钮。

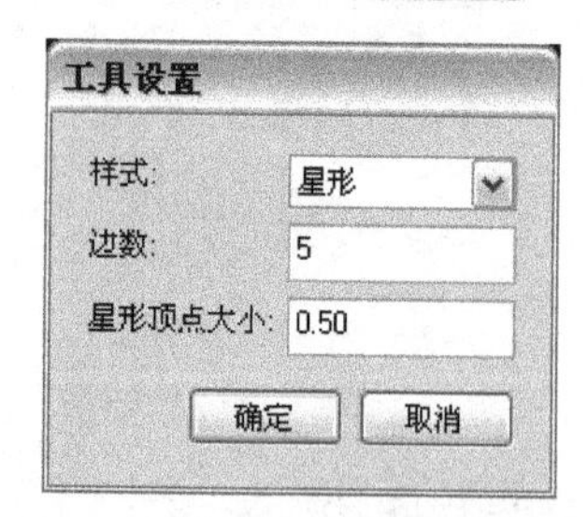

图10-26 “工具设置”对话框

26 在“颜色”面板中设置填充颜色为纯色，Alpha值为60%，如图10-27所示。

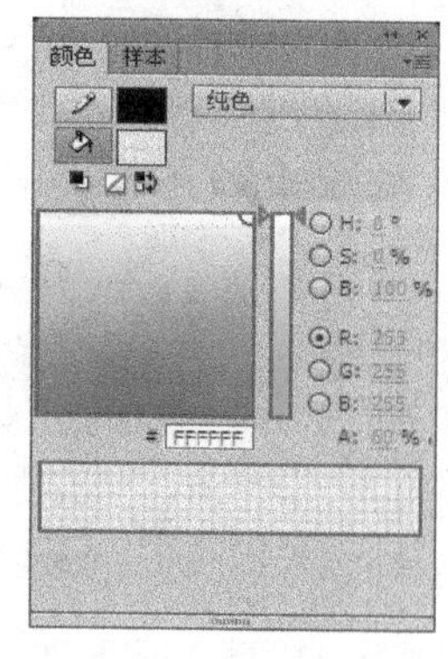

图10-27 “颜色”面板

27 在编辑区中绘制一个五角星，如图10-28所示。

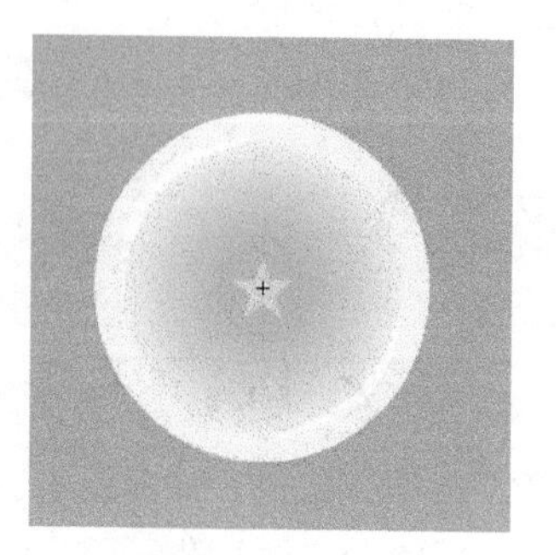

图10-28 绘制五角星

28 按照同样的方法，分别创建“2星龙珠”、“3星龙珠”、“4星龙珠”、“5星龙珠”、“6星龙珠”和“7星龙珠”图形元件，如图10-29所示。

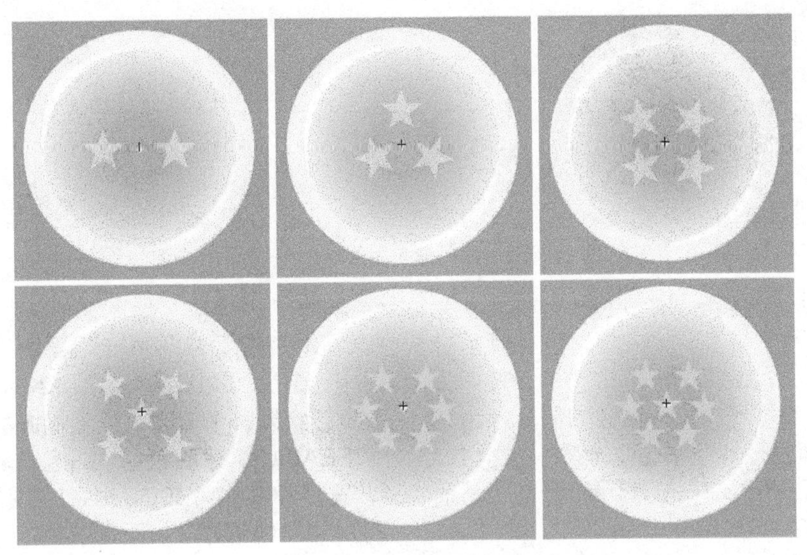

图10-29 创建图形元件

29 新建“标题开场图形”和“小悟空图形”图形元件，然后在图形元件编辑区中分别导入图像，并将导入的图像转换为矢量图，如图10-30所示。

图10-30 导入图像（6）

30 新建“桃白白图形”和“桃白白攻击图形”图形元件，然后在图形元件编辑区中分别导入图像，并将导入的图像转换为矢量图，如图10-31所示。

图10-31 导入图像（7）

31 新建“胜利头部图形”和“胜利手部图形”图形元件，然后在图形元件编辑区中分别导入图像，并将导入的图像转换为矢量图，如图10-32所示。

图10-32　导入图像（8）

32 新建“桃白白头像图形”图形元件。在图形元件编辑区中导入一幅图像，并将其转换为矢量图。然后新建“图层2”，使用椭圆工具绘制一个椭圆，设置椭圆的填充颜色为#FEA0A0，笔触颜色为白色，笔触高度为4，宽度和高度为200，并将“图层2”拖到“图层1”的下方，如图10-33所示。

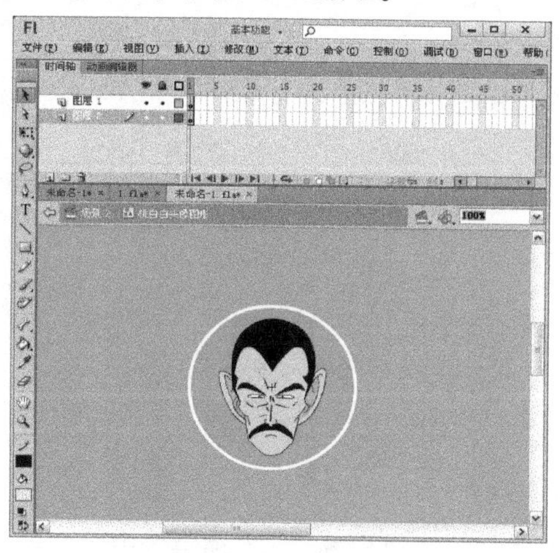

图10-33　绘制椭圆（1）

33 新建“小悟空头像图形”图形元件。在图形元件编辑区中导入一幅图像，并将其转换为矢量图。然后新建“图层2”，使用椭圆工具绘制一个椭圆，设置椭圆的填充颜色为#FEA0A0，笔触颜色为白色，笔触高度为4，宽度和高度为200，并将“图层2”拖到“图层1”的下方，如图10-34所示。

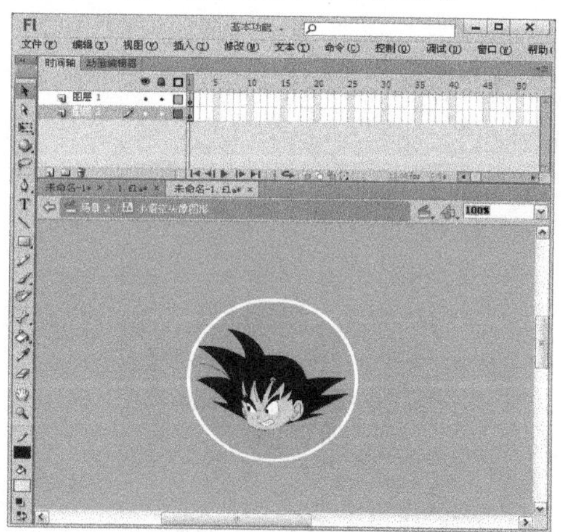

图10-34　绘制椭圆（2）

34 新建“桃白白被打图形”和“小悟空攻击图形”图形元件，然后在图形元件编辑区中分别导入图像，并将导入的图像转换为矢量图，如图10-35所示。

图10-35　导入图像（9）

35 新建“树”图形元件。进入编辑区中，使用绘图工具绘制出树干图像，将填充颜色设置为#5B4726，在“时间轴”面板中新建“图层2”，再绘制树冠与树叶的图形，设置填充颜色为#5E7C38，如图10-36所示。

图10-36 绘制图形

36 新建“失败身体图形”、“失败左臂图形”和“失败右指图形”图形元件，然后在图形元件编辑区中分别导入图像，并将导入的图像转换为矢量图，如图10-37所示。

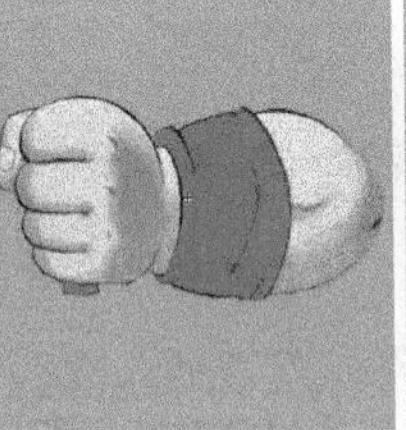
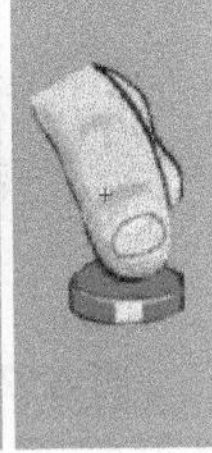

图10-37 导入图像（10）

37 按Ctrl+F8组合键，打开“创建新元件”对话框，在“名称”文本框中输入“云朵”，在“类型”下拉列表框中选择“图形”选项，如图10-38所示。完成后单击 确定 进入元件编辑区。

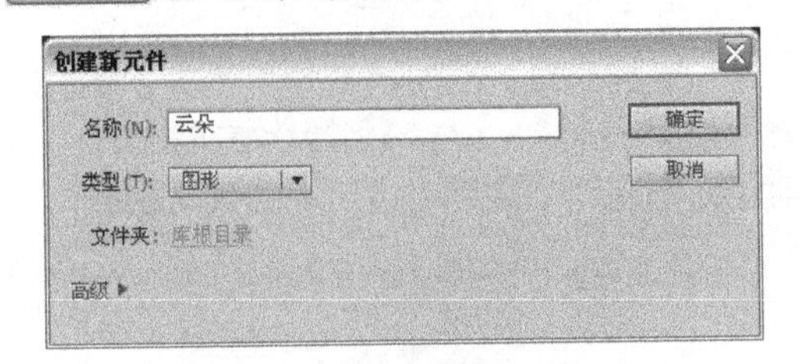

图10-38 “创建新元件”对话框

38 使用铅笔工具绘制一个云朵的轮廓，并将笔触颜色设置为#3399FF，填充颜色设置为白色，如图10-39所示。

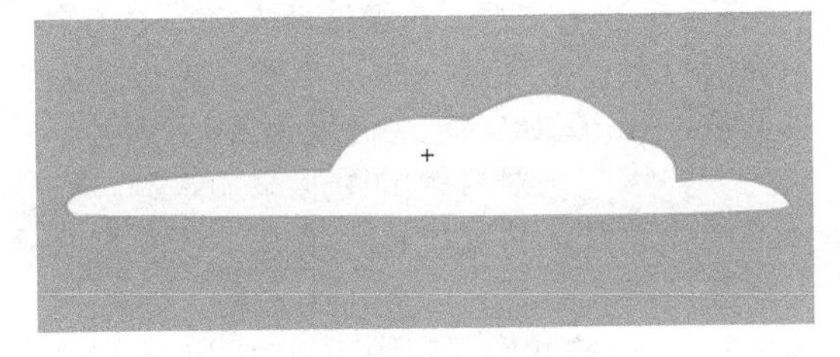

图10-39 绘制云朵

39 新建“失败文字”图形元件。进入编辑区中选择文本工具T，在工作区中输入文本“YOU LOST”和“GAME OVER”，选中输入的文本，在“属性”面板中设置文本字体为Fanatika One，字号为40，颜色为白色，字符间距为1。最后单击“编辑格式选项”按钮¶，在弹出的“格式选项”对话框中设置行距为25pt，如图10-40所示。完成后单击 确定 按钮。

格式选项	
缩进:	0 px
行距:	25 pt
左边距:	0 px
右边距:	0 px

确定　取消

图10-40 “格式选项”对话框

40 选择输入的文本，连续按两次Ctrl+B组合键将文本打散，然后选择颜料桶工具，分别设置填充颜色为#3366FF和#FF6666，对文字中的空心部分进行填充，如图10-41所示。

图10-41　填充文字

41 按照同样的方法，新建“胜利文字”图形元件。进入编辑区中选择文本工具T，在编辑区中输入文本“YOU WIN”，选中文本并在“属性”面板中设置文本字体为Angelots，字号为40，颜色为#FF0000，字符间距为-4。选择输入的文本，连续按两次Ctrl+B组合键将文字打散，选择颜料桶工具，设置填充颜色为#FFCC00，对文本中的空心部分进行填充，如图10-42所示。

图10-42　填充文字

42 新建VS图形元件。进入编辑区中选择文本工具T，在工作区中输入文本“VS”，在“属性”面板中设置文本字体为Impact，字号为40，颜色为#FED55A，并单击B按钮使文本加粗显示，如图10-43所示。

图10-43　输入文字

43 选择输入的文本，连续按两次Ctrl+B组合键将其打散，选择墨水瓶工具，并设置笔触颜色为#FF0000，笔触高度为2.5，笔触样式为“实线”，对打散的图形添加笔触。选择添加的笔触，将其转换为填充，再次选择墨水瓶工具，设置笔触颜色为白色，笔触高度为3，笔触样式为“实线”，对图形再次添加笔触，效果如图10-44所示。

图10-44　添加笔触

44 图形元件创建完毕后返回场景中，在“库”面板中单击按钮新建文件夹，并命名为“图形元件”，将所创建的图形元件拖入到“图形元件”文件夹中，如图10-45所示。

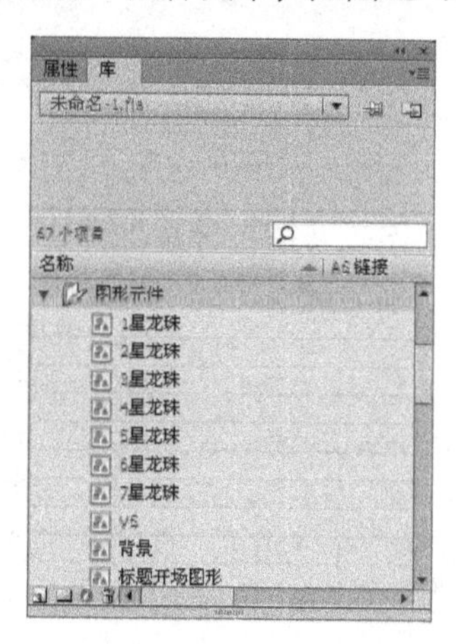

图10-45　“库”面板

19.3.2 按钮元件的制作

01 创建“重新开始游戏”按钮元件。执行“插入→新建元件”命令，弹出“创建新元件”对话框，在“名称”文本框中输入“重新开始游戏”，在“类型”下拉列表框中选择“按钮”选项，完成后单击 确定 按钮，进入按钮元件编辑区。

02 选择文本工具T，在编辑区中输入文本“重新开始游戏”，选择所输入的文本，在“属性”面板中设置字体为“微软雅黑”，字号为20，颜色为白色，如图10-46所示。

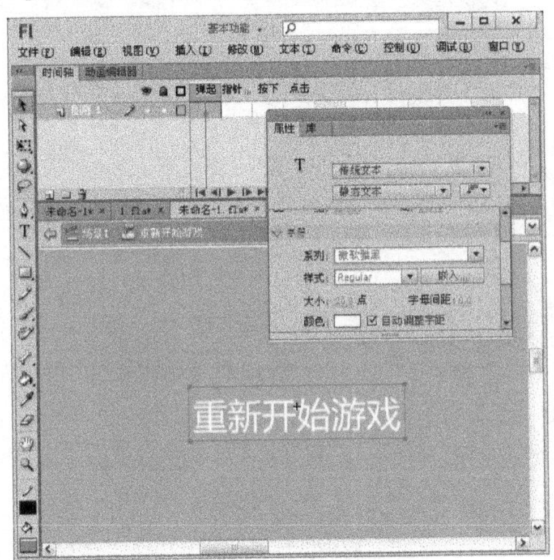

图10-46 输入文字

03 在“指针经过”帧处按F6键插入关键帧，然后选择“指针经过”帧中的文本，设置文本颜色为#FF6699，如图10-47所示。

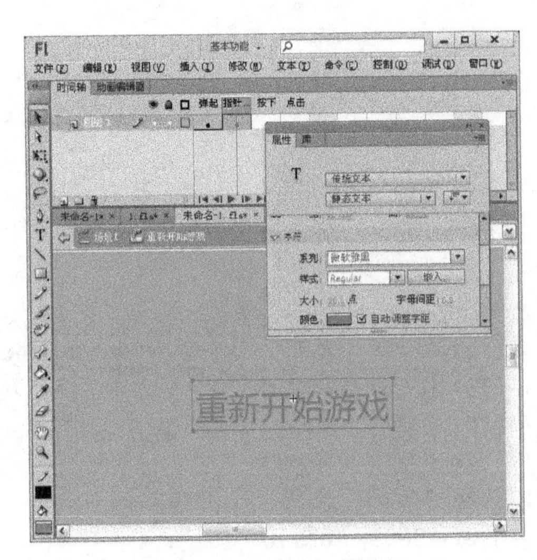

图10-47 设置文本颜色

04 在“点击”帧处按F7键插入空白关键帧，使用矩形工具在编辑区中绘制一个宽度为130.00、高度为25.00、边框为“无”、填充颜色任意的矩形，并设置X坐标值为-65.00，Y的坐标值为-12.50，如图10-48所示。

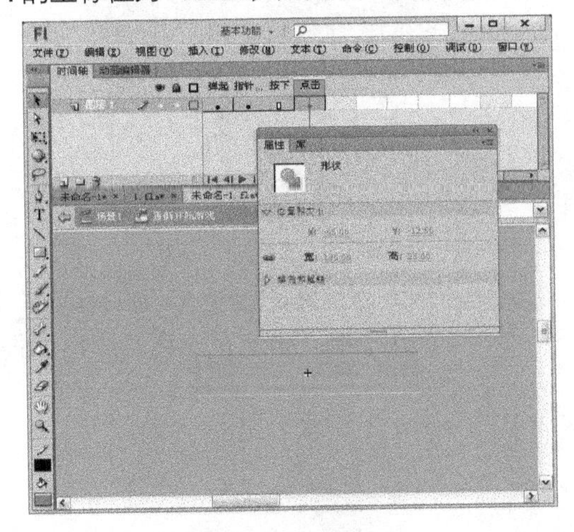

图10-48 绘制矩形

05 新建“攻击区域01”按钮元件。进入编辑区，在“点击”帧处按F6键插入关键帧。然后新建“图层2”，从“库”面板中将“桃白白图形”图形元件拖入到“图层2”的编辑区中，如图10-49所示。

图10-49 拖入图形

06 在“图层1”的“点击”帧处绘制人物的上身轮廓，并将其填充为白色，完成后删除“图层2”，效果如图10-50所示。

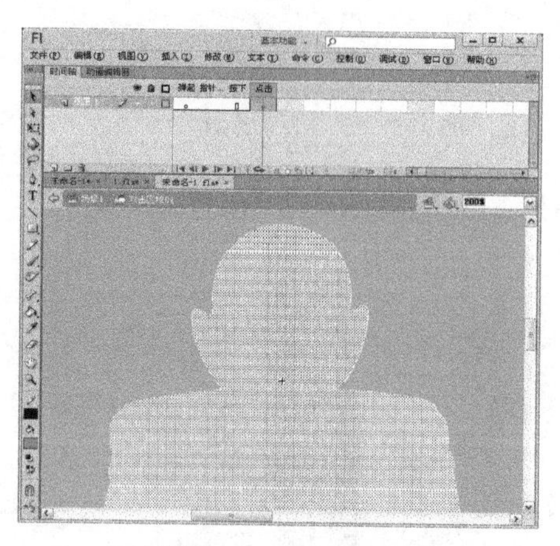

图10-50　绘制轮廓

07 按照同样的方法，新建“攻击区域02”按钮元件，在“点击”帧处绘制“桃白白图形”图形元件的下半身轮廓，并将其填充为白色，如图10-51所示。

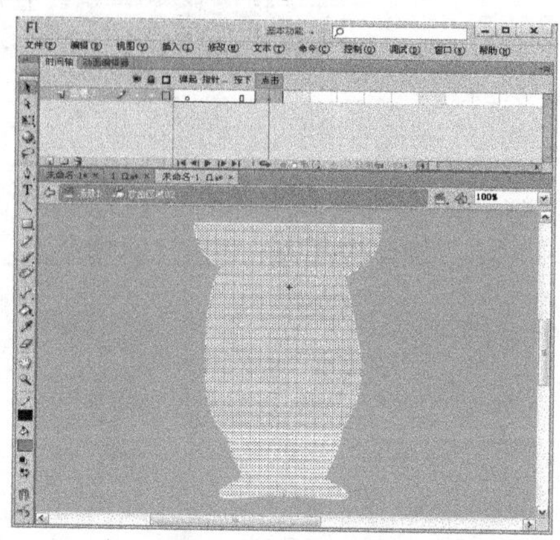

图10-51　绘制轮廓

08 新建“开始游戏”按钮元件。进入编辑区中，打开“库”面板，将“小悟空图形”图形元件拖入到编辑区中，在“指针经过”帧处按F6键插入关键帧，选择该帧中的图形元件，在“属性”面板的“样式”下拉列表框中选择“色调”选项，并设置颜色为白色，色调值为30%，如图10-52所示。

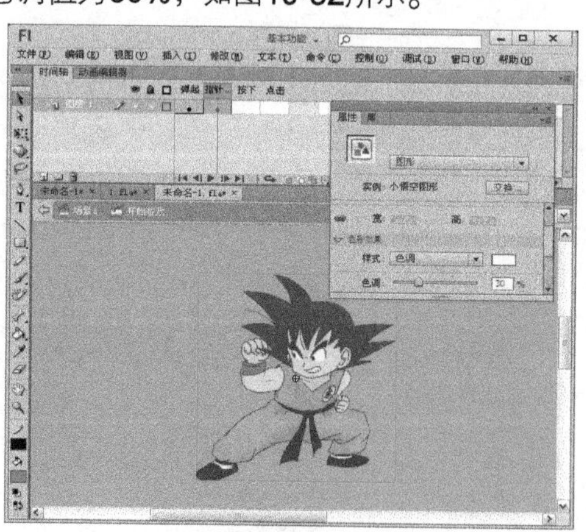

图10-52　设置色调

09 选择矩形工具，在“属性”面板上设置“矩形边角半径”为26，如图10-53所示。

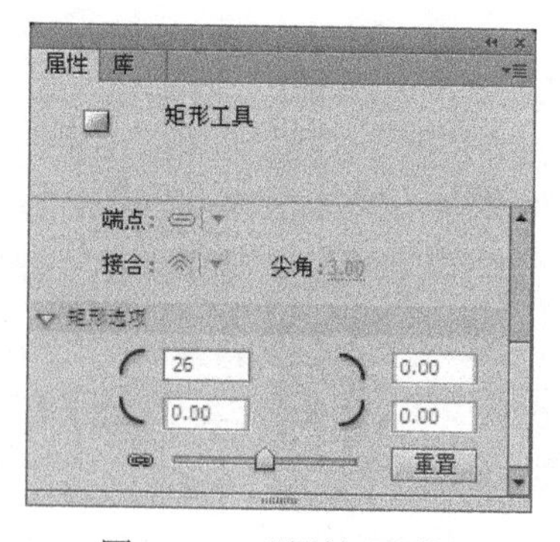

图10-53　“属性”面板

10 绘制一个圆角矩形，设置笔触颜色为#0000FF，笔触为3，填充颜色为#FFAF2B，并设置宽度为120.0，高度为45.0。然后使用文本工具T在矩形中输入文字“开始游戏”，设置字体为“汉鼎繁特粗宋”，字号为26，颜色为白色，最后将圆角矩形与文字组合，如图10-54所示。

11 在“按下”帧处按F7键插入空白关键帧，在“库”面板中将“小悟空图形”图形元件拖入编辑区中，然后在“点击”帧处按F6键插入关键帧，如图10-55所示。

图10-54 输入文字

图10-55 插入关键帧

12 新建“游戏说明”按钮元件。进入编辑区中，将“乌巴图形”图形元件拖入编辑区中，在“指针经过”帧处按**F6**键插入关键帧，选择该帧的图形元件，在“属性”面板的“样式”下拉列表框中选择“色调”选项，并设置颜色为白色，色调值为**30%**，如图**10-56**所示。

13 绘制一个圆角矩形，设置笔触颜色为**#0000FF**，笔触为**3**，填充颜色为**#FFAF2B**，并设置宽度为**120.0**，高度为**45.0**，输入文字“游戏说明”，设置字体为“汉鼎繁特粗宋”，字号为**26**，字体颜色为白色，最后将圆角矩形与文字组合，如图**10-57**所示。

图10-56 设置色调

图10-57 输入文字

14 在“按下”帧处按**F7**键插入空白关键帧，从“库”面板中将“乌巴图形”图形元件拖入编辑区中，然后在“点击”帧处按**F5**键插入帧，如图**10-58**所示。

15 新建“游戏区域”按钮元件。进入按钮元件编辑区中，在“点击”帧处插入关键帧，选择矩形工具，在“属性”面板中设置笔触颜色为“无”，在“点击”帧处绘制一个矩形，如图**10-59**所示。

图10-58 插入帧

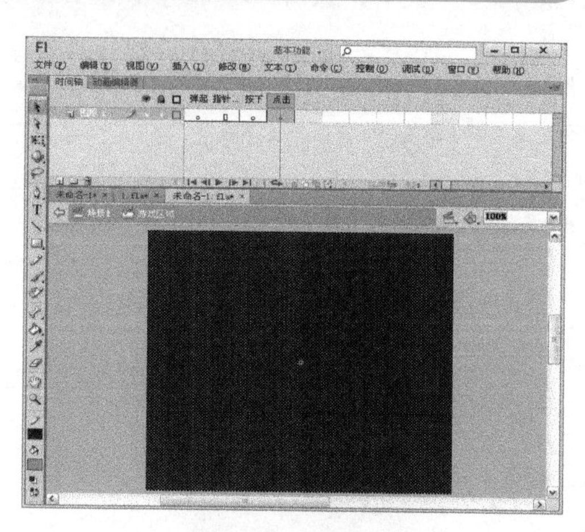
图10-59 绘制矩形

16 执行“窗口→其他面板→场景”命令，打开“场景”面板，在“场景”面板中单击“添加场景”按钮添加场景2，如图10-60所示。

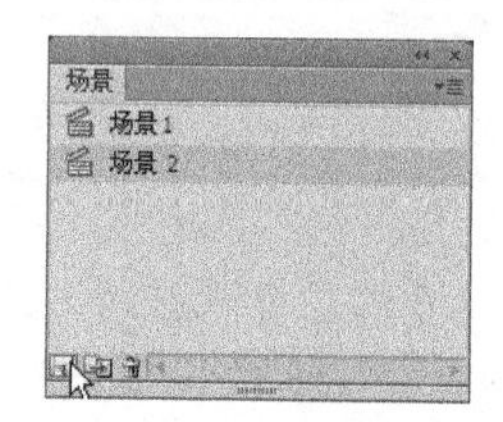

图10-60 “场景”面板

17 新建“继续再玩游戏”按钮元件。在编辑区中输入“继续再玩游戏”，选择输入的文本，在“属性”面板中设置字体为“微软雅黑”，字号为20，颜色为#FF6699，如图10-61所示。

18 在“指针经过”帧处按F6键插入关键帧，选择“指针经过”帧的文本，设置文本颜色为白色，如图10-62所示。

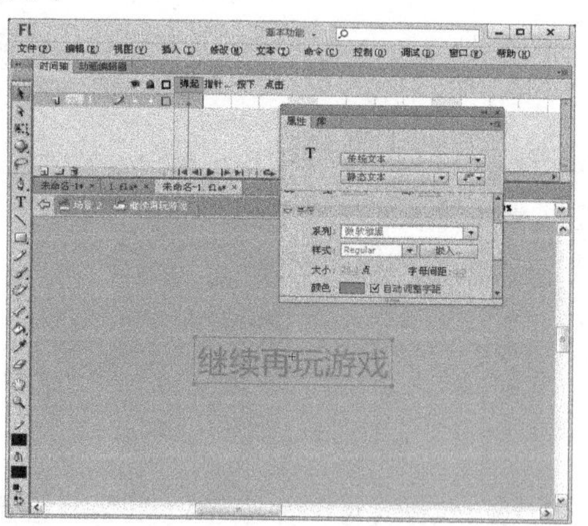

图10-61 输入文本

图10-62 设置文本颜色

19 在“点击”帧处按F7键插入空白关键帧，选择矩形工具，在编辑区中绘制一个宽度为130.00、高度为25.00、边框为无、填充颜色任意的矩形，并设置X坐标值为-65.00，Y坐标值为-12.50，如图10-63所示。

20 在“库”面板中新建一个文件夹并命名为“按钮元件”，将所创建的按钮元件拖入到该文件夹中，如图10-64所示。

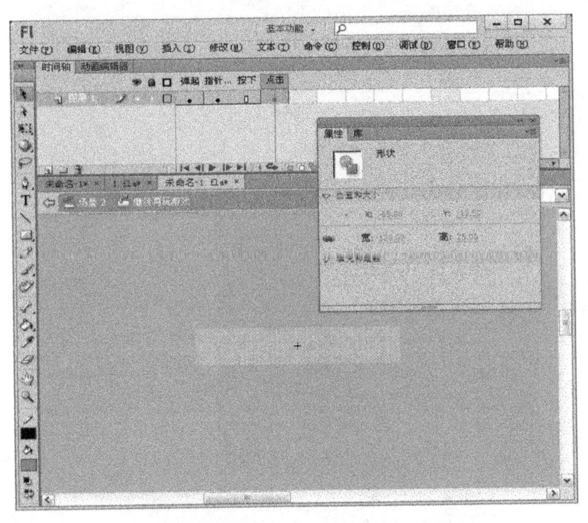

图10-63　绘制矩形

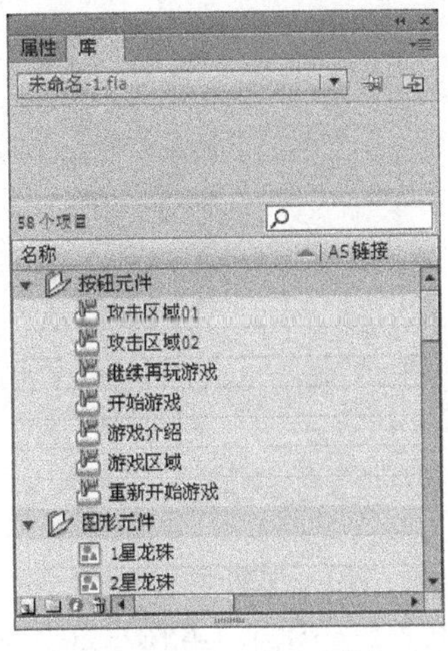

图10-64　“库”面板

19.3.3　影片剪辑元件的制作

01 创建“光球”影片剪辑元件。执行“插入→新建元件”命令，弹出“创建新元件”对话框，在“名称”文本框中输入“光球”，在“类型”下拉列表框中选择“影片剪辑”选项，完成后单击 确定 按钮，进入按钮元件编辑区。

02 在编辑区中选择椭圆工具，打开“颜色”面板，设置填充样式为“径向渐变”，填充颜色为从透明度100%的白色到透明度0的白色的渐变，如图10-65所示。然后在椭圆工具的“属性”面板中设置笔触颜色为“无”。

03 使用椭圆工具在编辑区中绘制一个圆，并在“属性”面板中设置圆的宽度和高度都为80.00，X坐标值和Y的坐标值都为-40.00，如图10-66所示。

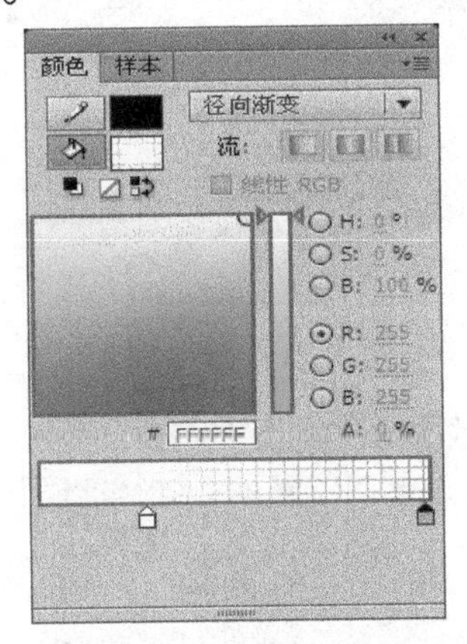

图10-65　“颜色”面板

图10-66　绘制圆

04 在“时间轴”面板的第10帧处插入关键帧，选中第10帧处的圆，在“颜色”面板中将左边的滑块向右拖动，如图10-67所示。

05 在“时间轴”面板的第20帧插入关键帧，选择第20帧的圆形，在“颜色”面板中将左边的滑块向左拖动，如图10-68所示。

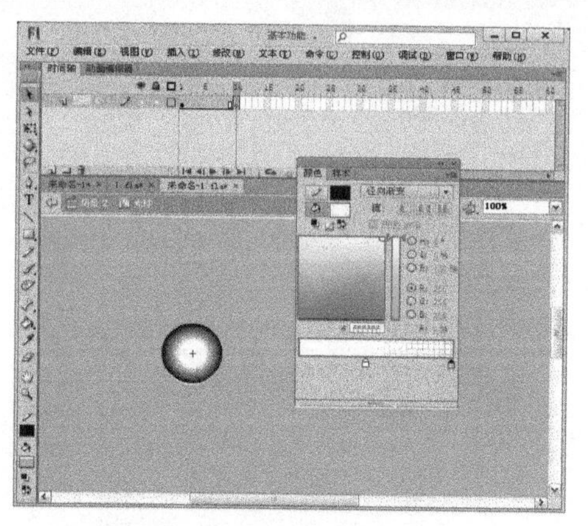

图10-67　拖动滑块向右移动

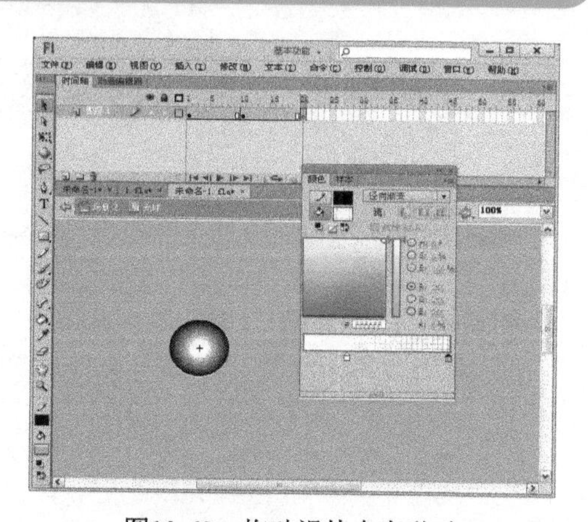

图10-68　拖动滑块向左移动

06 分别在第1～10帧、第10～20帧之间创建形状补间动画，如图10-69所示。

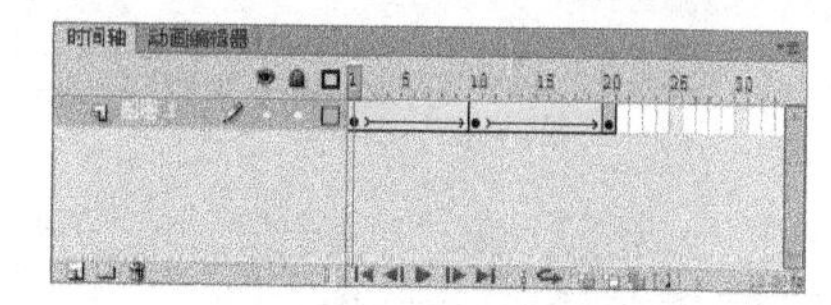

图10-69　创建形状补间动画

07 新建"开场动画01"影片剪辑元件。进入编辑区中，依次将"开场身体图形"、"开场右臂图形"、"开场左臂图形"、"开场头部图形"、"开场左手图形"和"开场右手图形"图形元件拖入到编辑区中，并分别将其移动到相应的位置，如图10-70所示。

图10-70　拖入图形元件

08 分别在"时间轴"面板的第3、5、7、9、11、13、15、17、19、21、23、25帧处依次按F6键插入关键帧，如图10-71所示。

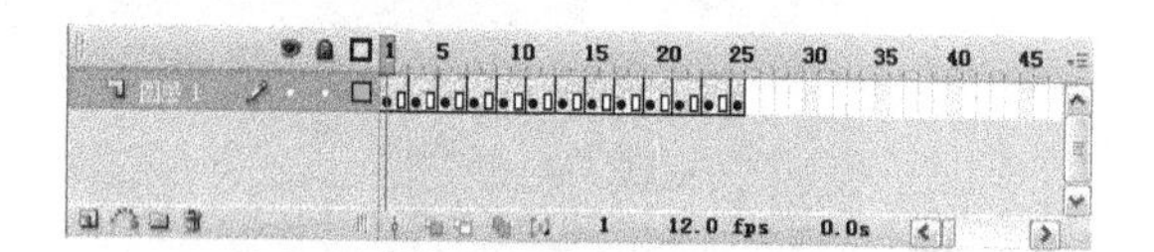

图10-71　插入关键帧

09 分别将第3、5、7、9帧中对应的图形元件进行移动，效果分别如图10-72～图10-75所示。移动前，可先执行"视图→辅助线→显示辅助线"命令，通过图中的辅助线进行准确移动。

图10-72　第3帧

图10-73　第5帧

图10-74　第7帧

图10-75　第9帧

10 分别将第11、13、15、17帧中对应的图形元件进行移动，效果分别如图10-76～图10-79所示。

图10-76　第11帧

图10-77　第13帧

图10-78　第15帧

图10-79　第17帧

11 分别将第19、21、23、25帧中对应的图形元件进行移动，效果分别如图10-80～图10-83所示。

图10-80　第19帧

图10-81　第21帧

图10-82 第23帧

图10-83 第25帧

12 在“时间轴”面板中新建“图层2”，在第4帧处插入关键帧，将“光球”影片剪辑元件拖入编辑区中，设置元件实例的X坐标值为-48.00，Y坐标值为98.00，并将其Alpha值设置为0，如图10-84所示。

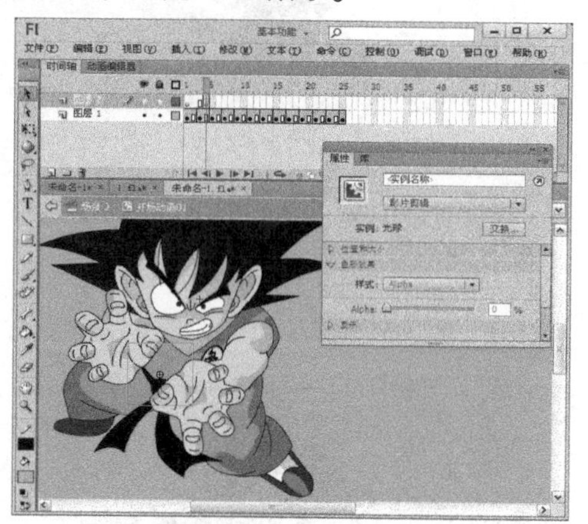

图10-84 设置Alpha值

13 在“图层2”的第10帧处插入关键帧，设置元件的宽度和高度都为200.00，X坐标值为-48.00，Y坐标值为104.00，如图10-85所示。

图10-85 第10帧

14 在第25帧处插入关键帧，设置元件的X坐标值为-85.00，Y坐标值为99.00，如图10-86所示。

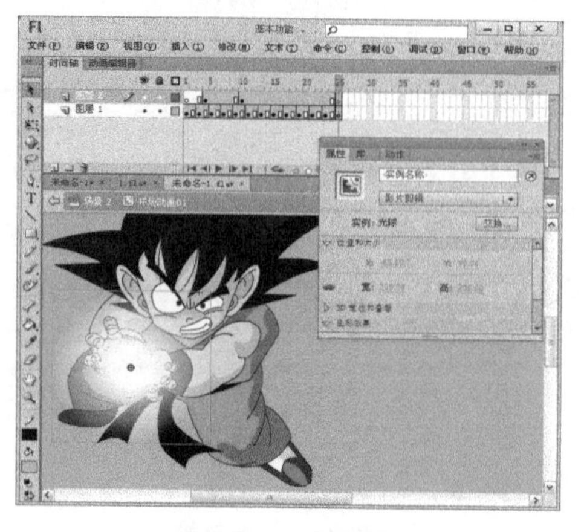

图10-86 第25帧

15 分别在“图层2”的第4～10帧、第10～25帧之间创建动作补间动画，然后选中第25帧，在“动作”面板中输入代码“stop();”，如图10-87所示。

图10-87 输入代码

16 新建"图层3"，选择椭圆工具，在"颜色"面板中设置填充样式为"径向渐变"，填充颜色由#000000到#000000，透明度Alpha值由70%到0，如图10-88所示。然后在"属性"面板中设置笔触颜色为"无"。

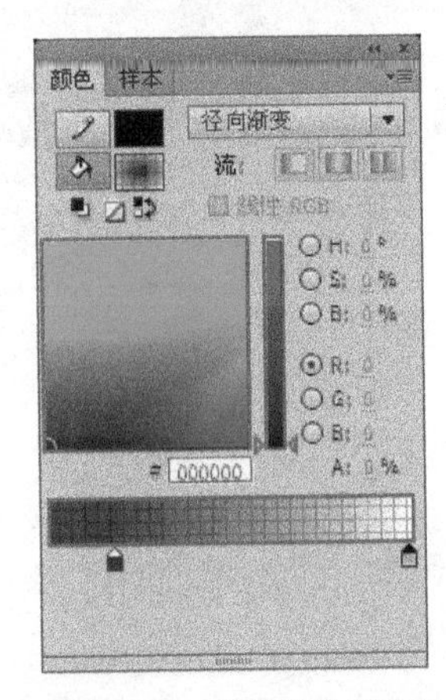

图10-88　"颜色"面板

17 在"图层3"的第1帧处绘制一个椭圆，然后将"图层3"拖到"图层1"的下方，如图10-89所示。

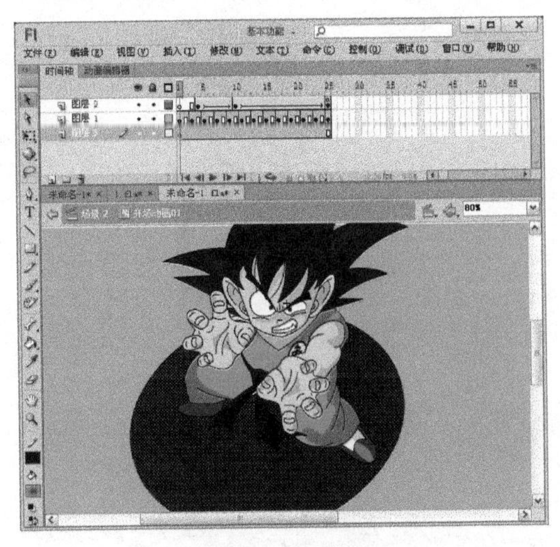

图10-89　绘制椭圆

18 新建"开场动画02"影片剪辑元件。按照同样的方法将"库"面板中小悟空身体各部位的图形元件拖入编辑区中，并将它们进行组合，如图10-90所示。

图10-90　拖入图形元件

19 选择椭圆工具，在"颜色"面板中设置填充样式为"放射状"，填充颜色由白色到白色，Alpha值由100%到0，在编辑区中绘制一个宽度和高度都为100的圆，并按Ctrl+G组合键组合该圆，如图10-91所示。

图10-91　绘制圆

20 在第3帧处插入关键帧，调整身体各部位的位置，并删除圆形，如图10-92所示。

21 在第12帧处按F7键插入空白关键帧；在第36帧处插入关键帧，将"开始游戏"按钮元件拖入编辑区中，设置元件实例的X坐标值为152.00，Y坐标值为0.00；在第41帧处插入关键帧，设置元件实例的X坐标值为0.00，Y坐标值为0.00，并在第36~41帧之间创建动作补间动画，如图10-93所示。最后在第50帧处按F5键插入帧。

图10-92　删除圆

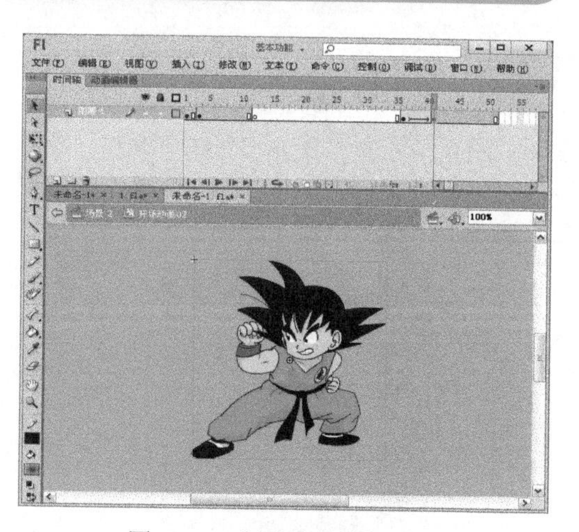

图10-93　创建动作补间动画

22 新建“图层2”，在其第1帧处创建如图10-94所示的形状。

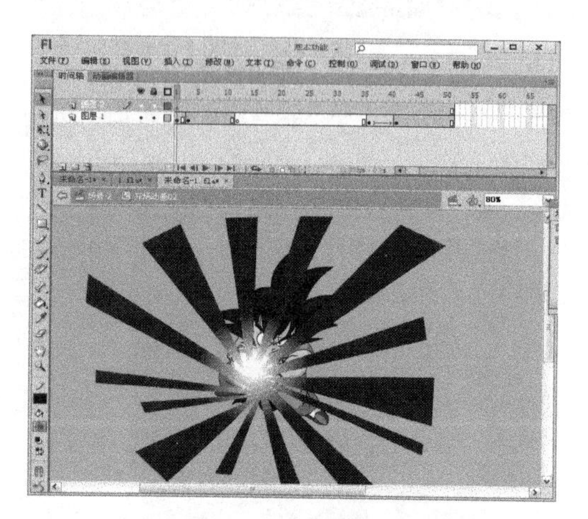

图10-94　创建形状

23 在“图层2”的第5帧处插入关键帧，然后在第1～5帧之间创建形状补间动画，如图10-95所示。

图10-95　创建形状补间动画

24 在“图层2”的第12帧处按F7键插入空白关键帧；在第36帧处插入关键帧，将“游戏介绍”按钮元件拖入编辑区中，设置元件实例的X坐标值为-360.00，Y坐标值为50.00；在第41帧处插入关键帧，设置元件实例的X坐标值为-210.00，Y坐标值为28.00，并在第36～41帧之间创建动作补间动画，如图10-96所示。

图10-96　创建动作补间动画

25 新建“图层3”，在第3帧处插入关键帧，将“图层1”的第1帧中的圆形复制并粘贴到“图层3”的第3帧中，设置其宽度和高度为130.00，然后按Ctrl+B组合键将其打散，如图10-97所示。

图10-97 复制并粘贴圆形

26 在“图层3”的第11帧处插入关键帧，将圆形的宽度和高度都设置为1024.00，并在第3～11帧之间创建形状补间动画，如图10-98所示。

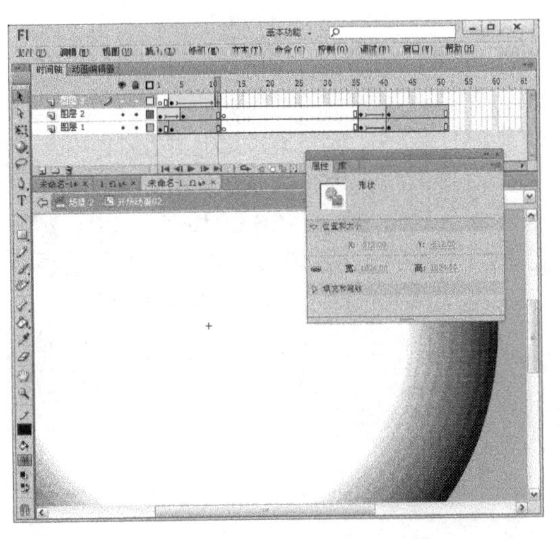

图10-98 创建形状补间动画

27 分别在“图层3”的第20帧和第30帧处插入关键帧，选择第30帧处的图形，将其颜色设置为“黑色”，然后在“图层3”的第20～30帧之间创建形状补间动画，如图10-99所示。

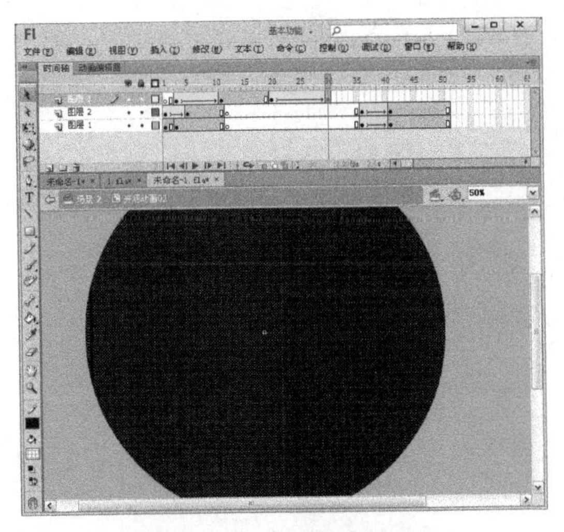

图10-99 创建形状补间动画

28 在“图层3”的第31帧处插入空白关键帧；在第42帧处插入关键帧，将“库”面板中的“标题开场图形”图形元件拖入到编辑区中，设置元件实例的X坐标值为-151.10，Y坐标值为-286.60；在第47帧处插入关键帧，设置元件实例的X坐标值为-151.10，Y坐标值为-161.10；然后在第42～47帧之间创建动作补间动画，如图10-100所示。

图10-100 创建动作补间动画

29 选择“图层3”的第42帧，在“属性”面板中将“缓动”设置为-100，如图10-101所示。

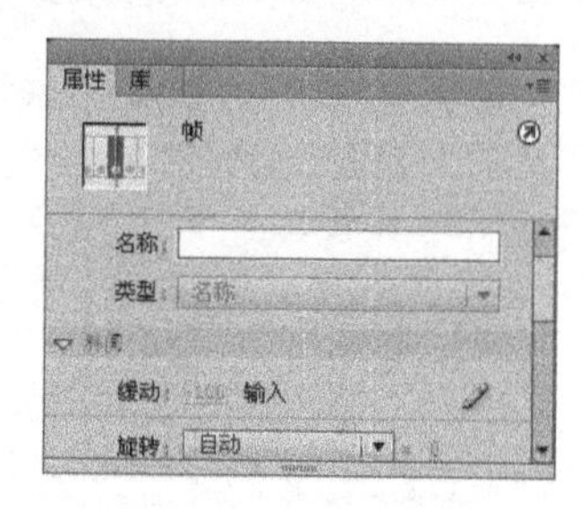
图10-101 设置“缓动”

30 在“图层3”的第48、49、50帧处分别插入关键帧，并分别设置这3帧中元件实例的Y坐标值为-171.60、-156.60和-161.60。然后选中“图层3”的第50帧，在“动作”面板中输入代码“stop();”，如图10-102所示。

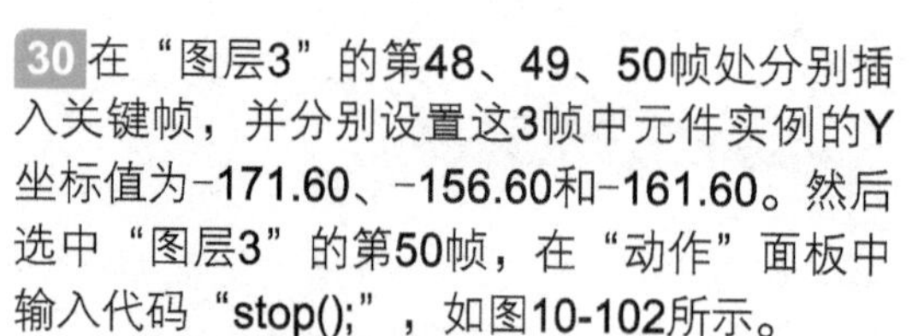

图10-102 输入代码

31 新建“图层4”，在第20帧处插入关键帧，选择矩形工具，在“颜色”面板中设置填充样式为“径向渐变”，填充颜色为#FFFFFF到#0025B9的渐变，如图10-103所示。

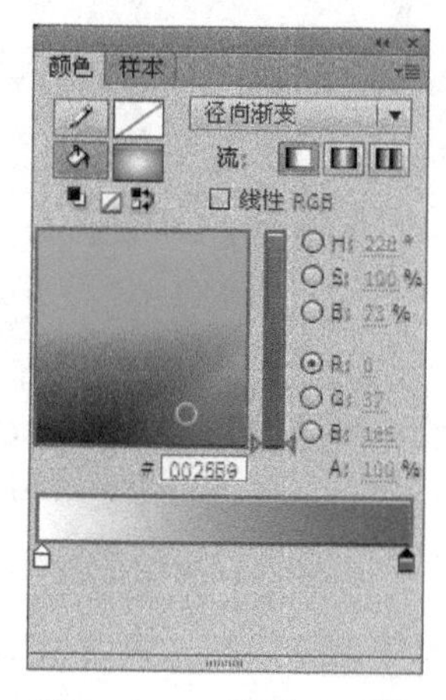
图10-103 “颜色”面板

32 在编辑区中绘制一个矩形，并按Ctrl+G组合键将其组合。然后在“库”面板中将“光束”图形元件拖入到编辑区中，如图10-104所示。

图10-104 拖入图形元件

33 选中创建的矩形图形和“光束”图形元件，按Ctrl+G组合键将两者组合。然后在“库”面板中将“桃白白开场图形”图形元件拖入编辑区中，如图10-105所示。

图10-105 拖入图形元件

34 执行“文件→导入→导入到库”命令，在“导入到库”对话框中选择一个背景音乐文件导入到“库”面板中，选择“图层4”的第20帧，将导入的背景音乐拖入到编辑区中，并在帧“属性”面板中设置“同步”方式为“开始－重复－10”，如图10-106所示。

图10-106　导入音乐文件

35 将“图层4”拖动到“图层1”的下方，使之位于时间轴的最下层，如图10-107所示。

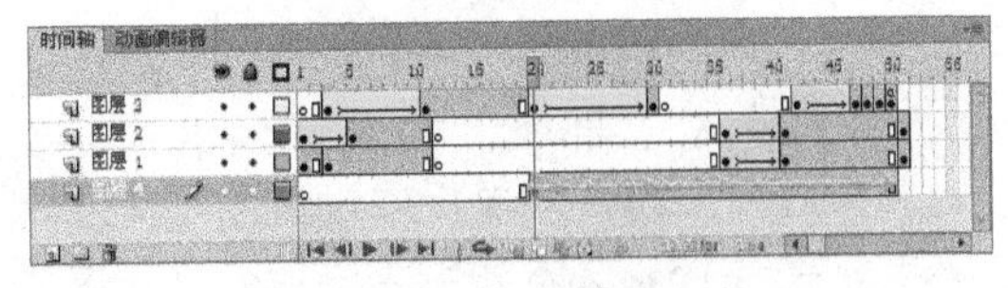

图10-107　拖动图层

36 选择“图层1”第41帧中的“开始游戏”按钮元件，在“动作”面板中输入如下代码，如图10-108所示。

```
on (press) {
    _root.gotoAndPlay("kais");
}
```

图10-108　输入代码

37 选择“图层2”第41帧中的“游戏说明”按钮元件实例，在“动作”面板中输入如下脚本，如图10-109所示。

```
on (press) {
gotoAndStop(51);
}
```

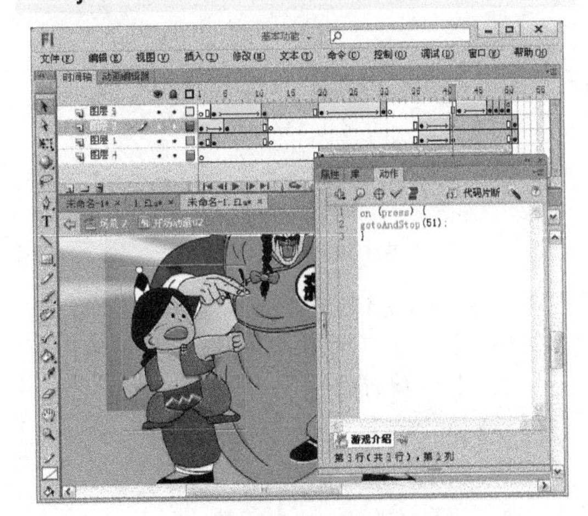

图10-109　输入代码

38 在“图层1”的第51帧处插入关键帧，设置“开始游戏”按钮元件的X坐标值为-25.90，Y坐标值为-70.00，如图10-110所示。

39 在“图层2”的第51帧处按F7键插入空白关键帧，将“库”面板中的“标题开场图形”图形元件拖入到编辑区中，然后在编辑区中绘制一个圆角矩形，设置圆角矩形的填充颜色为#FFAF2B，笔触颜色为#0000FF，笔触为3，宽度为170.0，高度为200.0，并按Ctrl+G组合键将圆角矩形组合，如图10-111所示。

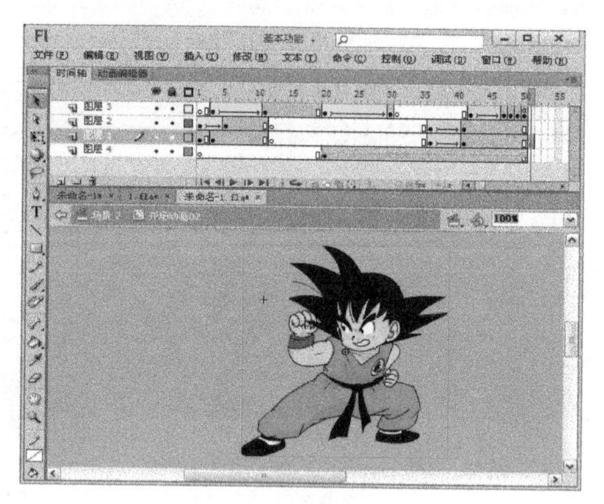

图10-110 设置坐标值

图10-111 绘制圆角矩形

40 选择文本工具T，在编辑区中输入文本，然后在“属性”面板中设置字体为“黑体”，字号15，文本颜色为白色，并使文本加粗显示，如图10-112所示。

图10-112 输入文本

41 打开“库”面板，分别将“1星龙珠”、“2星龙珠”、“3星龙珠”、“4星龙珠”、“5星龙珠”、“6星龙珠”和“7星龙珠”图形元件拖入到编辑区中。然后将“图层2”拖到“图层1”的下方，如图10-113所示。

图10-113 拖入图形元件

42 选择“图层1”第51帧中的“开始游戏”按钮元件，在“动作”面板中输入如下代码，如图10-114所示。

```
on (press) {
    _root.gotoAndPlay("kais");
}
```

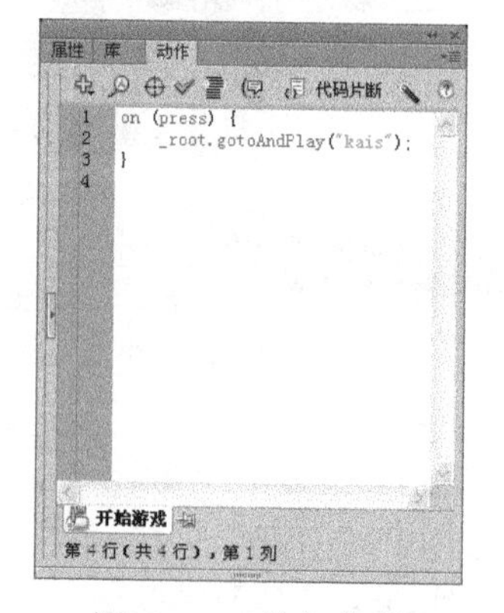

图10-114 输入代码

43 新建“游戏胜利”影片剪辑元件。进入编辑区中，从“库”面板中将“胜利头部图形”图形元件拖入到工作区中，如图10-115所示。

图10-115 拖入图形元件

44 在“库”面板中将“胜利手部图形”图形元件拖入到编辑区中，选择元件，使用任意变形工具将其向左旋转30°，如图10-116所示。

图10-116 拖入并旋转图形元件

45 在“图层1”的第4帧处插入关键帧，将“胜利头部图形”图形元件向右旋转30°，并在“图层1”的第6帧处插入帧，如图10-117所示。

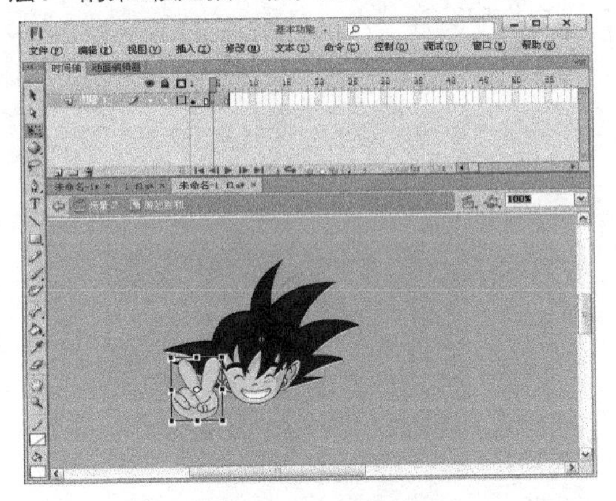

图10-117 插入帧

46 新建“游戏失败”影片剪辑元件，从“库”面板中将“失败身体图形”图形元件拖入编辑区中，如图10-118所示。

图10-118 拖入图形元件

47 在“库”面板中将“失败手指图形”图形元件拖入编辑区中，如图10-119所示。

图10-119 拖入图形元件

48 在“库”面板中将“失败左臂图形”图形元件拖入编辑区中，如图10-120所示。

图10-120 拖入图形元件

49 在“时间轴”面板的第4帧处插入关键帧，设置“失败手指图形”图形元件的X坐标值为-46.80，Y坐标值为116.30。然后选择“失败左臂图形”图形元件，将其向右旋转，最后在第6帧处按F5键插入帧，如图10-121所示。

50 新建“桃白白攻击”影片剪辑元件。进入编辑区中，选择“图层1”的第1帧，在“动作”面板中输入代码“stop();”，如图10-122所示。

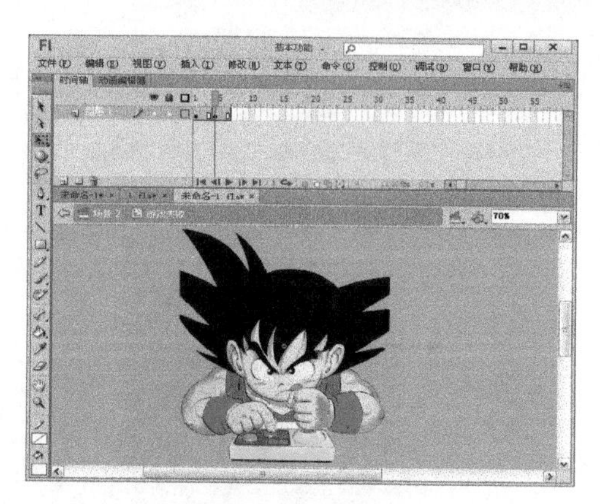

图10-121　插入帧

图10-122　输入代码

51 在“图层1”的第5帧处插入关键帧，将“库”面板中的“桃白白图形”图形元件拖入到编辑区中。选择该元件，在“属性”面板的“样式”下拉列表框中选择“亮度”选项，并将亮度值设置为100%，如图10-123所示。

图10-123　设置亮度

52 分别在“图层1”的第7帧和第10帧处插入关键帧，在第6帧处插入空白关键帧。选择第10帧中的元件，在“属性”面板的“颜色”下拉列表框中选择“无”选项，然后在第7～10帧之间创建动作补间动画，如图10-124所示。

图10-124　创建动作补间动画

53 在“图层1”的第21帧处插入空白关键帧，将“库”面板中的“桃白白攻击图形”图形元件拖入编辑区中，然后执行“文件→导入→导入到库”命令，打开“导入到库”对话框，选择一个声音文件导入到“库”面板中，并从“库”面板中将此声音文件拖入到第21帧处的编辑区中，最后在第30帧处插入帧，如图10-125所示。

图10-125　导入声音文件

54 在“时间轴”面板中新建“图层2”，在第10帧处插入关键帧，将“攻击区域01”按钮元件拖入编辑区中。然后选择该按钮元件，在“动作”面板中输入以下代码，如图10-126所示。

```
on (press) {
    gotoAndPlay("down");
    _root.gotoAndPlay("up");
    _root.mouse1.gotoAndPlay("up");
    _root.point.nextFrame();
    _root.gotoAndPlay("END");
   _root.dlife += 5;
    _root.tbb.gotoAndStop(_root.dlife);
}
```

图10-126 输入代码

55 在“库”面板中将“攻击区域02”按钮元件拖入到编辑区中。选择该元件，在“动作”面板中输入以下代码，如图10-127所示。

```
on (press) {
    gotoAndPlay("down");
    _root.gotoAndPlay("up");
    _root.mouse1.gotoAndPlay("up");
    _root.gotoAndPlay("END");
_root.dlife += 2;
    _root.tbb.gotoAndStop(_root.dlife);
}
```

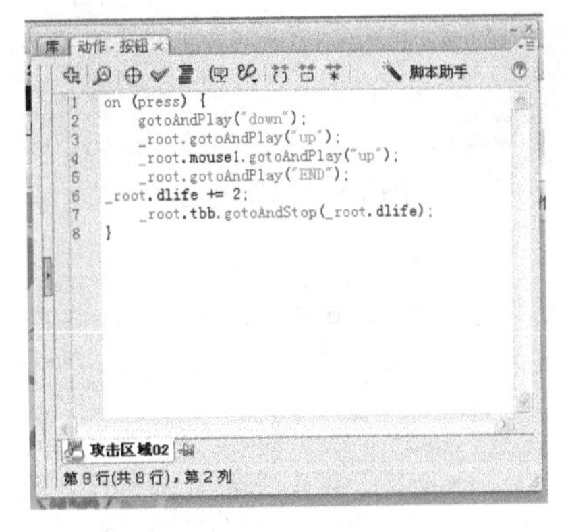

图10-127 输入代码

56 分别在“图层2”的第21帧和第23帧处按F7键插入空白关键帧，在“颜色”面板中设置圆形的填充样式为“径向渐变”，填充颜色为#FFFFFF到#FFFFFF，Alpha值由100%到0，如图10-128所示。

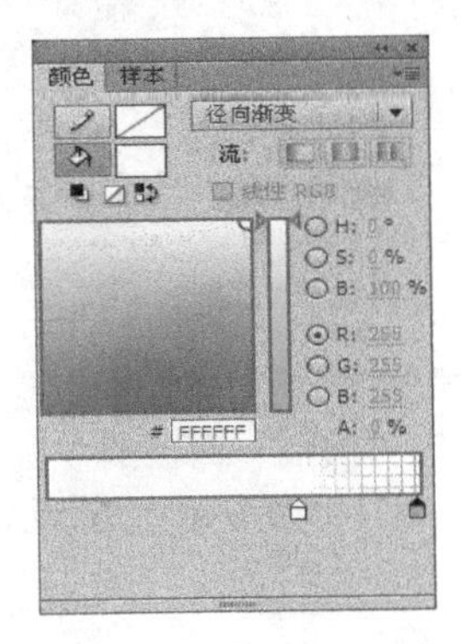

图10-128 “颜色”面板

57 选择椭圆工具，在第23帧的编辑区中绘制一个圆形，如图10-129所示。

图10-129 绘制圆形

58 在“图层2”的第30帧处插入关键帧，设置圆形的宽度和高度都为2100.00，X坐标值和Y坐标值都为-1050.00，如图10-130所示。

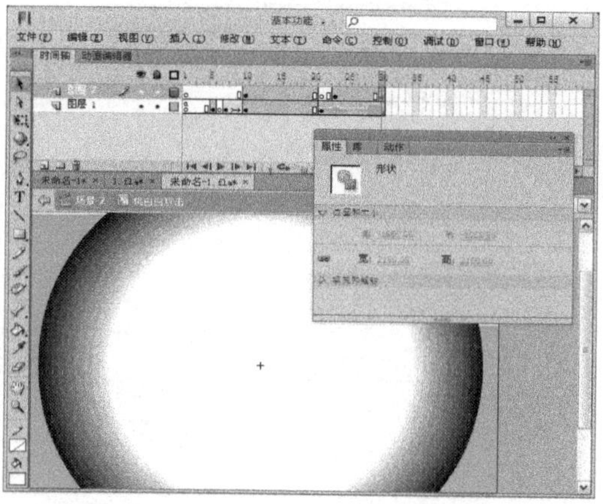

59 选中“图层2”的第30帧，在“动作”面板中输入以下代码，如图10-131所示。然后在第23～30帧之间创建形状补间动画。

```
gotoAndStop(1);
_root.san.gotoAndPlay(2);
  _root.life += 10;
    _root.swk.gotoAndStop(_root.life);
```

图10-130　设置圆形

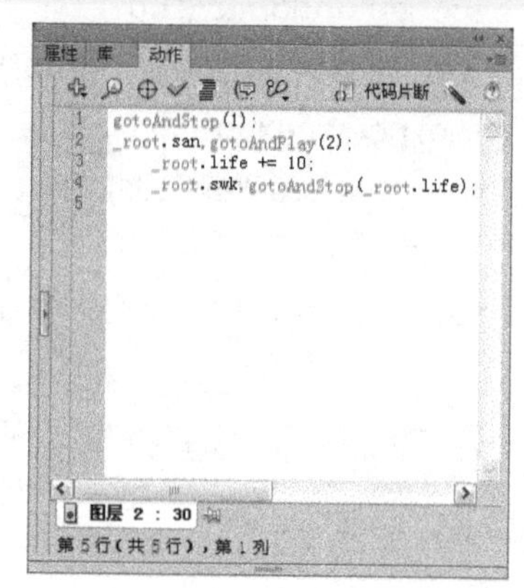

图10-131　输入代码

60 在“图层1”的第31帧处插入空白关键帧，将“库”面板中的“桃白白被打图形”图形元件拖入到编辑区中，如图10-132所示。

61 选择“图层1”的第31帧，在“属性”面板的“名称”文本框中输入“beida”，然后在“图层1”的第35帧处插入帧，如图10-133所示。

图10-132　拖入图形元件

图10-133　设置帧标签

62 新建“图层3”，在其第5帧处插入空白关键帧，选择该帧，在“属性”面板的“名称”文本框中输入“up”，如图10-134所示。

63 在“图层3”的第31帧处插入空白关键帧，选择该帧，在“属性”面板的“名称”文本框中输入“down”，如图10-135所示。

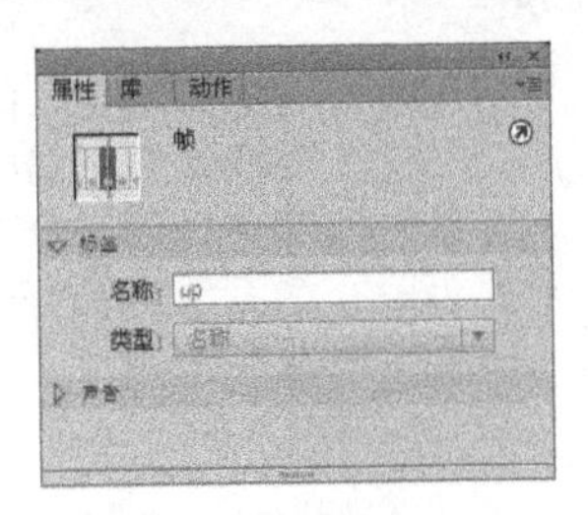

图10-134 设置帧标签

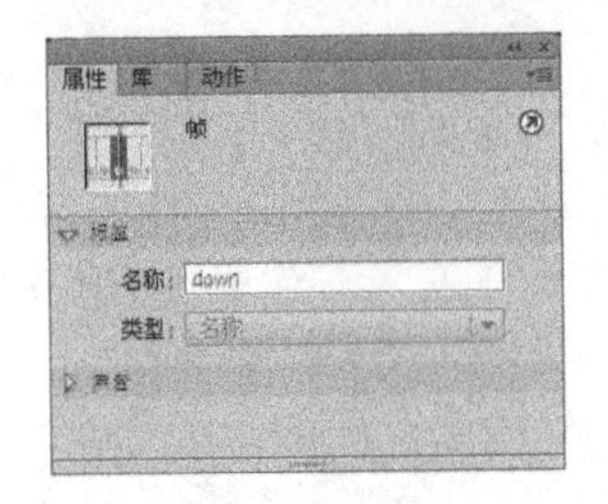

图10-135 设置帧标签

64 执行“文件→导入→导入到库”命令，打开“导入到库”对话框，选择一个声音文件导入到“库”面板中，然后选中“图层3”的第31帧，将此声音文件拖入到编辑区中，如图10-136所示。

图10-136 导入声音文件

65 新建“小悟空攻击”影片剪辑元件。进入元件编辑区，在“图层1”的第2帧处插入关键帧，执行“文件→导入→导入到库”命令，打开“导入到库”对话框，选择一个声音文件导入到“库”面板中，选择“图层1”的第2帧，将此声音文件拖入到编辑区中，并在第6帧处按F5键插入帧，如图10-137所示。

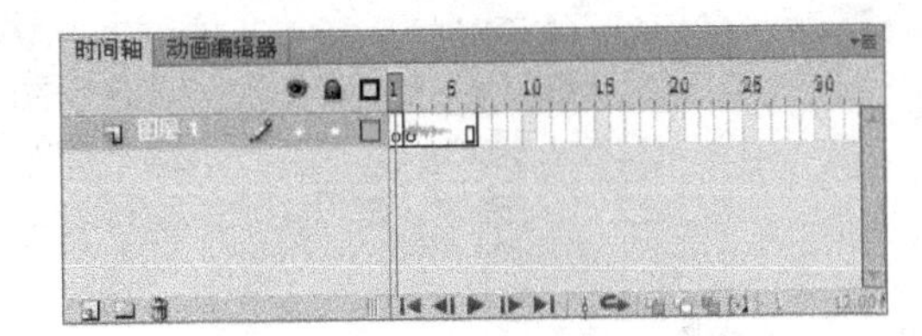

图10-137 再次导入声音文件

66 新建“图层2”，将“库”面板中的“小悟空图形”图形元件拖入到编辑区中，然后选择第1帧，在“动作”面板中输入代码“stop();”，如图10-138所示。

图10-138 输入代码

67 在“图层2”的第2帧处按F7键插入空白关键帧，将“库”面板中的“小悟空攻击图形”图形元件拖入到编辑区中，然后选择“图层2”的第2帧，在“属性”面板中的“名称”文本框中输入“up”，如图10-139所示。

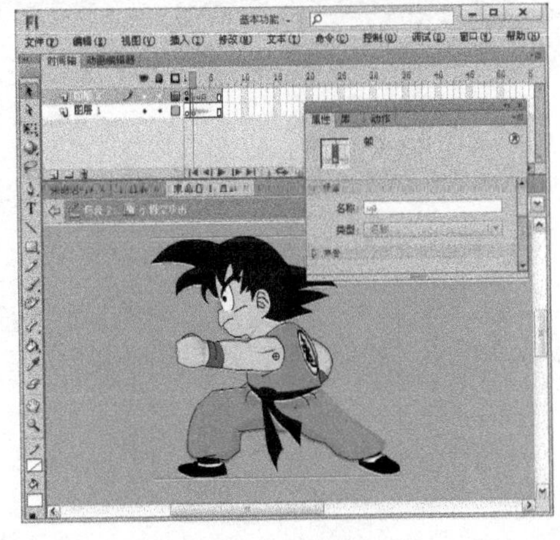

图10-139 设置帧标签

68 新建“血条01”影片剪辑元件。进入元件编辑区，选择矩形工具在编辑区中绘制一个矩形，并设置矩形的填充颜色为红色，边框颜色为“无”，宽度为165.40，高度为12.40，如图10-140所示。

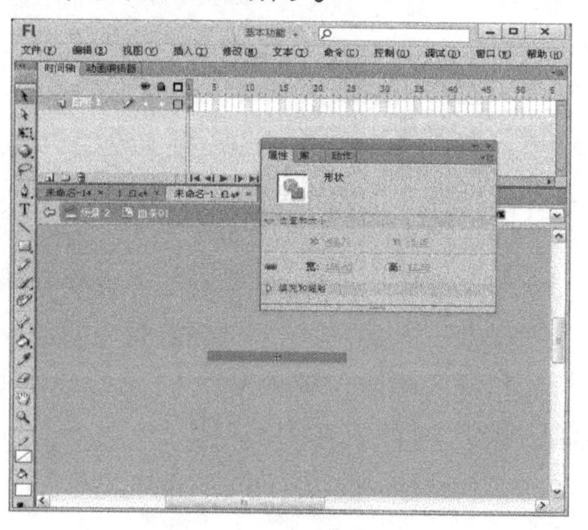

图10-140　绘制矩形

69 新建“图层2”，锁定“图层1”，使用矩形工具绘制一个宽度为165.40、高度为12.40、填充颜色为黄色（#FFEC00）、边框颜色为无的矩形，如图10-141所示。

图10-141　绘制黄色矩形

70 在“图层2”的第99帧处插入关键帧，设置矩形的宽度为1.00，X坐标值为82.70。在“图层1”的第100帧处插入帧，在“图层2”的第100帧处插入空白关键帧，如图10-142所示。

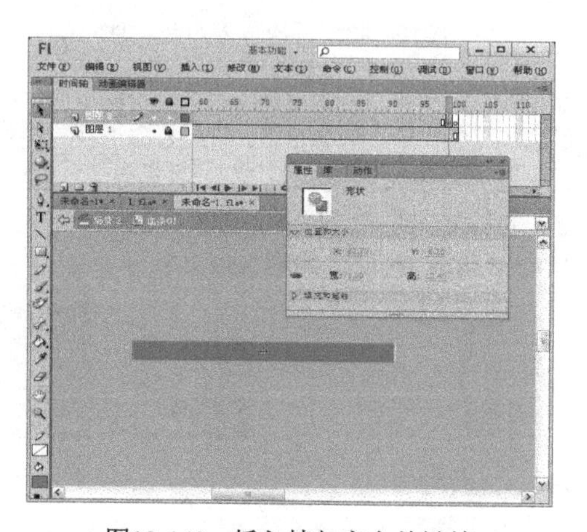

图10-142　插入帧与空白关键帧

71 在“图层2”的第1～99帧之间创建形状补间动画。新建“图层3”，在第1帧处绘制一个填充颜色为无、边框颜色为白色、宽度为165.40、高度为12.40的矩形，并设置该矩形的X坐标值为-82.70，Y坐标值为-6.150，如图10-143所示。

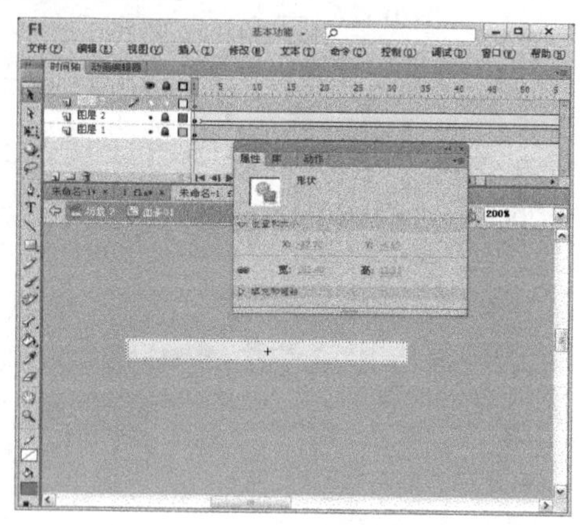

图10-143　绘制矩形

72 选择“图层3”的第1帧，在“动作”面板中输入代码“stop();”，如图10-144所示。

73 打开“库”面板，在“血条01”图形元件处单击鼠标右键，在弹出的快捷菜单中选择“直接复制”命令，弹出“直接复制元件”对话框，在其“名称”文本框中输入“血条02”，在“类型”下拉列表框中选择“影片剪辑”选项，如图10-145所示。完成后单击 确定 按钮复制元件。

图10-144 输入代码

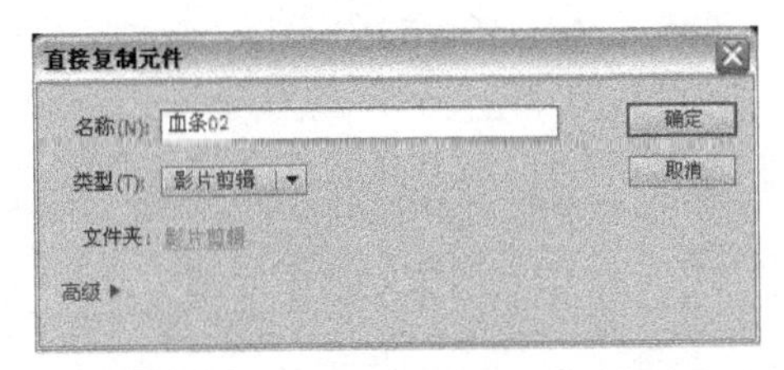

图10-145 “直接复制元件”对话框

74 新建“白光”影片剪辑元件。进入编辑区中，选择“图层1”的第1帧，在“动作”面板中输入代码“stop();”，如图10-146所示。

图10-146 输入代码

75 在“图层1”的第2帧处插入关键帧，在编辑区中使用矩形工具绘制一个矩形，并设置其宽度为460，高度为410，填充颜色为白色，边框颜色为无，如图10-147所示。

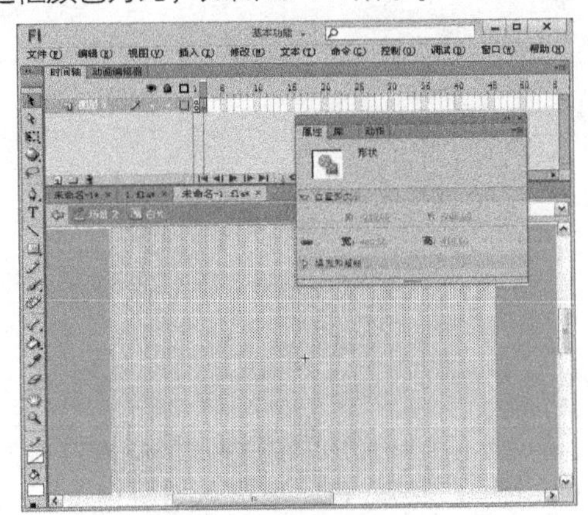

图10-147 绘制矩形

76 在“图层1”的第4帧处插入关键帧，选择该帧，在“动作”面板中输入代码“gotoAndStop(1);”，如图10-148所示。

图10-148 输入代码

77 在“库”面板中新建文件夹，并命名为“影片剪辑”，将创建的影片剪辑元件全部拖入“影片剪辑”文件夹中，如图10-149所示。

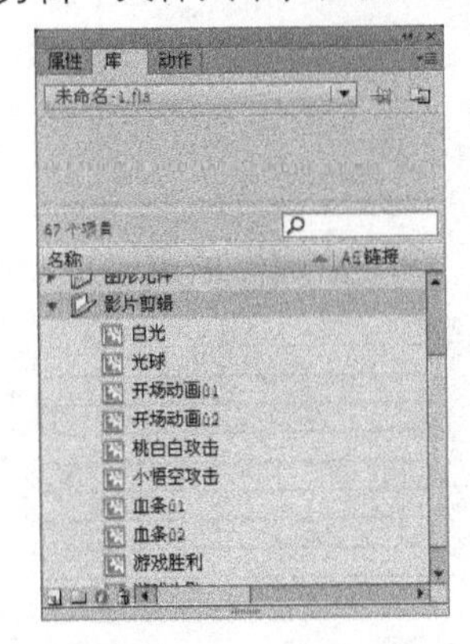

图10-149 “库”面板

19.3.4 编辑场景1

01 执行“窗口→其他面板→场景”命令，打开“场景”面板，在“场景”面板中单击“场景1”，如图10-150所示。

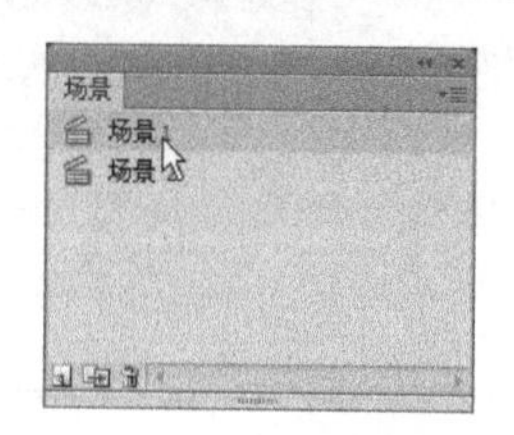

图10-150 “场景”面板

02 打开“库”面板，将“开场背景”图形元件拖入场景1中，然后在“图层1”的第3帧处按F5键插入帧，如图10-151所示。

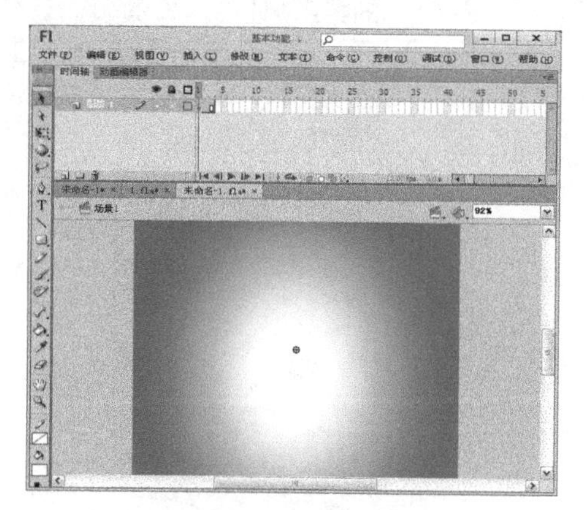

图10-151 插入帧

03 锁定“图层1”，新建“图层2”，将“开场动画01”影片剪辑元件拖入场景中并选中，按Ctrl+Alt+S组合键打开“缩放和旋转”对话框，设置“缩放”为65%，如图10-152所示。

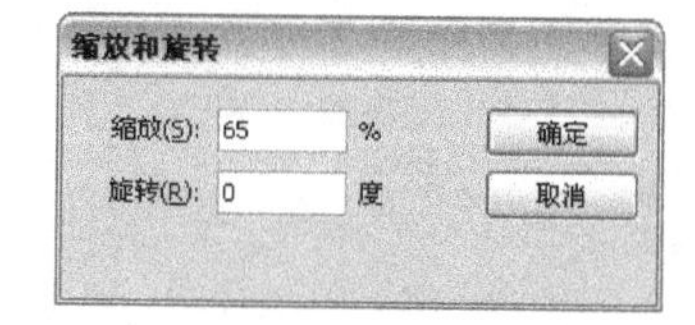

图10-152 “缩放和旋转”对话框

04 在“图层2”的第3帧处按F7键插入空白关键帧，选择该帧，在“属性”面板中的“名称”文本框中输入“play”，如图10-153所示。然后在“库”面板中将“开场动画02”影片剪辑元件拖入场景中。

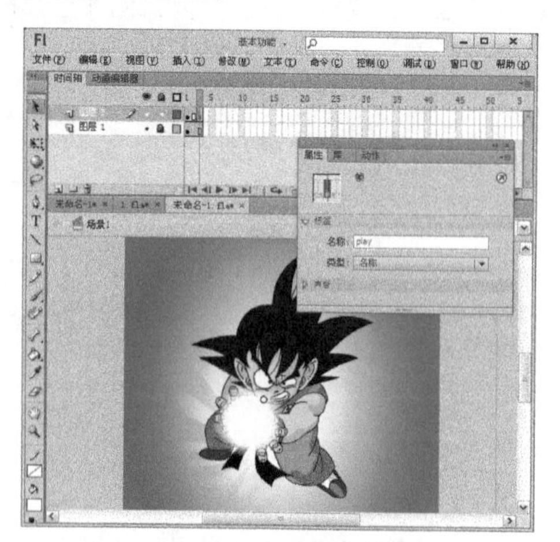

图10-153 设置帧标签

05 新建“图层3”，在第2帧和第3帧处分别插入关键帧，选择第1帧，在“动作”面板中输入如下代码，如图10-154所示。

```
loaded = _root.getBytesLoaded();
total = _root.getBytesTotal();
a = int((loaded/total)*100);
```

图10-154 输入代码

06 选择“图层3”的第2帧，在“动作”面板中输入如下代码，如图10-155所示。

```
if (a == 100) {
    gotoAndStop("play");
} else {
    gotoAndPlay("root");
}
```

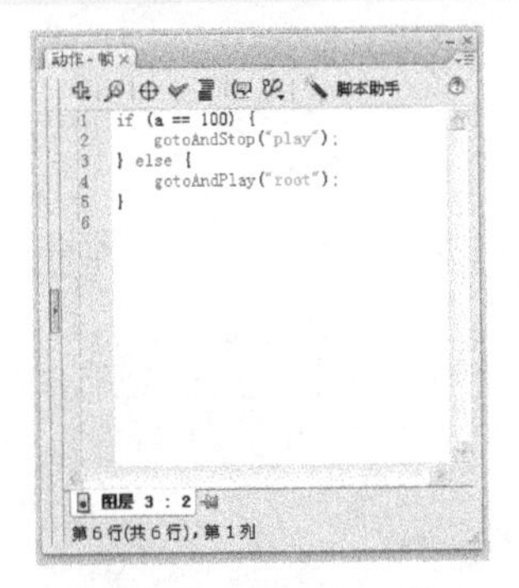

图10-155　输入代码

07 选择“图层3”的第3帧，在“动作”面板中输入如下代码，如图10-156所示。

```
stop();
Mouse.show();
```

图10-156　输入代码

19.3.5　编辑场景2

01 执行“窗口→其他面板→场景”命令，打开“场景”面板，在“场景”面板中单击“场景2”，如图10-157所示。

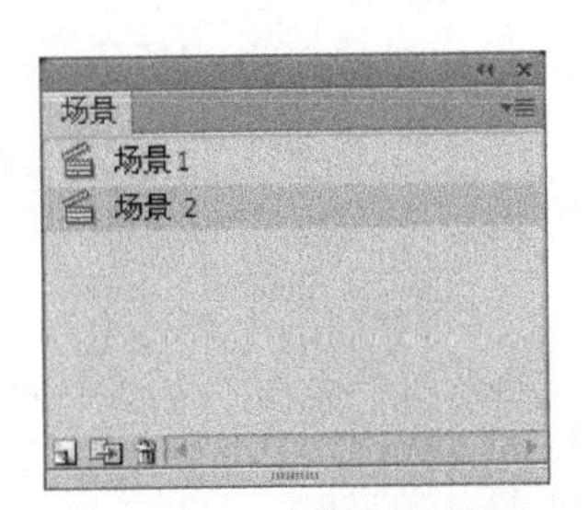

图10-157　“场景”面板

02 进入场景2，将“库”面板中的“游戏区域”按钮元件拖入到场景中并选中，然后在“动作”面板中输入如下代码，如图10-158所示。

```
on(release)
{_root.mouse1.gotoAndPlay("up")}
```

图10-158　输入代码

03 在“图层1”的第31帧处按F5键插入帧，新建“图层2”，并锁定“图层1”。分别在“库”面板中将“背景”、“地面”、“云朵”、“加林塔”和“树”图形元件拖入到场景中，复制“云朵”和“树”图形元件，如图10-159所示。

04 锁定“图层2”，新建“图层3”，将“库”面板中的“桃白白攻击”影片剪辑元件拖入到场景中，按Ctrl+Alt+S组合键打开“缩放和旋转”对话框，设置元件的“缩放”为10%，如图10-160所示。

图10-159　拖入多个图形元件

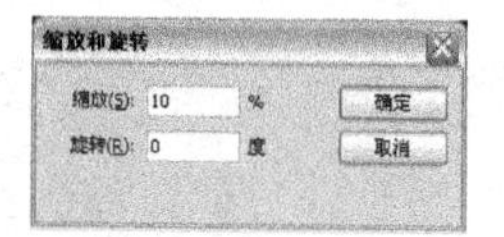

图10-160　“缩放和旋转”对话框

05 选择“桃白白攻击”影片剪辑元件，在“属性”面板中设置实例名称为badman0，X坐标值为58.00，Y坐标值为48.00，如图10-161所示。

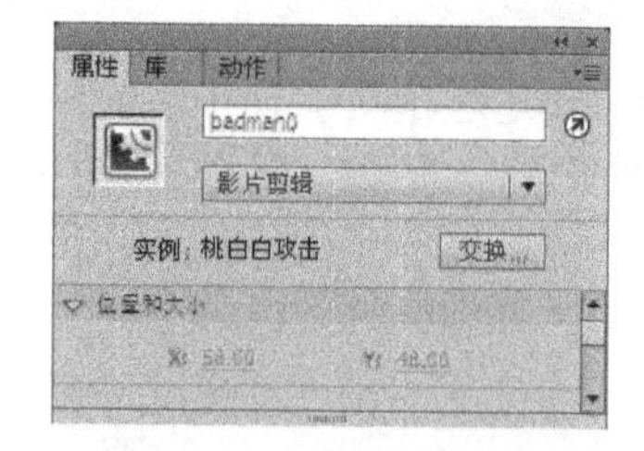

图10-161　设置实例名称

06 从“库”面板中拖入9个“桃白白攻击”影片剪辑元件到场景，然后分别设置实例名称为badman1、badman2、badman3、badman4、badman5、badman6、badman7、badman8和badman9。并在“缩放和旋转”对话框中设置缩放值分别为35%、20%、15%、25%、35%、15%、20%、25%和25%。最后将各元件实例放置于场景的各处，如图10-162所示。

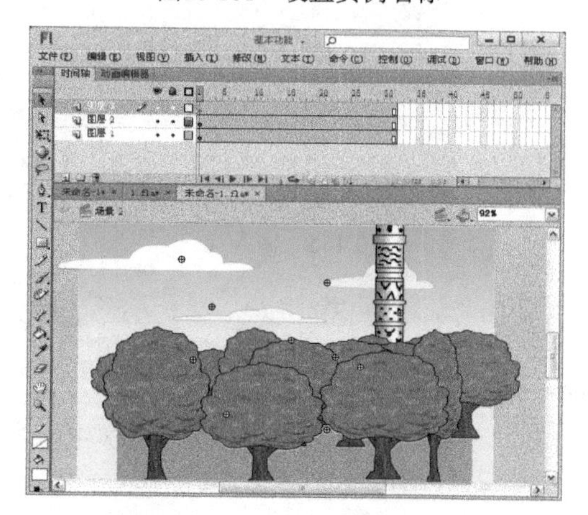

图10-162　拖入影片剪辑元件

07 锁定“图层3”，新建“图层4”，将“库”面板中的“桃白白头像图形”、“小悟空头像图形”图形元件依次拖入到场景中，设置缩放值都为25%，并使之分别位于场景的左下方和右下方。然后从“库”面板中拖入VS图形元件到场景，如图10-163所示。

图10-163　拖入3个图形元件

08 在“库”面板中分别将“血条01”和“血条02”影片剪辑元件拖入到场景，并将其位置分别调整到影片剪辑的左下方和右下方，选择“血条01”元件实例，在“属性”面板中设置实例名称为tbb，如图10-164所示。

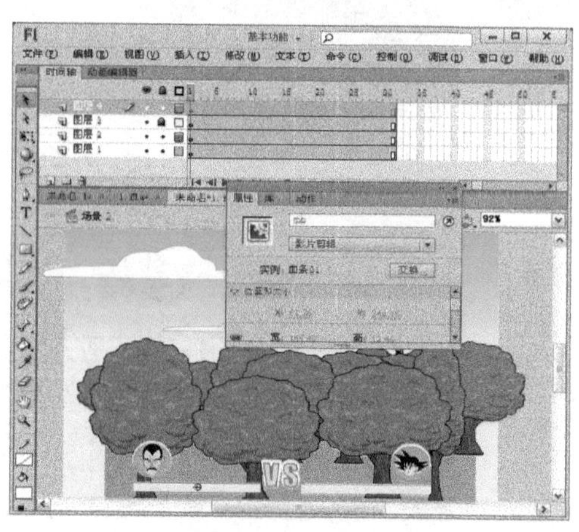

图10-164　设置实例名称为tbb

09 选择“血条02”元件实例，执行“修改→变形→水平翻转”命令，在“属性”面板中设置实例名称为swk，如图10-165所示。

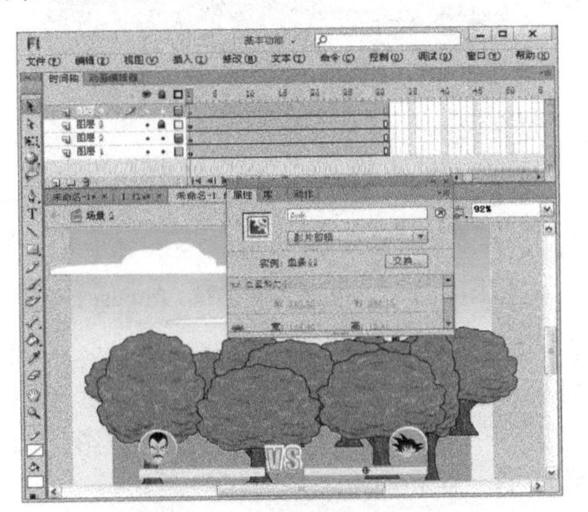

图10-165 设置实例名称为swk

10 锁定“图层4”，新建“图层5”，将“库”面板中的“白光”影片剪辑元件拖入到场景中并选中，在“属性”面板中设置实例名称为san，如图10-166所示。

图10-166 设置实例名称为san

11 新建“图层6”，选择第1帧，在“属性”面板中设置帧标签名为kais。然后打开“动作”面板并输入如下代码，如图10-167所示。

```
startDrag("mouse1", true);
Mouse.hide();
score = 0;
dlife=1;
life=1
```

图10-167 输入代码

12 在“图层6”的第5帧处插入关键帧，选择该帧，在“属性”面板中设置帧标签名为again。然后打开“动作”面板并输入如下代码，如图10-168所示。

```
if (_root.dlife>=100){gotoAndStop("win");
} else {
_root["badman" add random(10)].goto
AndPlay("up");
}
```

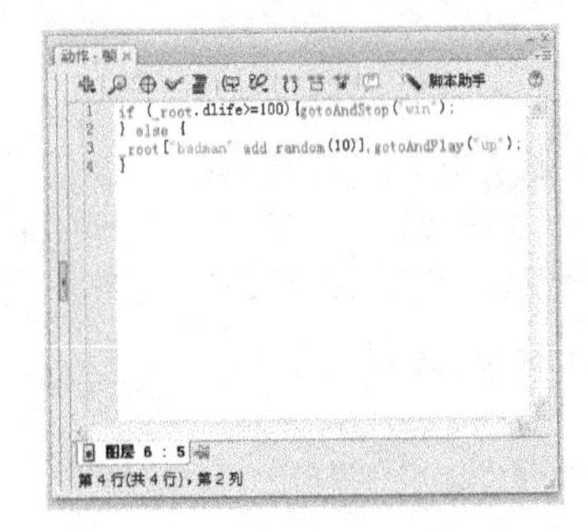

图10-168 输入代码

13 在“图层6”的第30帧处插入关键帧，并设置帧标签名为end。然后在第31帧处插入关键帧，选择该帧，在“动作”面板并输入如下代码，如图10-169所示。

```
if (_root.life>=100){gotoAndStop("over");
}
else {gotoAndPlay(5);
}
```

14 新建“图层7”，将“库”面板中的“小悟空攻击”影片剪辑元件拖入到场景中。选择该影片剪辑元件，将其缩放为30%。然后在“属性”面板中设置实例名称为mouse1，如图10-170所示。最后在“图层7”的第32帧处插入空白关键帧，在第33帧处插入帧。

图10-169 输入代码

图10-170 设置实例名称为mouse1

15 分别在“图层5”的第32帧和第33处插入空白关键帧，选择第32帧，在“属性”面板中设置帧标签名为over，然后在“动作”面板中输入如下代码，如图10-171所示。

```
stop();
Mouse.show();
```

图10-171 输入代码

16 选择“图层5”的第32帧，分别将“库”面板中的“失败文字”图形元件、“重新开始游戏”按钮元件和“游戏失败”影片剪辑元件拖入到场景中，如图10-172所示。

图10-172 拖入元件

17 在“图层5”的第32帧处，选择“重新开始游戏”元件实例，并在“动作”面板中输入如下代码，如图10-173所示。

```
on (release) {
    gotoAndPlay(1);
}
```

图10-173 输入代码

18 选择“图层5”的第33帧，分别将“库”面板中的“胜利文字”图形元件、“继续再玩游戏”按钮元件和“游戏胜利”影片剪辑元件拖入到场景中，如图10-174所示。

图10-174 拖入元件

19 选择“图层5”的第33帧，在“属性”面板中设置帧标签名为win。然后在“动作”面板中输入如下代码，如图10-175所示。

```
stop();
Mouse.show();
```

图10-175　输入代码

20 在“图层5”的第32帧处，选择“继续再玩游戏”元件实例，然后在“动作”面板中输入如下代码，如图10-176所示。

```
on (release) {
    gotoAndPlay(1);
}
```

图10-176　为元件实例输入代码

21 保存文件，在“场景”面板中将“场景1”重命名为kais，保存文件，按Ctrl+Enter组合键测试本例的最终效果，如图10-177所示。

图10-177　最终效果

举一反三 | 接苹果

打开光盘\源文件与素材\Chapter 10\Example 19\接苹果.swf，欣赏动画最终完成效果，如图10-178所示。

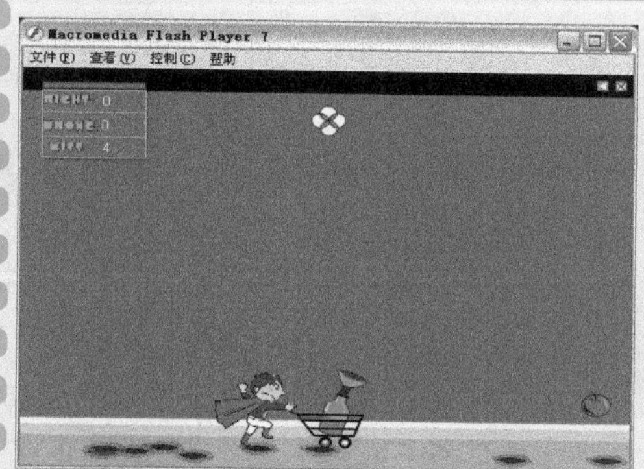

图10-178 动画完成效果

制作红苹果

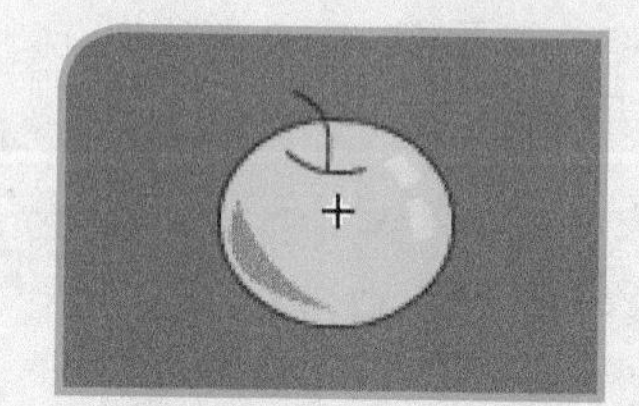

制作青苹果

制作酒瓶

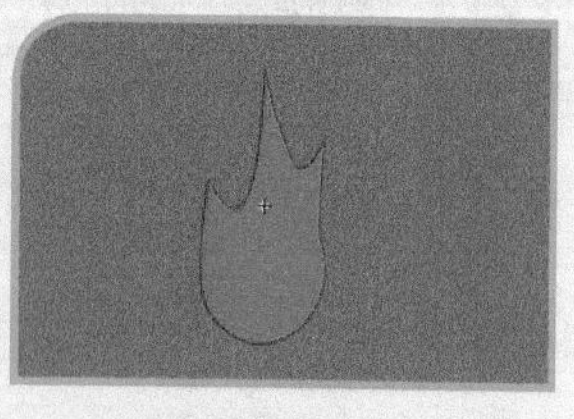

制作火焰

制作按钮

制作游戏结束动画

○ 关键技术要点 ○

01 新建一个Flash文档，将其背景颜色设置为蓝色（#006699）。

02 使用创建元件功能制作水果、酒瓶、火焰等影片剪辑元件。

03 使用文本工具在舞台上输入游戏的名称。

04 使用创建按钮功能编辑出进入游戏与退出游戏的效果。

05 使用Action Script技术，编辑出食物不断从天而降的效果以及接到水果加分、接到火焰与酒瓶减分的效果。